Tierwohl-Atlas NRW

Steinhoff-Wagner • Bothe • Schmid • Kellner •

Freitag • Petersen

Bibliografische Information der Deutschen Nationalbibliothek
Die Deutsche Nationalbibliothek verzeichnet diese Publikation in der Deutschen Nationalbibliografie; detaillierte bibliografische Daten sind im Internet über http://dnb.d-nb.de abrufbar.

Gefördert durch das

Ministerium für Klimaschutz, Umwelt, Landwirtschaft, Natur- und Verbraucherschutz des Landes Nordrhein-Westfalen

Für die Bereitstellung der Karte bedanken wir uns bei
Geobasisdaten der Kommunen und des Landes NRW • Geobasis NRW 2015

Printed in Germany.

ISBN 978-3-8440-4354-9
ISSN 0945-0653

Shaker Verlag GmbH • Postfach 101818 • 52018 Aachen
Telefon: 02407 / 95 96 - 0 • Telefax: 02407 / 95 96 - 9
Internet: www.shaker.de • E-Mail: info@shaker.de

Vorwort

Dr. Sophia Schulze-Geisthövel
Ehemalige Mitarbeiterin am Institut für Tierwissenschaften der Rheinischen Friedrich-Wilhelms-Universität Bonn, Abteilung Präventives Gesundheitsmanagement

Derzeit prägen Tierschutz, Nahrungssicherheit und Umweltanforderungen die öffentliche Diskussion um die Tierhaltung. Besonders gesellschaftspolitisch gewinnt der Tierschutz zunehmend an Bedeutung und beeinflusst als Kundenanforderung die Verkaufsentscheidungen bei Lebensmitteln tierischen Ursprungs. Aussagen zum Tierwohl gelten mittlerweile als eines der wichtigsten Ziele in der Qualitätspolitik von Zulieferketten zum Lebensmitteleinzelhandel. Dies ist einer der Gründe, warum sich Unternehmen der Agrar- und Ernährungswirtschaft entlang gesamter Wertschöpfungsketten mit der Einführung von Systeminnovationen bezüglich des Tierwohls intensiver als bisher beschäftigten.

Systeminnovationen verlangen eine sinnvolle Kombination aus tiergerechten Haltungssystemen, Sachkunde, überbetrieblich vereinbarten Eigenkontrollen und Benchmarking. Denn die Herausforderungen bestehen heute darin, hohe Tierleistungen zur Sicherung biologisch-technischer Fortschritte in die Verfahren der Tierhaltung zu integrieren und gleichzeitig Ziele des Umwelt-, Tier- und Verbraucherschutzes zu verbinden. Nachhaltige Systeme der Tierhaltung, bei denen die wirtschaftliche Leistungsfähigkeit, die soziokulturelle Akzeptanz und die ökologische Tragfähigkeit gleichrangige Ziele sind, setzen Veränderungsprozesse innerhalb der Produktion und eine Neuorientierung von Verantwortlichkeiten innerhalb der Zulieferkette zum Lebensmitteleinzelhandel voraus. Der Tierwohl-Atlas NRW in gedruckter Form und als Bestandteil der Webseite des Kompetenz Netzwerks Nutztierhaltung NRW KONN stellt einen wertvollen Wegweiser dar, um Experten mit entsprechender Problemlösungskompetenz zu finden. Forschungsteams der beiden Hochschulen in Bonn und Soest haben in den letzten Jahren mit beeindruckendem Erfolg und internationaler Sichtbarkeit zeigen können, wie Wissenschaft und Wirtschaft sich gemeinsam den künftigen Herausforderungen stellen und bezogen auf die hier herausgestellten sechs dringenden Handlungsfeldern aktiv geworden sind.

Der Tierwohl-Atlas NRW entstand auf Initiative von und innerhalb eines Gemeinschaftsprojektes der beiden Hochschulen Rheinische Friedrich-Wilhelms-Universität Bonn und Fachhochschule Südwestfalen. Beide sind Mitglied von KONN (Kompetenznetzwerk Nutztierforschung NRW) und haben in den letzten fünf Jahren in Forschung und Lehre wesentlich dazu beigetragen, dass der Wissenstransfer von der Wissenschaft in die Praxis zu Fragen von Tierwohl und Tiergesundheit gefördert wird.

Autorinnen

Dr. Julia Steinhoff-Wagner

Projektkoordinatorin
Wissenschaftliche Mitarbeiterin seit Juni 2015 am Institut für Tierwissenschaften der Rheinischen Friedrich-Wilhelm Universität Bonn

Prof. Dr. Mechthild Freitag

Fachbereich Agrarwirtschaft der Fachhochschule Südwestfalen
Professur: Tierproduktion

Prof. Dr. Brigitte Petersen

Institut für Tierwissenschaften der Rheinischen Friedrich-Wilhelm Universität Bonn
Professur: Präventives Gesundheits-management
Vorsitzende des International FoodNetCenters

Bernadette Bothe

Wissenschaftliche Mitarbeiterin an der Fachhochschule Südwestfalen, Fachbereich Agrarwirtschaft bis Januar 2015

Simone M. Schmid

Studentische Mitarbeiterin am Institut für Tierwissenschaften der Rheinischen Friedrich-Wilhelm Universität Bonn seit Juli 2015

Sophia R. Kellner

Studentische Mitarbeiterin am Institut für Tierwissenschaften der Rheinischen Friedrich-Wilhelm Universität Bonn bis Juni 2015

Inhaltsverzeichnis

1 Einleitung

Die Haltung von Schweinen, Rindern und Geflügel ist eine zentrale Säule der Landwirtschaft in NRW. Über Wege zu einer nachhaltigen Tierhaltung mit der raschen Entwicklung von Problemlösungsstrategien in den Bereichen Umwelt- und Gesundheitsschutz, Tierwohl, Tiergesundheit und gesellschaftlicher Akzeptanz wird derzeit auf Landes-, Bundes- und EU-Ebene sehr intensiv diskutiert. Dies geschieht nicht nur auf interdisziplinärer Ebene in der Wissenschaft, sondern auch zwischen Marktpartnern in der Wirtschaft sowie auf vielen gesellschaftspolitischen Ebenen. Deshalb existieren seit einigen Jahren bereits öffentliche Fördermaßnahmen und Innovationsprogramme sowie Initiativen der Wirtschaft, die gemeinsam das gleiche Ziel verfolgen, Tierwohl und Tiergesundheit stärker als bisher in den Vordergrund von Forschung und Entwicklung zu stellen. Jedoch fehlten bislang Übersichten und auf die wichtigsten Tierarten ausgerichtete Zusammenstellungen, welche Forschungseinrichtungen, Organisationen und Unternehmen in NRW sich in welcher Weise im Rahmen von geförderten Projekten an Programmen zur Verbesserung des Tierwohls aktiv beteiligt haben. Diese Lücke sollte mit Hilfe des aus dem Förderprogramm „Umweltverträgliche und Standortgerechte Landwirtschaft" unterstützten Projektes: „Tierwohl-Atlas NRW" geschlossen werden. Der Anstoß ging von einigen KONN-Mitgliedern aus, um mit einer systematischen Erhebung das Engagement des Netzwerks für den Themenbereich zu verdeutlichen. Auch sollte die Rolle von Innovationspartnerschaften entlang ganzer Wertschöpfungsketten beleuchtet werden. Darüber hinaus galt es, die Wirkung der Mediation auf den Wissenstransfer zwischen Wirtschaft und Wissenschaft und umgekehrt bei der Lösung von Problemen und Zielkonflikten während der Umsetzung von Maßnahmen für mehr Tierschutz darzustellen.

Der Tierwohl-Atlas liefert eine Übersicht über die wichtigsten Aktionsfelder mit Blick auf die Verbesserung von Tierwohl und Tiergesundheit in den Sektoren Schweine- und Rindfleischerzeugung, Milchwirtschaft sowie Geflügelfleisch- und Eierproduktion. In mehr als 100 Einzelprojekten, die zwischen 2009 und 2015 durchgeführt wurden, sind tierschutzrechtliche, ethische, wirtschaftliche und wissenschaftliche Aspekte der Maßnahmen zur Veränderung und Verbesserung der Bedingungen für Lebensmittel liefernde Tiere betrachtet worden. Der Tierwohl-Atlas NRW ist in einer arbeitsteiligen Kooperation der beiden KONN-Mitglieder Universität Bonn und Fachhochschule Südwestfalen entstanden. Er umfasst abgeschlossene und laufende Aktivitäten der 7 KONN-Mitglieder sowie weiterer im Land NRW ansässiger Forschungsinstitutionen, Verbände, dienstleistende und produzierende Unternehmen, Tierzuchtorganisationen und Erzeugergemeinschaften, deren Strahlkraft weit über NRW hinausgeht. Wegweisende Ergebnisse mit bundes- und europaweiter Bedeutung lieferten in den letzten fünf Jahren Projekte, die sich insbesondere mit den Handlungsfeldern:

- Verzicht auf das Kupieren von Ferkelschwänzen
- Verzicht auf die Kastration männlicher Ferkel
- Verzicht auf die Schlachtung trächtiger Rinder
- Reduktion des Tierarzneimitteleinsatzes

beschäftigten. KONN-Mitglieder sind und waren maßgeblich daran beteiligt, einen Weg hin zu nachhaltigen Systeminnovationen bezogen auf diese Handlungsfelder aufzuzeigen. Im Atlas sind vom Land, Bund, EU und anderweitig geförderte Projekte von Hochschulen, öffentlichen Einrichtungen, Erzeugergemeinschaften (EZG) und Innovationspartnerschaften berücksichtigt, zu denen mindestens eines der KONN-Mitglieder gehörte oder gehört. Die Leistungsstärke des internationalen und Landesnetzwerks zeigt sich insbesondere auch im schnellen Wissenstransfer aktueller Forschungsergebnisse. Dies erfolgte über die Organisation von regionalen, nationalen und internationalen Veranstaltungen sowie Workshops. Die Entsendung von Fachexperten in Arbeitsgruppen und Gremien innerhalb der DAFA (Deutsche Agrarforschungsallianz) oder der Animal Task Force sowie des EU-Netzwerkes "One Health" (COST Action) auf europäischer Ebene trägt ebenso zum kontinuierlichen Wissensaustausch bei. Schließlich beteiligten sich Wissenschaftler der NRW Hochschulen sowie Fachberater der Landwirtschaftskammer NRW an der Bewertung von Anforderungsprofilen an wirtschaftsgetriebene Aktionen wie der "Initiative Tierwohl" oder der Themensetzung und Begutachtung von Anträgen im Rahmen bundesweiter und internationaler Förderprogramme. Der hier vorgestellte Atlas veranschaulicht, wo in NRW Expertisen und Aktivitäten zur Beantwortung dringender Fragen zu Tierwohl und Tiergesundheit gebündelt werden und wo Experten kompetent Auskunft geben können.

2 Methodische Vorgehensweise

Die Erstellung des Tierwohl-Atlas NRW erfolgte in fünf Schritten (Abbildung 1).

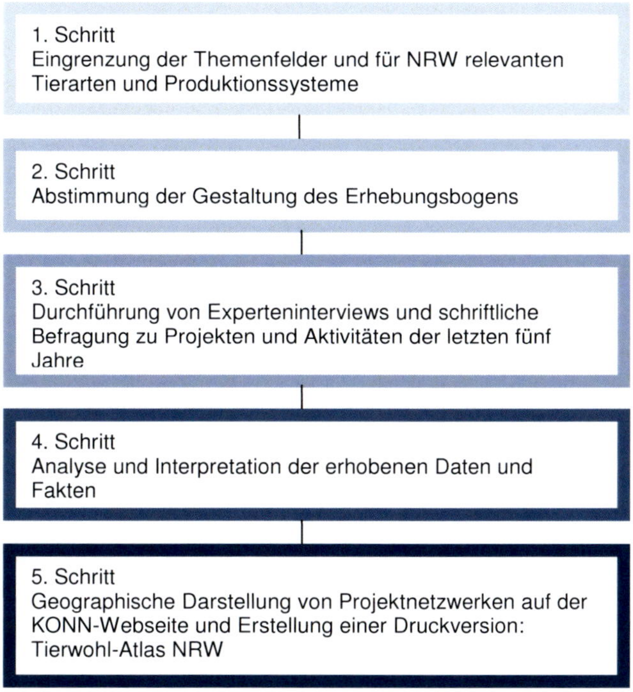

Abbildung 1: Schritte der Erstellung des Tierwohl-Atlas NRW

Für die Erhebung wurden Kriterien zur Charakterisierung des Umfangs der Aktivitäten wie Art der Projektkoordination und Projektpartner, Art und Höhe der Förderung, Laufzeit und Status des Projektes festgelegt. Eine Eingrenzung der Projekte ergab sich aufgrund der Vorgabe, dass Partner aus NRW beteiligt sein mussten und ein Bezug zu Produktionssystemen von Rindern, Schweinen und/ oder Wirtschaftsgeflügel bestand. Des Weiteren sind sechs Handlungsfelder festgelegt worden, zu denen die Ergebnisse der Projekte jeweils einen Beitrag leisten sollten.

Handlungsfelder:

(1) Verzicht auf mit Schmerzen verbundene Eingriffe am Tier wie:

- Ferkelkastration
- Kupieren von Schwänzen
- Kürzen von Oberschnäbeln
- Enthornung

(2) Vermeidung der Tötung von Feten, Jungtieren und gesunden Tieren außer zur Schlachtung und Verbesserung der Betäubung und des Schlachtprozesses
(3) Verbesserung des Wohlbefindens des Tieres, des Gesundheits- und Hygienestatus von Betrieben
(4) Reduktion des Arzneimitteleinsatzes und Verbesserung der Fütterung
(5) Konzeptvorschläge zur Erfassung von Tierwohl-Indikatoren und Zuchtmerkmalen
(6) Verbesserung der Beratung in der Bestandsbetreuung

Alle befragten Experten wurden gebeten, eine Kurzbeschreibung ihrer Projekte und Angaben zu projektbezogenen Daten, wie Tierart, Laufzeit, Partnern, Umfang, Publikationen, sowie Art und Umfang der Projektförderung zur Verfügung zu stellen.

Fanden zum Thema relevante Veranstaltungen statt, wurden diese analog der o.g. Kriterien beschrieben und durch Angaben zum Veranstalter, Veranstaltungsort und der Zielgruppe ergänzt.

Der Fragebogen wurde den Teilnehmern per E-Mail oder in gedruckter Form im Zeitraum zwischen Juni und Oktober 2015 zugeschickt. Durch persönliche Erinnerung und die gute Zusammenarbeit zwischen den Experten in NRW betrug die Rücklaufquote 100%.

An der Umfrage haben sich 48 Personen beteiligt. Es handelt sich um Koordinatoren oder Beteiligte von Veranstaltungen oder Projekten. Zu den Befragten gehörten Mitglieder im Netzwerk KONN und weiterer Organisationen und Unternehmen mit Sitz in NRW. Insgesamt wurden 105 der in den eingesendeten Fragebögen erfassten Aktivitäten in den Tierwohl-Atlas aufgenommen. Je Projekt flossen 31 nummerische Werte in die statistische Auswertung mit ein. Lediglich bezogen auf 24 Projekte waren die Verantwortlichen nicht in der Lage oder nicht bereit, Angaben zur finanziellen Höhe der Projektkosten und des Umfang der Förderung zu machen.

Die Ergebnisse der Erhebung sind durch zwei Medien verfügbar gemacht worden: über die Webseite von KONN und über den in Druckversion vorliegenden Atlas.

Dabei erfolgten die Zuordnung der Akteure zu fünf Kategorien (Forschung und Lehre, öffentliche Einrichtungen, Forschungsvereine, Verbände und Unternehmen) und jeweils die Eintragung des Standortes in eine Übersichtskarte mit den Kreisen und Städten von NRW.

3 Ergebnisse und Diskussion

In diesem Kapitel werden alle im Rahmen der Erhebung gemeldeten Projektaktivitäten in ihrer Gesamtheit dargestellt und charakterisiert. Dabei kommt zum Ausdruck, wie viele Projekte mit sehr unterschiedlichen Zielen, Partnerstrukturen, Fördervolumen und inhaltlichen Schwerpunkten zeitgleich oder zeitversetzt an verschiedenen Orten in NRW zum übergeordneten Thema "Tierwohl" starteten.

3.1 Projektpartner Strukturen

Von den insgesamt 105 Projekten wurde der größte Anteil (89%) durch Koordinatoren aus NRW geleitet, lediglich in 11% der Projekte lag die koordinierende Stelle in einem anderen (Bundes-) Land, jedoch kamen weitere Projektpartner aus NRW.

In die Auflistung und Analyse wurden alle Projekte aufgenommen, die in den Zeitraum 2009 bis 2015 fielen. Die Projekte unterscheiden sich sehr deutlich in den Kriterien Projektlaufzeit, Anzahl Projektpartner und Förderumfang.

Aus Abbildung 2 wird deutlich, dass sehr viele der aufgeführten Projekte vor 2009 starteten. Die Laufzeit von Projekten, die aus den EU-Forschungsrahmenprogrammen oder EU-Strukturfördermaßnahmen stammen, dauerten in der Regel 48 bis 60 Monate. Dem gegenüber stehen kleine Vorhaben, die eher den Charakter von Gutachten für Ministerien, Stiftungen oder Behörden haben oder ganz spezialisierten Fragen im Bereich der Grundlagenforschung nachgingen. Diese haben in den meisten Fällen lediglich eine Kurzzeitförderung von 12 bis 24 Monate oder sogar noch darunter. Die Graphik verdeutlicht, dass bis zum Jahr 2011 regelmäßig jährlich auch große internationale Verbandprojekte mit jeweils mehr als 10 Partnern aus Wissenschaft, Wirtschaftsverbänden und Verwaltung starteten. Bis zum Jahr 2011 waren es 6 große Verbundprojekte. Danach startete erst 2014 wieder ein Projekt mit mehr als 10 Partnern. Das Profil der Projekte, die in den Jahren zwischen 2012 und 2014 begannen, zeigt im Wesentlichen Studien, die von wenigen Partnern oder von einer Forschungseinrichtung alleine durchgeführt werden. Von der Anzahl her starteten 2013 die meisten Vorhaben. Es handelte sich überwiegend um Aktivitäten einzelner Arbeitsgruppen in gutachterlichen Studien und Forschungsprojekten. Grund hierfür ist die in dieser Zeit gestiegene öffentliche und politische Aufmerksamkeit für die Themen Tierwohl und Tiergesundheit und der Bedarf an wissenschaftlichen Stellungnahmen für die Politikberatung oder der Begutachtung von landwirtschaftlichen Betrieben hinsichtlich von Handlungsalternativen im Sinne der Verbesserung von Tierwohl und Tiergesundheit.

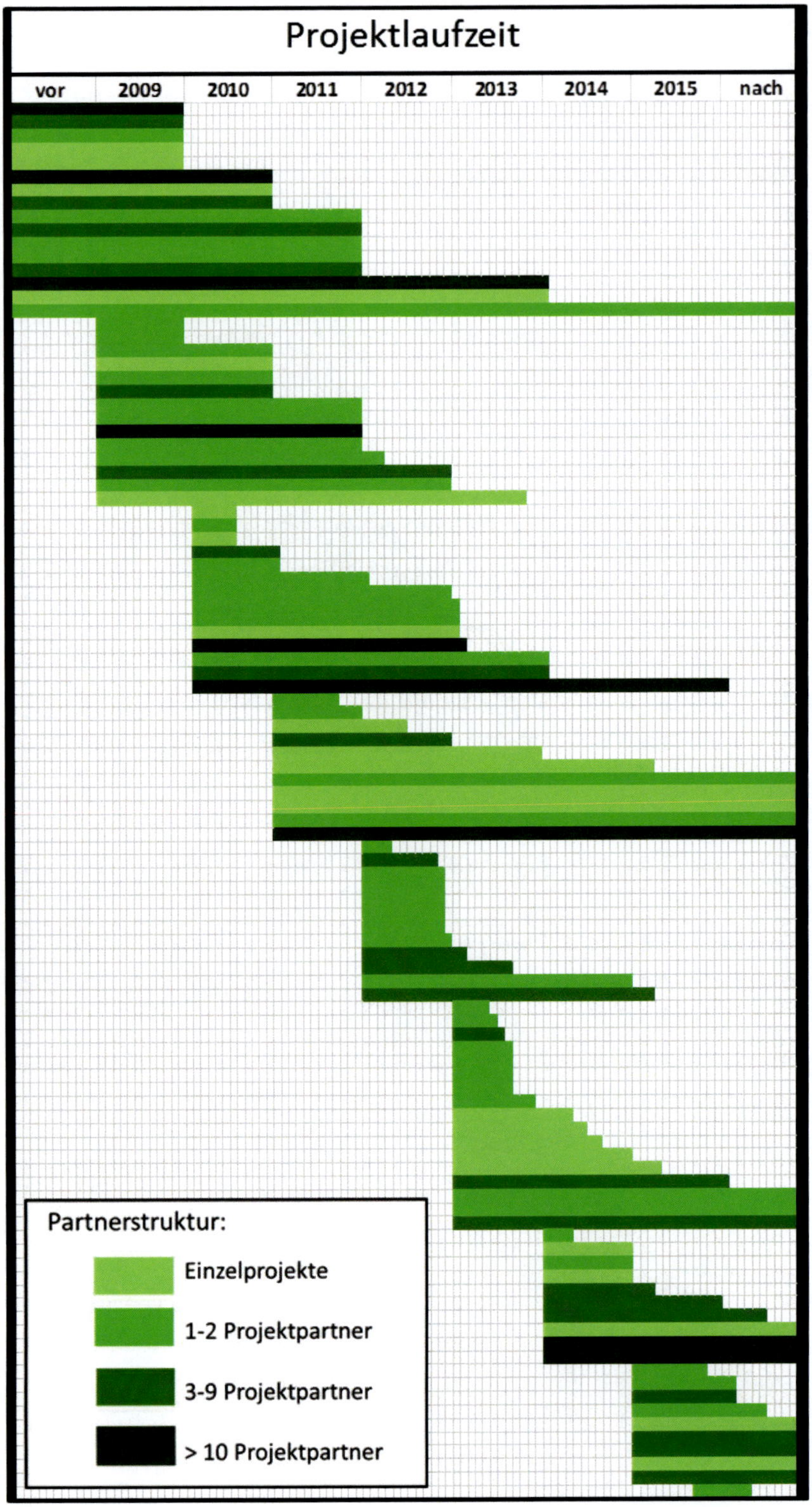

***Abbildung 2:* Projektlaufzeiten und Partnerstruktur in dem Betrachtungszeitraum von 2009-2015**

Derzeit laufen noch 24 der 105 Projekte, hierunter auch wieder größere Verbundprojekte. 2016 werden von diesen voraussichtlich 8 Projekte abgeschlossen, 2017 und 2018 jeweils 3 Projekte und 2019 eines.

In Abbildung 3 ist neben der jeweiligen Projektpartnerstruktur auch die Laufzeit der Projekte in Monaten dargestellt. Die am häufigsten angegebene Laufzeit (n=33) beträgt 1 bis 12 Monate. Deutlich weniger Projekte wurden gemeldet, die zwischen 13 bis 24 Monaten (23) oder 25 bis 36 Monaten (19), 37 bis 48 Monaten (13) und 49 bis 60 Monaten (4) dauerten. In der Kategorie über 61 Monate sind Projekte zusammengefasst, die eine maximale Laufzeit von bis zu 120 Monaten hatten. Bei einigen Projekten ist noch kein fester Termin für den Abschluss genannt, diese fallen in die Kategorie fortlaufend. Es handelt sich dabei um langfristig angelegte Initiativen, die dem Fortbestand und der Festigung bestehenden Netzwerke dienen oder den Ausbau bestehender Strukturen beinhalten (z.B. Smart Pork, Initiative Tierwohl, Cows and more oder Social Lab). In der Regel arbeiten hier mehrere KONN-Mitglieder zusammen, um den Weg von der Forschung in die Praxis zu begleiten und zu beobachten, welche vorgeschlagenen Maßnahmen zur Verbesserung von Tierwohl und Tiergesundheit sich erfolgreich umsetzen lassen.

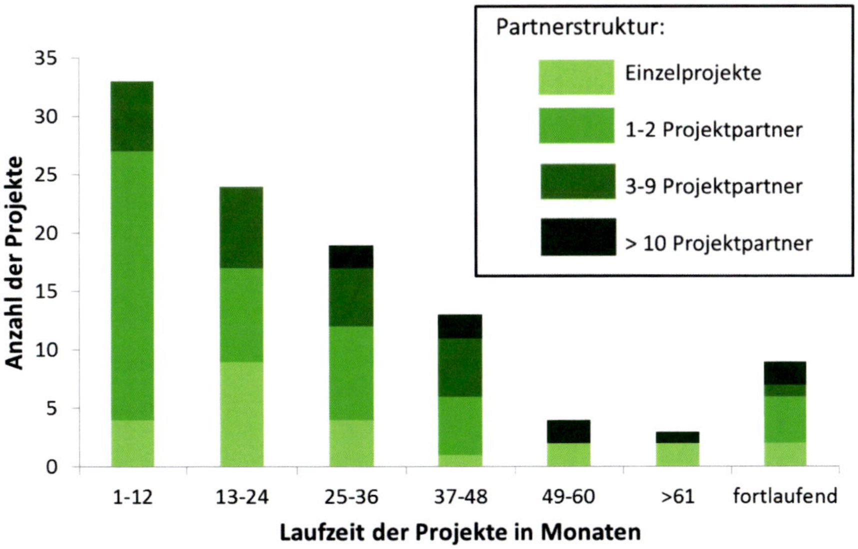

Abbildung 3: Verteilung der Anzahl von Projekten nach ihrer Laufzeit und unterschiedlichen Projektpartnerstruktur

Aus Abbildung 3 geht auch die Anzahl der Partner je Projekt in Bezug auf die Laufzeit hervor. Die Mehrzahl der Projekte (72) hatten keinen (24), einen (29) oder lediglich zwei (19) Projektpartner. Mit 3 Projektpartnern wurden 8 Projekte registriert. Jeweils 2 Projekte wurden mit 4, 7, 9, 15 und über 20 Projektpartnern angegeben. 5 und 6 Projektpartner waren bei jeweils 3 Projekten der Fall und 4 Projekte gaben 8 Partner an. Zweimal erfolgte die Angabe 10 Partner, jeweils nur einmal 11, 13, und 16 Partner. Weit darüber lag das EU-Projekt Q-PorkChains mit einer Anzahl von 53 Projektpartnern weltweit, von denen 6 aus NRW kamen. Das Projekt hatte eine Laufzeit von 60 Monaten.

Auffällig ist somit die sehr große Spannbreite bezogen auf die beiden Kriterien Anzahl der Projektpartner und Projektlaufzeit. An großen nationalen und internationalen Verbundprojekten waren meist mehrere Partner aus NRW beteiligt, was die effiziente landesweite Vernetzung von Organisationen deutlich macht. Einige Ausschreibungen zu Verbundprojekten geben vor, in welcher Weise Wirtschaft und Wissenschaft sich an den Vorhaben beteiligen können. Ohne eine entsprechende Koordinationsstruktur lassen sich derartige Großprojekte weder Vorbereiten noch mit Erfolg durchführen.

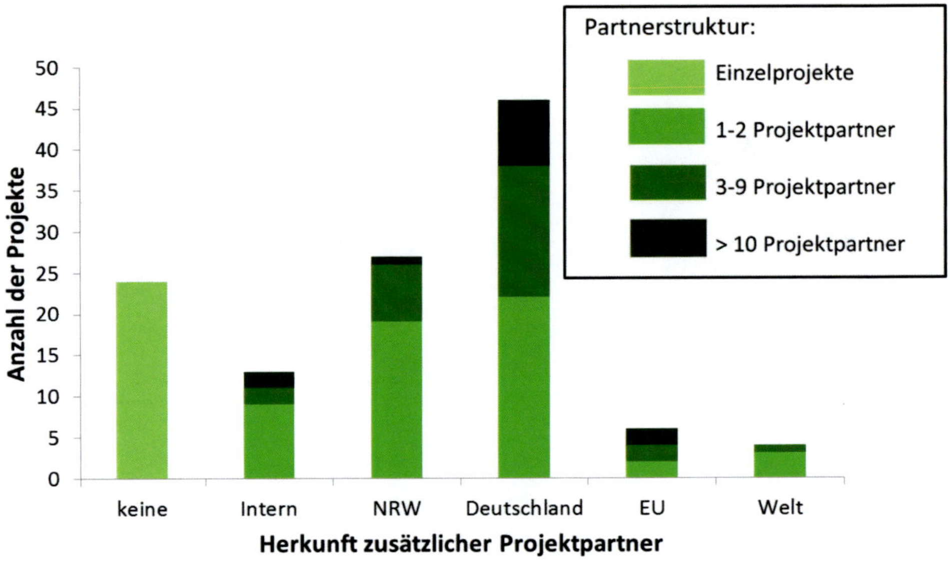

Abbildung 4: Verteilung der Anzahl von Projekten nach der Herkunft zusätzlicher Projektpartner und der unterschiedlichen Projektpartnerstruktur

Bei fünf der sechs hier aufgeführten internationalen und bundesweiten Großprojekten hatte deshalb auch die 2001 gegründete Forschungs- und Entwicklungsplattform GIQS e.V. die Koordinationsfunktion. Mehrere KONN-Mitglieder sind gleichzeitig GIQS Mitglieder und verantwortlich für den Wissenstransfer sowie die Darstellung der Projektergebnisse auf Landesebene. Der Trend zu größeren Verbundvorhaben wird sich auch in Zukunft fortsetzen. Zum einen, da innerhalb bestehender Partnerstrukturen meist Ideen für Folgeprojekte entwickelt werden, zum anderen weil die Themen Tierwohl und Tiergesundheit in den neuen Programmausschreibungen auf bundes- und EU-Ebene auf größere interdisziplinäre und internationale Konsortien ausgerichtet sind. Betrachtet man den Erhebungszeitraum der letzten fünf Jahre, so ist zu erkennen, dass zu den Themen Tierwohl und Tiergesundheit aus Nordrhein-Westfalen heraus sehr intensiv mit Partnern außerhalb des Landes geforscht und gearbeitet wird (Abbildung 4).

3.2 Projektförderung und Engagement der Partner

Lediglich für vier der 105 Projekte galt, dass für die Realisierung keine Förderung erfolgte oder in Anspruch genommen wurde. Alle anderen Untersuchungen und Studien waren nur möglich, weil sich die Initiatoren der Vorhaben um öffentliche oder private Fördermittel bemüht haben. Von zumindest einer Förderquelle erhielten 89 Projekte eine Finanzierung. Bei 12 Projekten wurden mehrere Förderquellen angegeben.

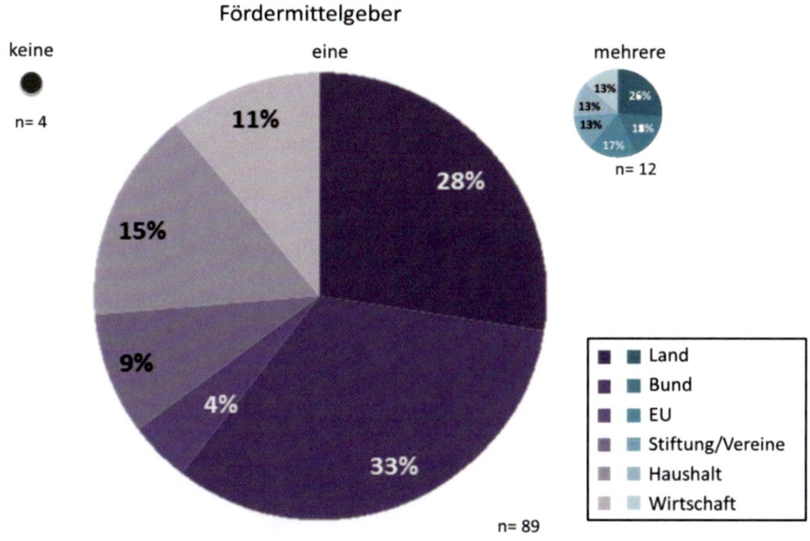

Abbildung 5: Anzahl und Anteile (auf Basis der Anzahl der Projekte) der Fördermittelgeber

Aus der Abbildung 5 gehen die jeweiligen Anteile unterschiedlicher Fördermittelgeber an der Finanzierung von Vorhaben zur Verbesserung von Tierwohl und Tiergesundheit hervor. Jeweils bei einem Viertel der Projekte kamen die Finanzierungsmittel vom Land. Dem gegenüber steht ein weiteres Viertel, das gemeinsam von der Wirtschaft und aus Haushaltsmitteln der befragten NRW-Einrichtungen aufgebracht wurden.

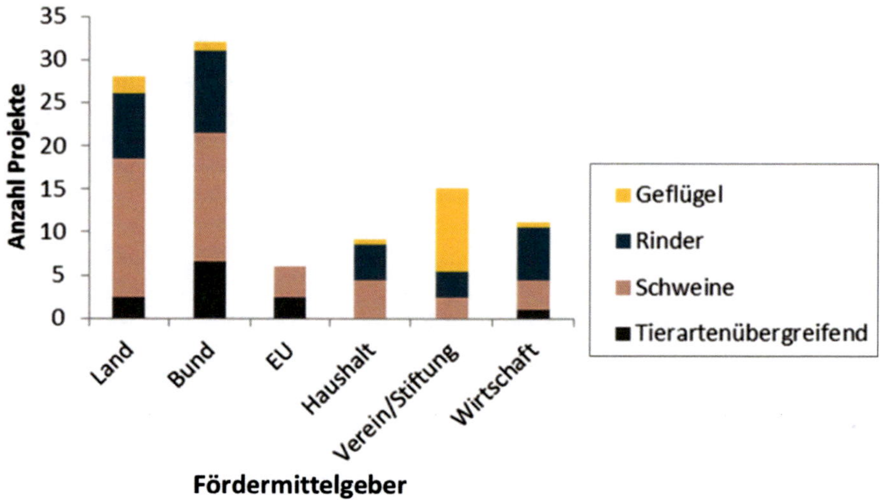

Abbildung 6: Verteilung der Anzahl der Projekte nach Tierarten und Förderquellen

Rund die Hälfte aller Fördermittel stammt aus speziellen Programmen von Bundesministerien, der EU oder Stiftungen. Projekte ohne Förderung waren möglich, weil bestehende Tierhaltungen und Versuchseinrichtungen nutzbar waren oder Hochschulen und Landwirtschaftskammern durch den Arbeitseinsatz von Studenten und/ oder von haushaltsfinanziertem Personal entsprechenden Forschungsfragen nachgehen konnten.

Abbildung 6 stellt die Förderquellen auf Basis der Anzahl der Projekte, gegliedert in Land, Bund, EU, Stiftung, Haushalt und sonstiges, dar. Unter sonstiges wurden Beteiligung und Spenden aus der Wirtschaft (10), d.h. aus wirtschaftlichen Betrieben und Organisationen, sowie Förderungsvereinen und Verbänden (15) und Stipendien (2) zusammengefasst. Die Anteile von Land (26%), Bund (31%) und Wirtschaft (23%) stellen zusammen über drei Viertel der insgesamt geförderten Projekte. Bei 13% der Projekte wurde die Förderung durch den eigenen Haushalt aufgebracht. Der Anteil ist vermutlich noch höher, weil bei Angabe "keine" oft nur an Sachmittel gedacht wurde und die Finanzierung des Personals aus Haushaltsmitteln vernachlässigt wurde. Diese Annahme wurde auf Nachfragen hin bestätigt.

Die Förderung von Projekten durch die EU betrug 6%. Durch Stiftungen wurde ein sehr geringer Anteil finanziert (1%).

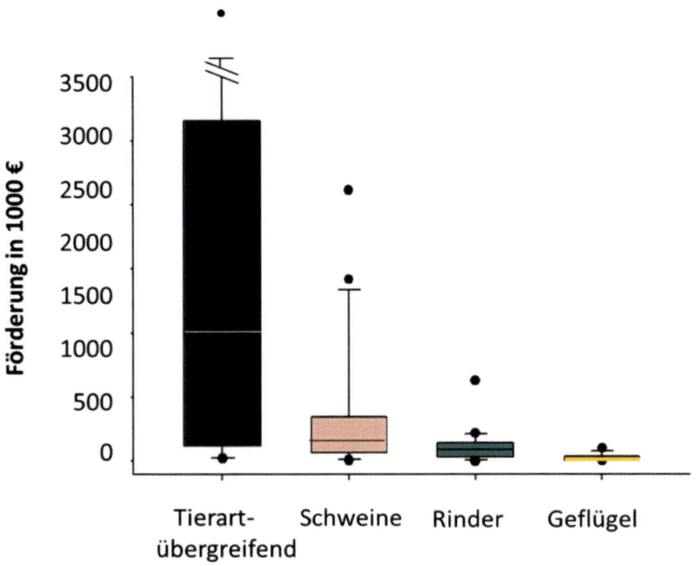

	Tierart-übergreifend	Schweine	Rinder	Geflügel
n Projekte	13	44	30	18
n Projekte mit Angabe der Fördermittel	13	35	23	16
Σ Fördermittel in 1000 €	275 702	30 809	2 374	267

Abbildung 7: Median und Streuung der angegebenen Fördersummen für nach Tierarten und tierartübergreifenden kategorisierten Projekte

Betrachtet man in Abbildung 7 Mediane und Streuung bezogen auf die jeweiligen Verteilungen der für Vorhaben zur Verfügung gestellten Fördermittel, so wird deutlich, dass der überwiegende Teil der nationalen und internationalen Gelder für tierartenübergreifende Projekte ausgegeben wurde. Mit dem mehr als 25-fachen des nächst-höchst geförderten Projektes stellt die Initiative Tierwohl den größten Anteil in diesem Bereich. Mit deutlichem Abstand folgen Projekte, die das Schwein bzw. die Schweineproduktion in den Mittelpunkt stellen. Auffallend ist, dass obwohl die Haltung von Wirtschaftsgeflügel in NRW nicht unbedeutend ist, nur wenige und mit einer sehr geringen finanziellen Förderung ausgestattete Projekte bezogen auf diese Tierart gemeldet wurden.

Auch bezogen auf die Tierart Rind sind die Fördersummen relativ gering, bis auf zwei Ausnahmen handelte es sich um Projektvolumen unter 200.000 Euro pro Vorhaben, die für Forschung und Entwicklung zur Verfügung gestellt wurden. Bei den tierartübergreifenden und auf das Schwein bzw. die Schweineproduktion bezogenen Projekten sind es die erheblichen EU-Fördermittel aus dem 6. und 7. Forschungsrahmen Programm, die den Median deutlich erhöhen und die Abweichungen nach oben ausmachen. Aus diesen Projekten flossen jeweils mehrere Millionen Euro an Arbeitsgruppen der Universität Bonn, deren Projektpartner inklusive zahlreicher Wirtschaftspartner und Verbände in NRW. Bei allen diesen EU- und grenzübergreifenden Projekten, unterstützt durch das Strukturförderprogramm Interreg, hatte die Koordination die Forschungs- und Entwicklungsplattform GIQS e.V.

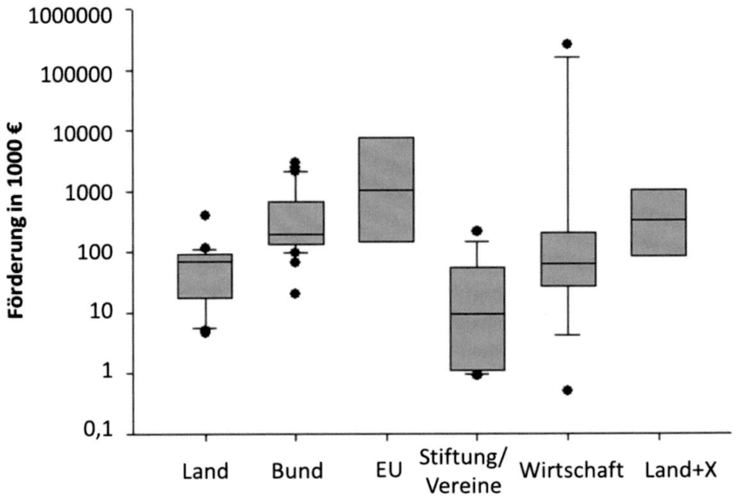

Abbildung 8: Logarithmische Darstellung der Förderung und Förderorganisationen

Eine logarithmische Darstellung der Förderungssumme in Zusammenhang mit der Förderorganisation ist in Abbildung 8 dargestellt. Diese Art der Darstellung wurde aufgrund der sehr großen Varianz der Fördersummen gewählt. Auffällig ist, dass der Median der Förderung durch die EU über allen anderen Medianen liegt. Der Median der Förderung durch das Land liegt unter dem Median der Förderung durch Bundesprogramme. Anzumerken ist, dass bei der gemeinsamen Förderung von Land mit Bund, Wirtschaft und/oder Förderungsvereinen (Land+X) der Median über dem von Landes- (ohne zusätzliche Förderung) und Bundesmitteln liegt.

In den Förderprogrammen der EU und des Bundes tragen die Wirtschaftspartner in den Konsortien jeweils einen erheblichen Eigenanteil zur Kofinanzierung der Forschung bei. Diese schwankt je nach Unternehmensgruppe zwischen 20-50% der Gesamtkosten.

Im Fall der Interreg-Programme liegt ebenso eine Mischfinanzierung von Konsortien vor, bei der 50% der Kosten aus dem Strukturförderprogrammen der EU getragen werden, 30% von Ländern, Kreisen und Städten und 20% von den beteiligten Wirtschaftspartnern.

In diesem Zusammenhang muss auch das große Engagement der Projektkoordinatoren hervorgehoben werden. Sie sind in der Regel auch gleichzeitig die Initiatoren von neuen Vorhaben mit mehreren Partnern aus Wirtschaft, Wissenschaft und Verbänden und benötigen meist eine Vorlaufzeit von ein bis zwei Jahren von der Zusammenführung eines Konsortiums über die Beantragung von Fördermitteln, die oft Monate oder in Ausnahmefällen auch Jahre dauernden Evaluierungsphasen bis schließlich die Durchführung eines Verbundprojektes starten kann. Alle Befragten haben beklagt, dass die Erfolgsquoten für Projekte aus dem Innovationsprogramm des Bundesministeriums für Landwirtschaft und Ernährung sowie des EU-Programms Horizon 2020 äußerst gering sind. Wären alle Anträge auf Fördermittel erfolgreich gewesen, hätten die hier Befragten schätzungsweise mehr als das Vierfache an Finanzierung von Maßnahmen zur Verbesserung des Tierwohls und Tiergesundheit zur Verfügung gehabt. Auffällig ist auch, dass im Erhebungszeitraum weder aus dem Landesministerium noch aus dem Bundesministerium Mittel für den Bereich Tierwohl und Tiergesundheit zur Verfügung standen.

3.3 Inhaltliche Projektschwerpunkte

Die Projekte waren inhaltlich in der Regel auf die Fragestellung mit Bezug auf eine Tierart ausgerichtet: (tierartspezifisch (89%) und unspezifisch (11%). Bei den 13 Projekten, bei denen es um Übergeordnete Fragen des Tierwohls und der Tiergesundheit ging, wie z.B. zur Umsetzung von Organisationsstrukturen zur Umsetzung von Tierwohl und Tiergesundheitsmaßnahmen, handelte es sich jeweils um Vorhaben mit mehreren Partnern. In den nachfolgenden Abbildungen stehen die 6 definierten Handlungsfelder im Mittelpunkt der Betrachtung.

Mehr als ein Drittel der Projekte befasste sich ausschließlich mit der Tierart Schwein (44). Die Tierart Rind machte den zweitgrößten Anteil mit 30 der gemeldeten Projekte aus. Bei der Tierart (Wirtschafts-) Geflügel waren es 18. Innerhalb der tierartübergreifenden Projekte beinhalten alle die Tierart Schwein (100%) und jeweils weniger die Tierarten Rind (85%) und Geflügel (69%). Stellt man den Forschungsaktivitäten den Umfang der in NRW gehaltenen Nutztiere gegenüber, so spiegelt sich hierin die große Bedeutung der Schweineproduktion wieder. Denn 2013 wurden in NRW insgesamt 7,23 Mio. Schweine, 1,38 Mio. Rinder und 3,6 Mio. Legehennen gehalten (BMEL, 2013).

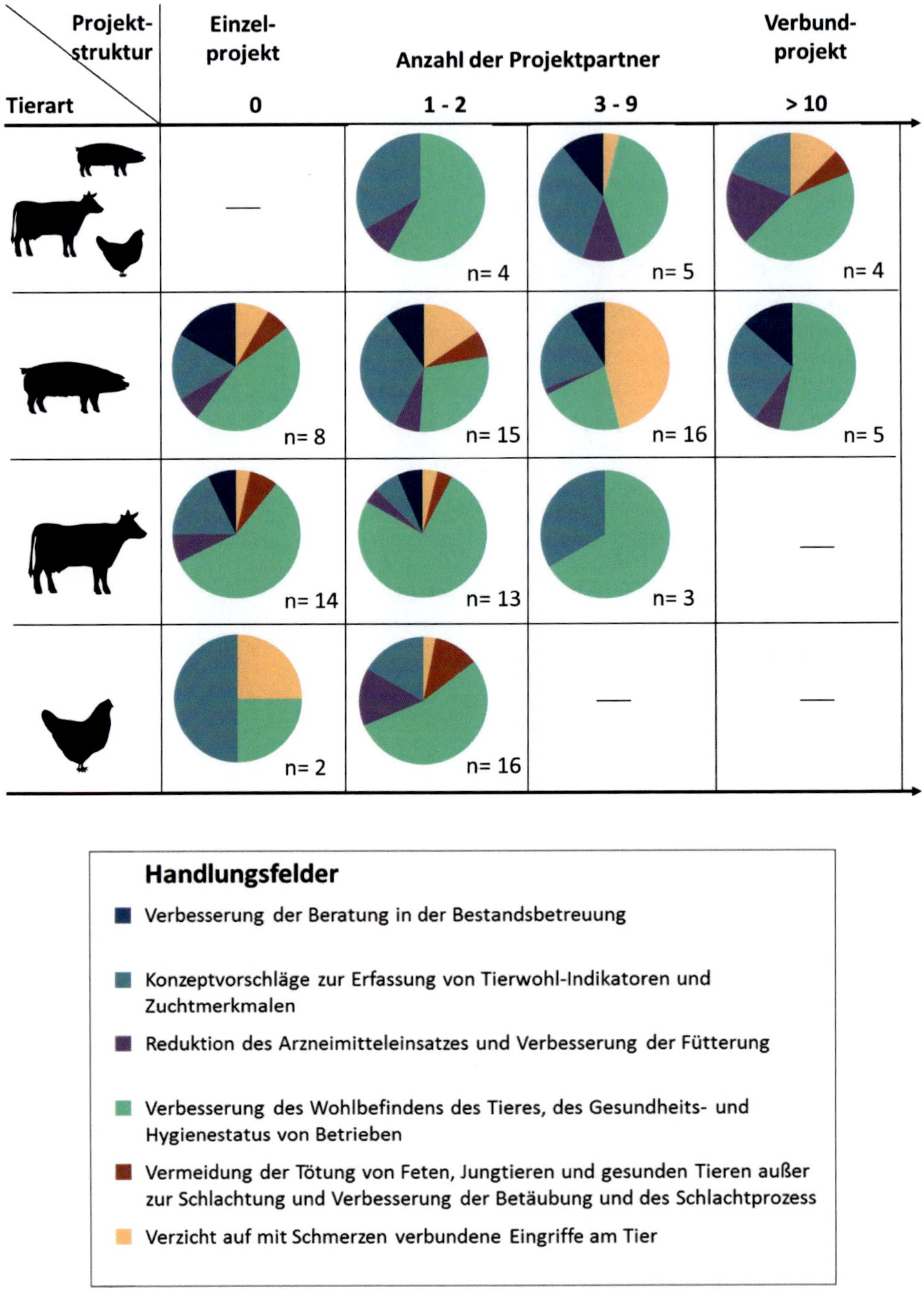

Abbildung 9: Matrix der Projektzuordnung nach den Kategorien Tierart, Projektpartnerstruktur und Handlungsfeldern

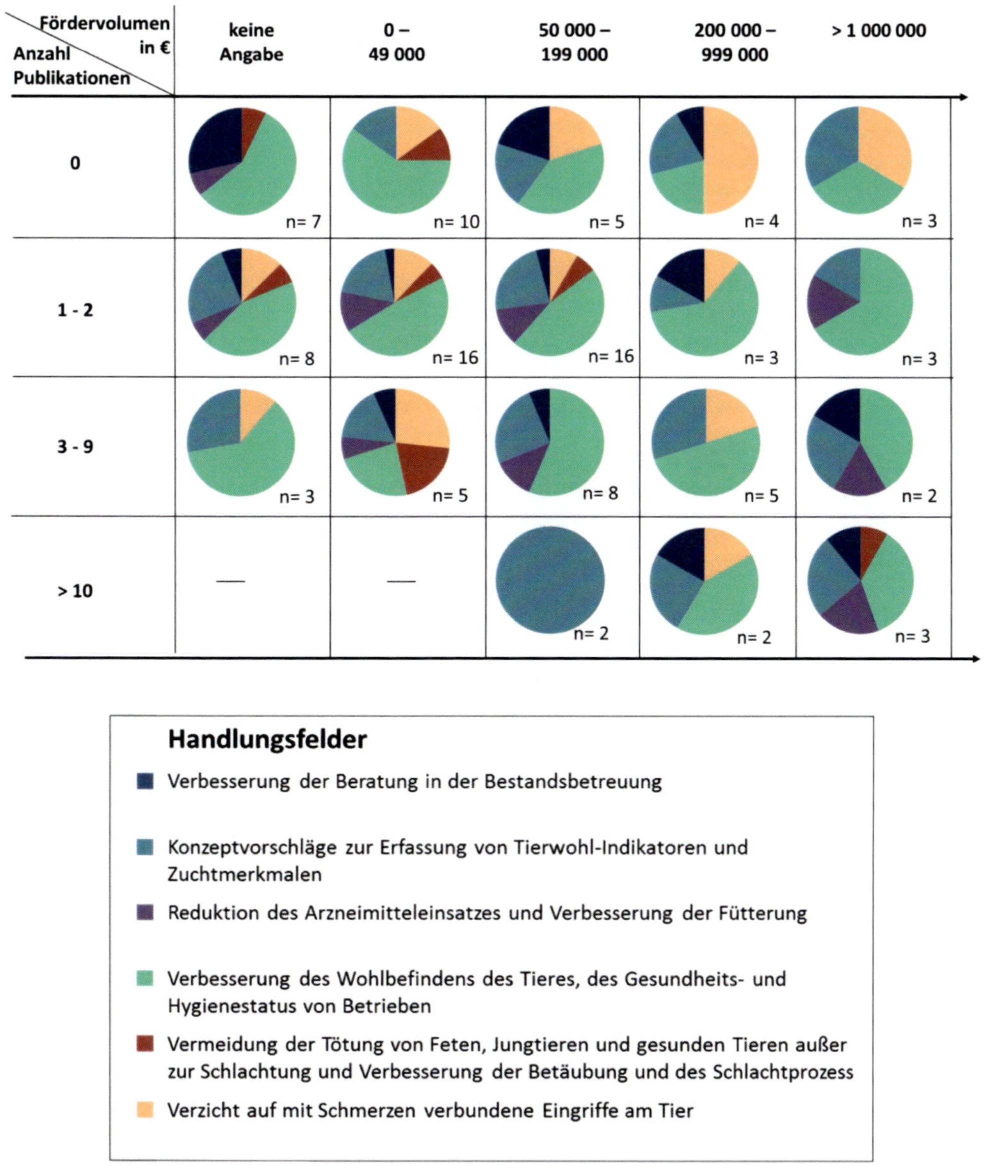

Abbildung 10: Matrix der Zuordnung von Fördervolumen, Anzahl Publikationen und betrachtete Handlungsfelder in den Projekten

In den Abbildungen 9 und 10 sind gleichzeitig die Handlungsfelder zu den Tierarten, Fördervolumen und Projektoutputs wie Publikationen dargestellt. Das zur Charakterisierung der Projekte mit großem Abstand am häufigsten genannte Handlungsfeld war „Verbesserung des Wohlbefindens des Tieres, des Gesundheits- und Hygienestatus von Betrieben“ (78 %) gefolgt vom Handlungsfeld „Konzeptvorschläge zur Erfassung von Tierwohl-Indikatoren und

Zuchtmerkmalen" (40%). Weitere Konsortien beschäftigten sich mit dem „Verzicht auf mit Schmerzen verbundene Eingriffe am Tier" (21%), der „Verbesserung der Beratung in der Bestandsbetreuung" (16%), der „Reduktion des Arzneimitteleinsatzes und Verbesserung der Fütterung" (15%) und der „Vermeidung der Tötung von Feten, Jungtieren und gesunden Tieren außer zur Schlachtung und der Verbesserung der Betäubung und des Schlachtprozesses" (8%).

Der Wissenstransfer aus den Forschungs- und Entwicklungsprojekten erfolgte zum einen über wissenschaftliche Publikationen aus den beiden Hochschulen und zum anderen über Berichte in Fachzeitschriften. Insgesamt sind 398 zitierfähige Veröffentlichungen im Betrachtungszeitraum von 2009 - 2015 von den Befragten gemeldet worden. Dabei handelt es sich in der Mehrzahl der Fälle um internationale Publikationen, die im Rahmen von kumulativen Doktorarbeiten entstanden sind. Dazu kommen noch über 20 Bachelor- und Masterarbeiten und jeweils die Forschungsberichte, die oftmals von den Fördermittelgebern der Öffentlichkeit auf deren Webseiten zur Verfügung gestellt werden. Ein weiteres Instrument des Wissenstransfers sind interne Arbeitsgruppentreffen innerhalb der Verbundprojekte mit mehreren Partnern und öffentliche Workshops mit weiteren Experten aus dem jeweiligen Sektor. In der Summe fanden in dem Betrachtungszeitraum mehr als 250 dieser Treffen bezogen auf alle Projekte statt. Hervorzuheben seien hier lediglich einige Veranstaltungen (Tabelle 1), von denen eine besondere Strahlkraft ausging und die verdeutlichen, dass es über die enge Zusammenarbeit der drei in NRW ansässigen Plattformen KONN, USL und GIQS e. V. gelingt, den Wissenstransfer zu aktuellen Themen zu beschleunigen.

Tabelle 1: Ausgewählte Veranstaltungen mit nationaler oder internationaler Strahlkraft

Titel	Veranstalter	Ort	Datum
14. BAEN-Café: Tierschutz und Tierwohl im Kontext der Nutztierhaltung	Bonner Agrar- und Ernährungs-Netzwerk (BAEN), Bonn-Aachen International Center for Infomation Technology, Rheinische Friedrich-Wilhelms-Universität Bonn, Stadt Bonn, Industrie- und Handelskammer Bonn/Rhein-Sieg	Dahlmannstraße 2, 53113 Bonn	15. Januar 2013
Emissionminderung Tierhaltung - Abluftreinigung	Lehr- und Forschungsschwerpunkt "Umweltverträgliche und Standortgerechte Landwirtschaft" der Rheinische Friedrich-Wilhelms-Universität Bonn	Andreas Hermes Akademie (AHA) im Bildungswerk der Deutschen Landwirtschaft e.V., Godesberger Allee 66, 53175 Bonn	20. und 21. Juli 2011
Tierwohl in der Landwirtschaft	Lehr- und Forschungsschwerpunkt "Umweltverträgliche und Standortgerechte Landwirtschaft" der Rheinische Friedrich-Wilhelms-Universität Bonn	Versuchs- und Bildungszentrum Landwirtschaft Haus Düsse, Ostinghausen, 59505 Bad Sassendorf	26. und 27. September 2013
Milchviehhaltung zwischen Tierwohl und Ökonomie	Lehr- und Forschungsschwerpunkt "Umweltverträgliche und Standortgerechte Landwirtschaft" der Rheinische Friedrich-Wilhelms-Universität Bonn (KONN)	Aula, Versuchs- und Bildungszentrum Landwirtschaft Haus Riswick, Elsenpaß 5, 47533 Kleve	28. Oktober 2015
Antibiotikaeinsatz in der Tierhaltung - aktuelle Risikobewertung und zukünftige Minimierungsstrategien	Lehr- und Forschungsschwerpunkt "Umweltverträgliche und Standortgerechte Landwirtschaft" der Rheinische Friedrich-Wilhelms-Universität Bonn	Universitätsclub Bonn e.V., Konviktstr. 9, 53113 Bonn	21. Juni 2012
5. IRIS Workshop: "One Health"	FoodNetCenter der Universität Bonn, GIQS e.V., European Qualification Alliance (EQA.SCE)	Münster-Carré, Gangolfstr. 14, 53111 Bonn	15. September 2015

4 Profile der Projektpartner aus NRW

Betrachtet man die geographische Verteilung der wichtigsten Akteure in NRW (Abbildung 11), die sich in den letzten fünf Jahren mit dem Thema Tierwohl und Tiergesundheit in 105 Projekten intensiv beschäftigt haben, so lassen sich zwei regionale Cluster erkennen.

In Westfalen ein stark wirtschaftsgeprägtes Cluster mit den Unternehmen Westfleisch, Tönnies, GFS, Erzeugerring Westfalen, RVG, der Landwirtschaftskammer NRW und dem WLV Westfälischen Landwirtschaftsverband.

Dem gegenüber liegt im südlichen Rheinland ein stark aus der Wissenschaft heraus gestaltetes Cluster. Neben den Instituten der Landwirtschaftlichen Fakultät der Rheinischen Friedrich-Wilhelms-Universität Bonn sind es die beiden fakultätsübergreifenden Zentren International FoodNetCenter (FNC) und Cidre, die häufig Initiatoren und Koordinatoren von Forschungs- und Entwicklungsprojekten bezogen auf die sechs in der Erhebung festgelegten Handlungsfelder sind. Insbesondere wenn es um bundesweite, grenzübergreifende und die ganze Wertschöpfungskette umfassende Initiativen geht, wurden die interdisziplinären Konsortien von GIQS oder dem FNC koordiniert.

Unter dem geographischen Symbol der Karte ist bei den Projektbeteiligten – gekennzeichnet jeweils durch die beiden Logos – angegeben, ob KONN-Partner oder Partner aus der EQA-Plattform SMART PORK an der Aktivität beteiligt sind oder waren.

Abbildung 11: Geographische Zuordnung der Projektkoordinatoren und Partner

4.1 Forschung und Lehre

universitätbonn landwirtschaftliche fakultät

Rheinische Friedrich-Wilhelms-Universität Bonn
Landwirtschaftliche Fakultät
Meckenheimer Allee 174
53115 Bonn

www.lwf.uni-bonn.de

SMART PORK

KONN Kompetenznetzwerk Nutztierforschung Nordrhein-Westfalen

Die Rheinische Friedrich-Wilhelms-Universität Bonn ist eine weltweit angesehene Forschungsuniversität, die über zahlreiche Kooperationen mit internationalen Institutionen, Wissenschaftlern und Fakultäten verfügt. Sie wurde 1818 gegründet und bietet insgesamt 180 Studiengänge an verschiedenen Standorten an. 550 Professoren und 5.500 Beschäftigte führen Lehre und Forschung durch und betreuen die mittlerweile 34.000 Studierenden. Zur Erfüllung ihrer Aufgaben ist die Rheinische Friedrich Wilhelms-Universität Bonn in sieben Fakultäten gegliedert, die ihrerseits wieder aus einer großen Anzahl von Instituten, Seminaren und Kliniken bestehen.

Die 1934 eingerichtete Landwirtschaftliche Fakultät der Universität Bonn besteht aus sieben Instituten, unter diesen das Institut für Tierwissenschaften, das Institut für Landtechnik, das Institut für Lebensmittel- und Ressourcenökonomik und das Institut für Geodäsie und Geoinformation, die ihren Standort auf dem Campus Poppelsdorf haben. Das Institut für Tierwissenschaften wiederum teilt sich in fünf Abteilungen: Präventives Gesundheitsmanagement, Tierzucht und Tierhaltung, Haustiergenetik, Physiologie und Hygiene und Tierernährung.

Insgesamt werden aktuell an der Landwirtschaftlichen Fakultät 18 Studiengänge angeboten, von denen alleine 12 forschungsorientierte Masterstudiengänge sind. An der Landwirtschaftlichen Fakultät sind derzeit über 3.000 Studierende eingeschrieben. Durch verschiedene Partnerschaften und Netzwerke weist die Fakultät auch ein hohes Maß an internationalen Kooperationen auf.

Die Landwirtschaftliche Fakultät ist Mitglied im Forschungsnetzwerk NRW Agrar und der Deutschen Agrarforschungsallianz (DAFA).

food•net•centerbonn

International Center for Food Chain and Network
Research (FoodNetCenter Bonn)
Rheinische Friedrich-Wilhelms-Universität Bonn
Katzenburgweg 7-9
53115 Bonn

www.foodnetcenter.uni-bonn.de

SMART PORK

KONN Kompetenznetzwerk Nutztierforschung Nordrhein-Westfalen

Das International Center for Food Chain and Network Research (FoodNetCenter Bonn) ist das erste fakultätsübergreifende Zentrum der Universität Bonn, das von Wissenschaftlern der Landwirtschaftlichen Fakultät im Jahr 2006 initiiert wurde. Das fakultätsübergreifende Netzwerk hat sich in der Vergangenheit bereits als sehr erfolgreich bei der Unterstützung junger Wissenschaftler und Wissenschaftlerinnen und der Einbindung in internationale Kooperationen mit der Einwerbung von fast 20 Millionen Fördermitteln erwiesen.

Eine bedeutende Stärke des FoodNetCenters ist während der Etablierung und Konsolidierung von regionalen und vor allem europäischen und globalen Wissenschaftsnetzwerken die Kollaboration mit dem ‚Wageningen Expertise Centre for Chain and Network Studies (Wageningen CNS)' und mit dem internationalen public-private-partnerships GIQS e.V. in Bonn. Das FoodNetCenter ist zusammen mit GIQS Gründungsmitglied des regionalen Cluster bonn.realis (Bonn Research Alliance of Innovative Information Systems in International Quality Food Chain and Crisis Communication). 18 Forschergruppen aus 9 Instituten und drei Fakultäten arbeiten sehr intensiv seit 2012 an den drei Schwerpunktthemen „One Health", „Food Waste" und „Responsible System Innovation". Gründe für die internationale Sichtbarkeit der Mitglieder dieses Forschungsnetzwerkes sind zahlreiche internationale Veranstaltungen, Publikationen, Preise und Ehrungen für die interdisziplinären Forschungsergebnisse.

Drei Konferenzserien sind seit 2007 als regelmäßige Veranstaltungen etabliert. Dazu zählen das Igls Forum (International European Forum on System Dynamics and Innovation in Food Networks), die IRIS Workshops (Instruments for risk management of private and public organizations in the agrifood sector) und die Cold Chain Management Workshops.

Center of Integrated Dairy Research
CIDRe

CIDRe
Universität Bonn
Landwirtschaftliche Fakultät
Meckenheimer Allee 172
53115 Bonn

www.cidre.uni-bonn.de

KONNN
Kompetenznetzwerk Nutztierforschung
Nordrhein-Westfalen

Von der Landwirtschaftlichen Fakultät der Universität Bonn wurde 2011 das Zentrum für Integrierte Milchwirtschaftliche Forschung (Center of Integrated Dairy Research, CIDRe) gegründet. Neben der Gründungsinstitution gehören auch die Fachgruppe Informatik der Mathematisch-Naturwissenschaftlichen Fakultät der Universität Bonn sowie das Institut für Agrar- und Ernährungswissenschaften, Tierhaltung und Nutztierökologie der Universität Halle-Wittenberg zu den Gründungsmitgliedern. Das zentrale Strukturelement des CIDRe stellt der in Deutschland einzigartige Versuchsstall der Lehr- und Forschungsstation Frankenforst dar.

CIDRe fördert im Rahmen seines Forschungsauftrags die interdisziplinäre Zusammenarbeit unter besonderer Berücksichtigung der Verknüpfung von Tiergesundheit bzw. Wohlbefinden von Milchkühen, Umweltaspekten in der Milchviehhaltung bzw. Milchproduktion und ökonomischen Fragestellungen.

Bei der EXPO 2015 in Mailand war CIDRe Forschungspartner der ARGE Deutscher Pavillon. Anhand der von den Wissenschaftlern zur Verfügung gestellten Exponate wurde im Deutschen Pavillon gezeigt, wie eine ausgewogene und nachhaltige Milchwirtschaft der Zukunft aussehen kann.

CIDRe ist Mitglied im Forschungsnetzwerk NRW Agrar und der Deutschen Agrarforschungsallianz (DAFA).

Fachhochschule Südwestfalen
University of Applied Sciences

KONNN
Kompetenznetzwerk Nutztierforschung
Nordrhein-Westfalen

Fachhochschule Südwestfalen
Standort Soest
FB Agrarwirtschaft
Lübecker Ring 2
59494 Soest

www4.fh-swf.de

Die Fachhochschule Südwestfalen, Verwaltungssitz in Iserlohn, bietet an fünf Standorten insgesamt 47 Studiengänge an, davon 11 Masterstudiengänge. Lehre und Forschung werden von ca. 170 Professorinnen und Professoren durchgeführt, die insgesamt mehr als 12.000 Studierende betreuen. Mit über 1.500 Projekten im Jahr steht die technisch, wirtschaftlich und naturwissenschaftlich ausgerichtete Hochschule für kompetenten Personal-, Wissens- und Forschungstransfer.

Der Fachbereich Agrarwirtschaft bietet für mehr als 600 Studierende die Studiengänge AgrarBachelor und AgrarMaster an. Ziel ist es, die AbsolventInnen auf wissenschaftlicher und anwendungsbezogener Grundlage zu praktischer Kompetenz, zu Problembewusstsein und zu selbstständiger Urteilsbildung zu führen. Der anwendungsorientierte AgrarMaster kombiniert Produktionsmanagement und Unternehmensführung und qualifiziert die Absolventinnen und Absolventen für Führungsaufgaben in landwirtschaftlichen Unternehmen sowie für Positionen in Wirtschaftsunternehmen, Verwaltung, berufsständischen Organisationen und dem Agrarjournalismus.

Forschungsthemen im Bereich der Tierproduktion sind u.a. ressourcen- und umweltschonende Tierhaltung, Effekte von Tierernährung und Hygiene auf Tiergesundheit und biologische Leistungen sowie die Untersuchung von Umwelteffekten des Einsatzes von Antibiotika in der Tierhaltung. Interdisziplinäre Zusammenarbeit hat am Fachbereich Agrarwirtschaft einen hohen Stellenwert, sowohl im universitären Bereich als auch in der Vernetzung mit anderen landwirtschaftlich orientierten Institutionen der Agrarwirtschaft. Diese Zusammenarbeit hat sich bereits in vielen gemeinsamen Projekten bewährt.

Der Fachbereich Agrarwirtschaft ist Mitglied im Forschungsnetzwerk NRW Agrar und der Deutsche Agrarforschungsallianz (DAFA).

Hochschule
Bonn-Rhein-Sieg

IZNE **Internationales Zentrum für Nachhaltige Entwicklung**

International Centre for Sustainable Development

Hochschule Bonn-Rhein-Sieg
Grantham-Allee 20
53757 Sankt Augustin

www.h-brs.de

Die dynamische und forschungsstarke Hochschule Bonn-Rhein-Sieg wurde 1995 gegründet. Sie bietet über 8.000 Studierenden ideale Möglichkeiten zum Lernen und Forschen und die Betreuung von rund 1.000 Beschäftigten und 145 Professorinnen und Professoren. Der Campus der Hochschule Bonn erstreckt sich über die drei Standorte Hennef, Rheinbach und Sankt Augustin. In Bonn betreibt sie gemeinsam mit der Universität und der RWTH Aachen die B-IT Akademie. Die Hochschule Bonn-Rhein-Sieg bietet den Studierenden ein praxisorientiertes Studium auf der Basis aktueller Forschungsergebnisse. Zurzeit werden 27, teilweise englischsprachige, Studiengänge angeboten. Davon sind 14 Bachelor- und 13 Masterprogramme. Die Professorinnen und Professoren der Hochschule Bonn-Rhein-Sieg verfügen über Erfahrungen aus Wissenschaft und Wirtschaft.

Mit dem Hochschulentwicklungsplan 2010-2015 legte die Hochschule Bonn-Rhein-Sieg einen umfassenden Strategieentwurf vor, der die Stärken der Hochschule mit künftigen Herausforderungen verbindet. Entwicklung nachhaltig, transparent und partizipativ gestalten – international, innovativ, vernetzt – das sind die Pfeiler der Strategie. Das leitende Motiv ist die Nachhaltigkeit.

Das Internationale Zentrum für Nachhaltige Entwicklung (IZNE) ist ein Forschungs- und Beratungsinstitut der Hochschule Bonn-Rhein-Sieg. Sein Ziel ist es, das Leitmotiv der nachhaltigen Entwicklung in die wissenschaftliche Ausbildung, die Forschung und den Wissenstransfer der Hochschule zu integrieren und voranzutreiben. Das IZNE führt interdisziplinäre Forschungs- und Beratungsaktivitäten mit hochschulinternen sowie externen Partnern durch und realisiert Projekte auf regionaler, nationaler und internationaler Ebene mit Fokus auf Entwicklungs- und Schwellenländer.

Hochschule Niederrhein
University of Applied Sciences

IMH
Institut für Modellbildung und Hochleistungsrechnen
Institute of Modelling and High-Performance Computing

Hochschule Niederrhein
IMH – Institut für Modellbildung und Hochleistungsrechnen
Reinarzstr. 49
47805 Krefeld

www.hs-niederrhein.de/forschung/imh

Die Hochschule Niederrhein wurde 1971 mit der Überführung von drei Ingenieursschulen, acht höheren Fachschulen sowie einer Werkkunstschule gegründet. Heute ist die Hochschule Niederrhein in der deutschen Hochschullandschaft eine renommierte und attraktive Bildungs- und Forschungsstätte, die sich durch innovative und internationale Studiengänge, eine intensive Betreuung während des Studiums, eine praxisnahe Ausbildung und angewandte Forschung und Entwicklung auszeichnet. Mit rund 14.500 Studierenden gehört die Hochschule Niederrhein zu den vier größten Fachhochschulen in Deutschland. Die mehr als 70 Studiengänge sind auf den Bedarf der Region, aber auch auf die Veränderungen des Arbeitsmarktes zugeschnitten. Bewerber haben die Wahl zwischen mehr als 51 Bachelor- und 24 Masterstudiengängen, wobei die Angebote berufsbegleitender und dualer Studiengänge eine immer größere Rolle einnehmen.

Eins von neun In-Instituten der Hochschule Niederrhein ist das IMH – Institut für Modellbildung und Hochleistungsrechnen. Die Kernkompetenz des Institutes ist die Verbindung von Maßgeschneiderter Numerischer Strömungssimulation (Computational Fluid Dynamics), Parallelem und verteiltem Rechnen, Design- und Prozess-Optimierung und stochastischer Analyse.

Hochschule Ostwestfalen-Lippe
University of Applied Sciences

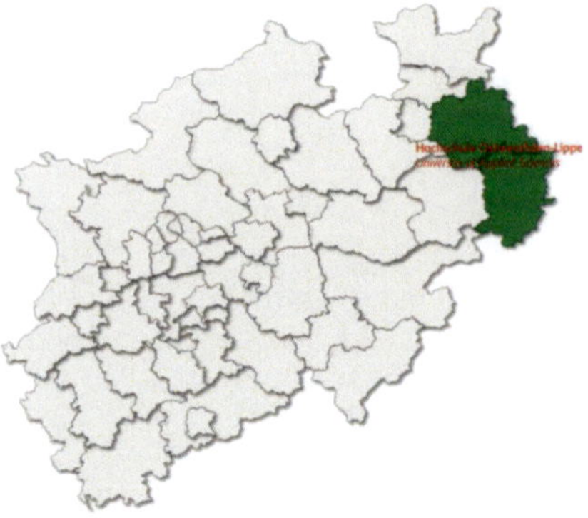

Hochschule Ostwestfalen-Lippe
Liebigstraße 87
32657 Lemgo

www.hs-owl.de

Die Hochschule Ostwestfalen-Lippe ist geprägt durch ihre drei Standorte Lemgo, Detmold und Höxter sowie den Studienort Warburg. Die Hochschule ist traditionell sehr stark in der Region verankert und verfügt über hervorragende Kontakte zur heimischen Industrie und Wirtschaft, mit der unter anderem auch gemeinsame Studienangebote entwickelt werden. Durch einzigartige Lehrangebote und herausragende Forschungsaktivitäten hat die Hochschule in den vergangenen Jahren jedoch eine weit überregionale Strahlkraft entwickelt. An der Hochschule sind derzeit ungefähr 6.700 Studierende eingeschrieben, die von 174 Professorinnen und Professoren sowie rund 500 Mitarbeitern betreut werden. 44 praxisnahe Studiengänge werden als Grundstein für eine erfolgreiche berufliche Karriere angeboten.

Forschung und Innovation sind die wesentlichen Grundlagen für den Erfolg und die Zukunftsfähigkeit der Hochschule Ostwestfalen-Lippe und tragen gleichzeitig zur Qualitätssicherung ihres Markenzeichens Exzellente Lehre bei. Großer Wert liegt auf der umfassenden und praxisnahen Ausbildung der Studierenden. Praktika und Abschlussarbeiten sind dank gut ausgebauter Industrie-Kooperationen in den Unternehmen üblich. Zusätzliche Studienangebote wie Sprachenunterricht, Rhetorikschulung, Arbeit mit Medien und Konfliktmanagement ergänzen das Studienangebot sinnvoll.

RWTH AACHEN UNIVERSITY

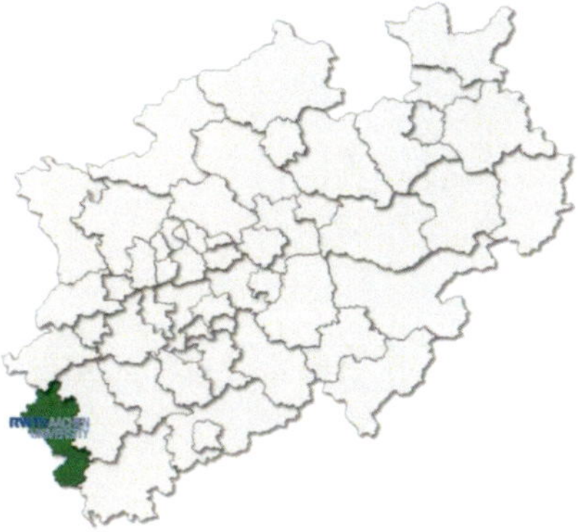

Rheinisch-Westfälische Technische Hochschule
Aachen
Templergraben 55
52056 Aachen

www.rwth-aachen.de

Die RWTH hat sich klare Ziele gesetzt: Bis zum Jahr 2020 will sie, gemessen an der Qualität ihrer Absolventinnen und Absolventen, dem wissenschaftlichen Output und den Drittmitteln, die beste deutsche Technische Universität und eine der fünf besten Europas sein. Die Exzellenzinitiative des Bundes und der Länder bewirkte einen enormen Schub in der zielgerichteten Entwicklung der RWTH. Damit entfaltete sich eine große Dynamik, die unter anderem die Spitzenposition der Hochschule im Bereich der Forschung stärkt sowie in einer wachsenden Bautätigkeit und in umfassenden Maßnahmen zur Personalentwicklung deutlich wurde.

Die RWTH Aachen gehört mit ihren 260 Instituten in neun Fakultäten zu den führenden europäischen Wissenschafts- und Forschungseinrichtungen. Im Wintersemester 2015/16 sind 43.721 Studierende in 152 Studiengängen eingeschrieben, davon 7.904 internationale Studierende aus 125 Ländern. Die Ausbildung an der RWTH Aachen ist vor allem anwendungsorientiert. Die Absolventinnen und Absolventen sind deshalb in der Wirtschaft gefragte Nachwuchs- und Führungskräfte.

Im nationalen und internationalen Vergleich erreicht die RWTH immer wieder Spitzenpositionen. In den Rankings der WirtschaftsWoche steht sie im Jahr 2015 auf Platz 1 in den Naturwissenschaften, dem Maschinenbau und Wirtschaftsingenieurwesen. Seit Jahren ist die RWTH in allen technischen Fächern und den Naturwissenschaften unter den Top 3. Weltweit ist die Universität in Aachen im „QS World University Rankings by Subject" beste nicht-englischsprachige Universität im Maschinenbau mit Platz 12. Mit der Verausgabung von 143,5 Millionen Euro aus Forschungsmitteln der DFG steht sie in den Ingenieurwissenschaften erneut auf dem ersten Platz unter den deutschen Universitäten.

HEINRICH HEINE
UNIVERSITÄT DÜSSELDORF

Heinrich-Heine-Universität Düsseldorf
Universitätsstr. 1
40204 Düsseldorf

www.uni-duesseldorf.de

Die Heinrich-Heine-Universität Düsseldorf ist eine der jüngeren Hochschulen des Landes NRW. Gegründet 1965 als Universität Düsseldorf trägt sie seit 1988 den Namen des großen Sohnes der Stadt. Heute finden auf dem modernen Campus rund 30.000 Studierende beste Bedingungen für das akademische Leben.

Als Volluniversität bietet die Universität ihren Studierenden ein breites Spektrum an Fächerkombinationen, Studiengängen und Abschlüssen sowie eine umfangreiche Beratung und Betreuung, die schon vor dem Studium beginnt und bis zum Berufseinstieg der Absolventen und Absolventinnen andauert. Die fünf Fakultäten der Universität setzen auf fächer- und fakultätsübergreifende Zusammenarbeit in Forschung und Lehre. Das Forschungsprofil der Heinrich-Heine-Universität setzt sich zusammen aus den Bereichen Life – Nature – Society. Zudem bestimmen die regionalen und internationalen Kooperationen mit anderen Universitäten sowie mit außeruniversitären Forschungseinrichtungen die Entwicklung der Universität.

Innerhalb der Metropolregion Rheinland existiert seit einigen Jahren eine projektbezogene Zusammenarbeit zwischen der Heinrich-Heine-Universität Düsseldorf und den Universitäten Aachen, Bonn und Köln (ABC-Region).

UNIVERSITÄT PADERBORN
Die Universität der Informationsgesellschaft

Universität Paderborn
Warburger Str. 100
33098 Paderborn

www.uni-paderborn.de

Die Universität Paderborn orientiert sich an der Leitidee der "Universität der Informationsgesellschaft". Die starke Informatik und deren Anwendungsfelder sowie die interdisziplinäre Durchdringung vieler Disziplinen durch informationstechnologische Aspekte bilden für diese Ausrichtung zwar eine hervorragende Grundlage; die Hochschule will aber mehr erreichen: Sie möchte die naturwissenschaftlich-technische Entwicklung der Informationsgesellschaft vorantreiben, sie kritisch begleiten, gleichzeitig den Blick für die beständigen Werte unserer Kultur öffnen, aber auch die sich in der Informations- oder Wissensgesellschaft bietenden Chancen nutzen.

Das Leitbild der Universität schließt Internationalität und künstlerische Präsenz mit ein, da die Informations- bzw. Wissensgesellschaft globale Dimensionen hat und künstlerisches Wirken Kontrapunkt in einer eher intellektuellen Welt ist. Deshalb sind das Hochschulorchester, die Big Band, der Jazz-Chor, die Studiobühne oder Kunstausstellungen wichtige Einrichtungen der Universität, die im Hochschulleben eine herausragende Rolle spielen.

Das Lehr- und Forschungsprofil umfasst in den fünf Fakultäten ein breit gestreutes Fächerspektrum in den Geistes-, Wirtschafts-, Natur- und Ingenieurwissenschaften. In mehreren Bereichen bietet die Hochschule gestufte Abschlüsse an, in denen die Grade Bachelor und Master vergeben werden. Eine wichtige Rolle spielt in Paderborn das Lehramtsstudium in all diesen Bereichen. Mit etwa 20.000 Studierenden bietet die Campus-Universität einen überschaubaren Rahmen und gute Studienbedingungen.

Universität zu Köln
Albertus-Magnus-Platz
50923 Köln

www.uni-koeln.de

Die im Jahr 1388 gegründete Universität zu Köln bietet den über 46.600 eingeschriebenen Studierenden mit ihren sechs Fakultäten ein breites Spektrum wissenschaftlicher Disziplinen und international herausragender Profilbereiche. Die Fakultäten sind die Medizinische Fakultät und Mathematisch-Naturwissenschaftliche Fakultät, die Philosophische Fakultät, die Wirtschafts- und Sozialwissenschaftliche Fakultät und Rechtswissenschaftliche Fakultät sowie die Humanwissenschaftliche Fakultät.

Die Universität zu Köln bietet ihren Studierenden ein großes Spektrum an Studiengängen, darunter auch Doppelabschlussprogramme mit renommierten Partnern. Alle Studiengänge zielen auf ein exzellentes Bildungs- und Lehrangebot, das die Studierenden auf eine wissenschaftliche und/oder berufliche Karriere vorbereitet.

Im Rheinland und somit in einem der am höchsten entwickelten Forschungs- und Wirtschaftsräume Europas gelegen ist die Universität für WissenschaftlerInnen und Studierende gleichermaßen attraktiv und ermöglicht eine Vielfalt intensiver Kooperationen und strategischer Partnerschaften. Die Universität zu Köln ist ein integraler Teil eines dichten Netzwerkes, das regionale außeruniversitäre Forschungsinstitutionen beinhaltet und langfristige Kollaborationsprojekte mit diesen Partnern etabliert hat. Vier Aktivitäten sind entwickelt worden, um die Research Alliance Cologne (RAC) noch weiterhin zu verbessern, dazu zählen gemeinsame strategische Entwicklung, Förderung von DoktorandInnen und NachwuchswissenschaftlerInnen, Nutzung der Einrichtungen und der Infrastruktur und forschungsorientierte Lehre.

Auch das internationale Netzwerk der Universität zu Köln ist ausgedehnt und gut etabliert, wie die Kooperation mit 20 Hochschulpartnerschaften und etwa 200 Partnerschaften auf Fakultätsebene beweist. Das internationale Profil der Universität wird zudem durch eine große Zahl von GastwissenschaftlerInnen und Studierenden aus dem Ausland gestärkt.

Wissen-
schaftlicher
Geflügelhof
des BDRG

Bruno-Dürigen-
Institut

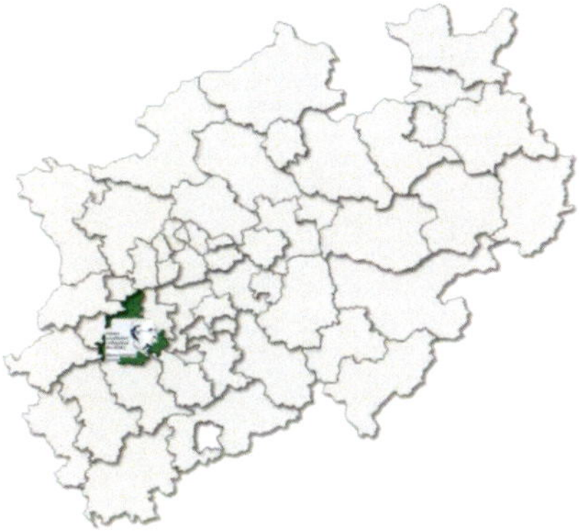

Wissenschaftlicher Geflügelhof des BDRG – Bruno-Dürigen-Institut
Am Landwirtschaftsmuseum 10
41569 Rommerskirchen

www.wissenschaftlicher gefluegelhof.de

KONNN
Kompetenznetzwerk Nutztierforschung
Nordrhein-Westfalen

Seit der Eröffnung des Wissenschaftlichen Geflügelhofs im Jahr 2004 wird das Ziel verfolgt, Kenntnisse der Biologie des Rassegeflügels zu erarbeiten, um sowohl der biologischen Grundlagenforschung, als auch dem wissenschaftlich begründeten Tierschutz zu dienen. Die dabei im Mittelpunkt stehenden Themenschwerpunkte sind wissenschaftliche Forschung, Öffentlichkeitsarbeit und der Erhalt genetischer Vielfalt. Zum Erhalt der biologischen Diversität wird die Vermehrungszucht vom Aussterben bedrohter Rassen betrieben. Getragen wird die Arbeit des Wissenschaftlichen Geflügelhofes vom Bund Deutscher Rassegeflügelzüchter e.V. und der Stiftung zur Förderung von Wissenschaft, Forschung und Bildung für den Bereich des Rassegeflügels. Neben Wirtschaftsunternehmen, Züchtern und Zuchtverbänden wird die am Wissenschaftlichen Geflügelhof laufende Forschung auch durch den Verein zur Förderung junger Wissenschaftler/-innen in der Rassegeflügelforschung (JUWIRA) gefördert.

In das Forschungskonzept des Wissenschaftlichen Geflügelhofes wirken verschiedene Wissenschaftsbereiche hinein. So ergibt sich ein übergreifender Ansatz aus den eng miteinander verknüpften Bereichen Evolutionsforschung, Domestikationsforschung (Haustierkunde) und Verhaltensforschung. Die Forscher des Wissenschaftlichen Geflügelhofes beschäftigen sich unter anderem mit den Schwerpunkten Sozialverhalten, Kognition, sensomotorische Steuerung und Hirnanatomie bei Hühnern, Enten und Tauben. Ebenso ergeben sich aus der biologische Grundlagenforschung Ansätze zur konstruktiven Auseinandersetzung mit tierschutzrelevanten Fragestellungen, die nach wissenschaftlichen Standards vor Ort bearbeitet werden. Zu diesem Zwecke werden unter anderem universitäre Lehrveranstaltungen angeboten. Ergebnisse von Projekten und Forschung werden außerdem in Form von Präsentationen, Vorträgen und Publikationen dargestellt.

4.2 Öffentliche Einrichtungen

Ministerium für Klimaschutz, Umwelt, Landwirtschaft, Natur- und Verbraucherschutz des Landes Nordrhein-Westfalen

Ministerium für Klimaschutz, Umwelt,
Landwirtschaft, Natur- und Verbraucherschutz des
Landes Nordrhein-Westfalen
Schwannstraße 3
47076 Düsseldorf

www.umwelt.nrw.de

KONNN
Kompetenznetzwerk Nutztierforschung
Nordrhein-Westfalen

Das Ministerium für Klimaschutz, Umwelt, Landwirtschaft, Natur- und Verbraucherschutz (MKULNV) des Landes Nordrhein-Westfalen ist Teil der Landesregierung im Bundesland Nordrhein-Westfalen. Es plant somit Landesgesetze, die letztendlich vom Landtag NRW beschlossen werden können, und kontrolliert deren Realisierung. Ebenso wird das MKULNV tätig in der Unterstützung, Beratung und finanziellen Förderung von Bürgerinnen und Bürgern sowie in der Förderung von freiwilligen Leistungen im Land, wie zum Beispiel die Ökoeffizienz, den Naturschutz oder die Verbraucheraufklärung. die Aufgaben des Ministeriums gliedern sich in acht Abteilungen. Die erste Abteilung ist die Zentralabteilung. Die zweite Abteilung für Landwirtschaft Gartenbau und Ländlichen Raum befasst sich mit der Verbesserung der Betriebs-, Produktions-, Markt- und Sozialstruktur und dem ökologischen Landbau, sowie der integrierten ländlichen Entwicklungsförderung. Die dritte Abteilung Forsten und Naturschutz ist untergliedert in die Aufgabenbereiche Forst- und Holzwirtschaft, Waldökologie, Landschaftspflege und Naturschutz sowie Jagd und Fischerei. Die vierte Abteilung für Abfallwirtschaft, Bodenschutz und Wasserwirtschaft hat Gewässer- und Hochwasserschutz, Kreislaufwirtschaft, Altlasten und Aufsicht über Wasser- und Bodenverbände zur Aufgabe. Mit der Luftreinhaltung, Anlagensicherheit und Umweltmedizin befasst sich die Abteilung für Immissionsschutz, Umwelt und Gesundheit und Gentechnik. Die Abteilung für Verbraucherschutz gliedert sich in die Aufgabenbereiche wirtschaftlicher und gesundheitlicher Verbraucherschutz, Lebensmittelüberwachung, Veterinärwesen, Tierseuchenbekämpfung und Tierschutz. Die siebte Abteilung Klima, Zukunftsenergien und Umweltwirtschaft beschäftigt sich mit der Energie- und Ressourceneffizienz, dem Emissionshandel und Umwelttechnologien. Die Abteilung Fachübergreifende Umweltangelegenheiten und nachhaltige Entwicklung befasst sich mit internationalen Beziehungen, Flächenpolitik, Umweltberichterstattung und Bildung für nachhaltige Entwicklung.

Landwirtschaftskammer
Nordrhein-Westfalen

Landwirtschaftskammer Nordrhein-Westfalen
Nevinghoff 40
48147 Münster

www.landwirtschaftskammer.de

SMART PORK

KONNN
Kompetenznetzwerk Nutztierforschung
Nordrhein-Westfalen

Die Landwirtschaftskammer Nordrhein – Westfalen ist eine Körperschaft des öffentlichen Rechts. Sie entstand am 1. Januar 2004 als Rechtsnachfolgerin der bis dahin selbstständigen Landwirtschaftskammern Rheinland und Westfalen-Lippe. Ihre Hauptaufgabe besteht darin, die Landwirtschaft und die in ihr Berufstätigen zu fördern und zu betreuen und im Rahmen ihrer Aufgaben den ländlichen Raum zu stärken. Im Fokus stehen die Aus- und Weiterbildung sowie die Beratung von landwirtschaftlichen und gärtnerischen Betrieben. Die Landwirtschaftskammer ist eine berufsständische Selbstverwaltungskörperschaft, in der gewählte Landwirte, Landfrauen und Gärtner die ehrenamtlichen Entscheidungsgremien bilden. Alle Gremien bestehen zu zwei Drittel aus Vertretern der Unternehmer und zu einem Drittel aus Vertretern der Arbeitnehmer. Der ehrenamtliche Präsident steht an der Spitze der Landwirtschaftskammer. Der Direktor ist Chef der Verwaltung und erfüllt zugleich als Landesbeauftragter hoheitliche Aufgaben.

Mit vier Fachbereichen (Tierproduktion, Tiergesundheit, Versuchs- und Bildungszentrum Landwirtschaft Haus Düsse, Versuchs- und Bildungszentrum Landwirtschaft Haus Riswick) haben sich die Mitarbeiterinnen und Mitarbeiter der Landwirtschaftskammer NRW in den letzten Jahren sehr intensiv in die aus der Wissenschaft angestoßenen Verbundprojekte und Initiativen zur Verbesserung von Tierwohl und Tiergesundheit mit eingebracht.

Die Landwirtschaftskammer Nordrhein-Westfalen ist Mitglied im Forschungsnetzwerk NRW Agrar und der Deutschen Agrarforschungsallianz (DAFA).

Landesamt für Natur,
Umwelt und Verbraucherschutz
Nordrhein-Westfalen

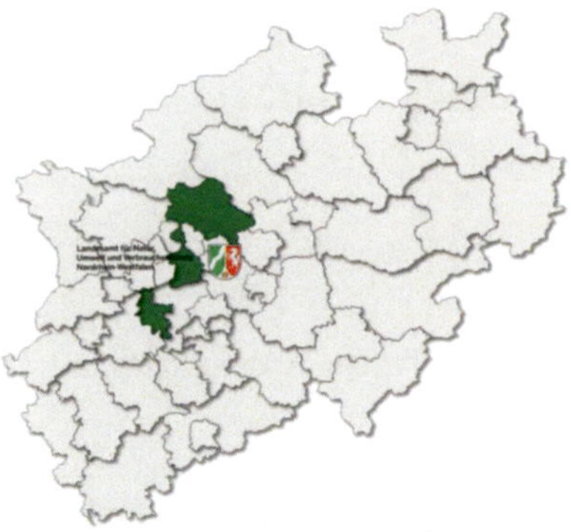

Landesamt für Natur, Umwelt und
Verbraucherschutz Nordrhein-Westfalen
Leibnizstr. 10
45659 Recklinghausen

www.lanuv.nrw.de

KONN
Kompetenznetzwerk Nutztierforschung
Nordrhein-Westfalen

Das Landesamt für Natur, Umwelt und Verbraucherschutz NRW (LANUV) wurde 2007 gegründet aus den Vorläuferinstitutionen Landesanstalt für Ökologie, Bodenordnung und Forsten (LÖBF), Landesumweltamt (LUA) und Landesamt für Ernährung und Jagd (LEJ) sowie den Dezernaten 50 der Bezirksregierungen. Das LANUV vereint als technisch-wissenschaftliche Fachbehörde des Landes Nordrhein-Westfalen seitdem die Themenbereiche Natur, Umwelt und Verbraucherschutz. Durch das LANUV werden die Boden-, Wasser- und Luftqualität in Nordrhein-Westfalen kontinuierlich überwacht und zahlreiche Daten erfasst. Ebenfalls werden auch im Verbraucherschutz Überwachungen und Vollzugsaufgaben, unter anderem zur Sicherheit von Lebens- und Futtermitteln sowie Bedarfsgegenständen, durchgeführt.

Das LANUV ist dem Ministerium für Klimaschutz, Umwelt, Landwirtschaft, Natur- und Verbraucherschutz des Landes unterstellt und berät die Regierung des Landes Nordrhein-Westfalen. Rund 1200 Mitarbeiterinnen und Mitarbeiter aller Fachrichtungen arbeiten an den Hauptstandorten in Recklinghausen, Essen und Düsseldorf für den Schutz der Menschen, Tiere und Vegetation des Landes. Zu den vielfältigen Aufgaben des Amtes zählen unter anderem Naturschutz und Landschaftspflege, Fischereiökologie, Jagdkunde, Luftreinhaltung und Gewässerschutz, Geräusche und Erschütterungen, Bodenschutz und Altlastenerfassung, Abfallwirtschaft und Anlagensicherheit, Umweltmedizin, Umweltanalytik, Lebensmittel- und Futtermittelüberwachung sowie Tierschutz und Tierseuchenkontrolle. Mit den erhobenen und ausgewerteten Daten werden Gerichte und Vollzugsbehörden der Kreise, Städte und Bezirksregierungen unterstützt. Des Weiteren betreibt das LANUV die Zentrale Informations- und Koordinationsstelle für Klimaschutz und Klimawandel und informiert die Bürger des Landes über den aktuellen Umweltzustand und Gefahren in Lebensmitteln oder Gebrauchsgegenständen.

GIQS

GIQS e.V.
c/o Rheinische Friedrich-Wilhelms-Universität Bonn
Landwirtschaftliche Fakultät
Institut für Tierwissenschaften (ITW)
Abt. Präventives Gesundheitsmanagement
Katzenburgweg 7-9
53115 Bonn

www.giqs.org

SMART PORK

GIQS e.V. (Grenzüberschreitende Integrierte Qualitätssicherung) wurde 2001 von der Landwirtschaftlichen Fakultät der Universitäten Bonn, der Universität Wageningen (NL), den Landwirtschafskammern in Nordrhein-Westfalen und Niedersachsen, dem Niederländischen Tiergesundheitsdienst sowie deutschen und niederländischen Unternehmen aus der nord-west-europäischen Wirtschaftsregion gegründet. Hauptaufgabe der gemeinnützigen Plattform ist es, Akteure aus öffentlicher Verwaltung und Gesellschaft, Wissenschaft und Privatwirtschaft zusammenzubringen, um Verbundprojekte im Agrar- und Ernährungssektor zu initiieren und zu koordinieren. Als erste Public-Private-Partnership Organisation im Bereich des kettenorientierten Qualitäts- und Krisenmanagement ist es GIQS e.V. in den letzten Jahren gelungen, Forschungsgelder von mehr als 50 Millionen Euro insbesondere für die Fleischwirtschaft der Grenzregion einzuwerben und für gemeinsame Projekte einzusetzen.

Die Schwerpunkte der Arbeit von GIQS liegen im intensiven Dialog zwischen der Gesellschaft und den Netzwerkpartnern, der Auswahl geeigneter Förderprogramme, sowie der Zusammenführung von Partnern. Weitere Schwerpunkte sind die Definition von Zielsetzung und Meilensteinen, Mittelvergabe und –verwaltung sowie die Organisation von Konferenzen, Seminaren, Symposien und Workshops, Entwicklung und Durchführung von Schulungen und Trainingsprogrammen, Aufbereitung und Publikation von Wissen, Messebeteiligung und Delegationsreisen.

Förderverein Bioökonomieforschung e.V.
Adenauerallee 174
53113 Bonn

www.fbf-forschung.de

Der Förderverein Bioökonomieforschung e. V. (FBF) ist ein Zusammenschluss von Unternehmen und Verbänden in der Tierzucht und Besamung mit dem Zwecke der gemeinsamen Forschung. Dazu beteiligt sich der FBF zum einen an weitreichenden Verbundprojekten und vergibt zum anderen eigene Forschungsaufträge. Ziel ist die Zusammenarbeit zwischen praktischer Tierzucht und Besamung mit der Wissenschaft und die Unterstützung von praxisnaher Forschung. Der FBF setzt sich aus den Fachbereichen Rind und Schwein zusammen. Innerhalb der Fachbereiche bestehen derzeit jeweils die Fachgruppen Zucht und Reproduktion.

Der Verein (vormals Förderverein Biotechnologieforschung e.V.) wurde am 17.10.1996 von den Schweinezucht- und KB-Organisationen gegründet, um u. a. die Wettbewerbsposition der deutschen Schweinehaltung im Bereich Biotechnologieforschung zu verbessern. Im Jahr 2004 wurde der Verein um Zucht-, Besamungs- und Serviceorganisationen beim Rind erweitert. Der FBF hat derzeit 29 Mitglieder aus Deutschland, Österreich und der Schweiz.

In die von FBF ausgeschriebenen Vorhaben und Projekte sind auch Forschungseinrichtungen in NRW eingebunden.

4.4 Verbände

Rheinischer Landwirtschafts-Verband e.V.
Rochusstraße 18
53123 Bonn

www.rlv.de

Der Rheinische Landwirtschafts-Verband (RLV) ist seit über 50 Jahren die einheitliche Berufsvertretung für die Bauern mit ihren Familien im Rheinland. Ob Ackerbauern, Tierhalter, Milchvieh- oder Sonderkulturbetriebe: Der RLV repräsentiert rund 20.000 Mitglieder. Auf freiwilliger Basis sind rund 95 Prozent aller landwirtschaftlichen Betriebe des Rheinlandes im RLV organisiert.

Der RLV gliedert sich in Ortsbauernschaften, Kreisbauernschaften und Bezirksbauernschaften. Neben der Verbandszentrale stehen 15 Kreisgeschäftsstellen im Dienste der Landwirtschaft. Der RLV ist so im gesamten Rheinland vor Ort präsent.

Ziel der Arbeit des RLV ist die Sicherung angemessener wirtschaftlicher Rahmenbedingungen und die Erhaltung der Wettbewerbsfähigkeit der Betriebe. Damit tritt der RLV auch für den Erhalt der flächendeckenden und nachhaltigen Landwirtschaft ein. Die vier Schwerpunkte der Arbeit des RLVs sind deshalb: Öffentlichkeitsarbeit, Sozialrechtsberatung, politische Interessenvertretung und Rechtsberatung und Prozessvertretung.

Westfälisch-Lippischer Landwirtschaftsverband e.V.
Schorlemerstraße 15
48143 Münster

www.wlv.de

SMART PORK

Der Westfälisch – Lippische Landwirtschaftsverband, freie Vereinigung der gesamten Landwirtschaft in Westfalen und Lippe, vertritt und fördert die Interessen des land- und forstwirtschaftlichen Berufsstandes und seiner Mitglieder im agrar-, wirtschafts- und gesellschaftspolitischen Bereich, in der Rechts-, Steuer- und Sozialpolitik sowie auf dem Gebiet der Bildungs- und Kulturpolitik.

Etwa 40.000 (Stand 01.01.2015) Bauern, Bäuerinnen und ihre Familien sind freiwillig Mitglied. Eine regionale Gliederung mit 19 Kreisverbänden und etwa 520 Ortsverbänden sichert die Meinungsbildung von der Mitgliederbasis und damit eine transparente Interessensvertretung. Der Westfälisch – Lippische Landwirtschaftsverband steht für eine ökonomisch leistungsfähige, ökologisch verantwortungsvolle und sozial ausgerichtete Landwirtschaft. Der Verband fördert eine Landwirtschaft, die sich dem Schutz, der Pflege und der Entwicklung von Landschaften und dem Naturschutz verpflichtet fühlt. Das Hauptziel ist die Erhaltung der ländlichen Räume als Wirtschafts- und Kulturraum.

LKV Landeskontrollverband Nordrhein-Westfalen e.V.
Staatlich anerkannter Milchkontrolldienst

Landeskontrollverband Nordrhein-Westfalen e.V.
Bischofstraße 85
47809 Krefeld

www.lkv-nrw.de

Der Landeskontrollverband Nordrhein-Westfalen e.V. (LKV) ist als Dienstleistungsunternehmen in der Agrar- und Milchwirtschaft tätig. Er ist hervorgegangen aus den Landeskontrollverbänden Westfalen-Lippe (Münster) und Rheinland (Bonn), die im Jahre 2005 durch eine Fusion verschmolzen sind. Der LKV ist ein im Vereinsregister der Stadt Krefeld eingetragener Verein.

Seine rund 4.500 Mitglieder sind Milcherzeuger, die in ihren Betrieben die Milchleistungsprüfung durchführen lassen. Hinzu kommen 9 Organisationen und Verbände als außerordentliche Mitglieder. Für den LKV sind 303 Mitarbeiter/-innen im Innen- und Außendienst tätig. In der Verwaltung am Standort Krefeld-Oppum arbeiten 46 Mitarbeiter/-innen. Im flächendeckenden Außendienstnetz sind 257 Personen beschäftigt. Zu den Hauptaufgaben des LKV zählen die Arbeitsgebiete der Milchleistungsprüfung, der Milchgüteprüfung und der Kennzeichnung und Registrierung von Rindern, Schweinen sowie Schafen/Ziegen.

Darüber hinaus arbeitet der LKV NRW im Bereich der Auditierung von Qualitätsmanagementprogrammen der Molkereiunternehmen. Die Untersuchung der Rohmilchproben erfolgt im Institut für Milchuntersuchung (IfM).

Deutscher Verband für Leistungs- und Qualitätsprüfungen e.V.
Adenauerallee 174
53113 Bonn

www.dlq-web.de

Der Deutsche Verband für Leistungs- und Qualitätsprüfungen e.V. (DLQ) ist die Dachorganisation aller deutschen LKV, Milchprüfringe sowie der Vereinigten Informationssysteme Tierhaltung. Die Mitglieder des DLQ untersuchen im Rahmen der nationalen Milchgüteverordnung die bundesweit von ca. 83.000 Lieferanten mit über 4,2 Mio. Kühen an die Molkereien gelieferte Milch (=100% Abdeckung des nationalen Sektors). Deutschland ist der größte Milcherzeuger in Europa. Von diesen Milcherzeugern sind mehr als 51.000 Betriebe mit über 3,7 Mio. Kühen Mitglied der LKV (= 88% Abdeckung des nationalen Sektors) und nehmen an der monatlichen Milchleistungsprüfung (MLP) teil. Es besteht ein enger Kontakt zu diesen Milchviehhaltern, die die Projektergebnisse direkt für ihr Herdenmanagement nutzen. Die Kühe der Mitgliedsbetriebe werden im Rahmen der monatlichen Milchkontrollen einzeln auf verschiedene Milchparameter untersucht. Allein für die Inhaltsstoff- und Harnstoffbestimmung wurden 2014 über 8,0 Mio. Proben im Rahmen der Milchgüteprüfung und mehr als 36,6 Mio. Proben über die monatlichen Einzeltierkontrollen (MLP) analysiert. Die DLQ-Mitglieder verfügen über weitreichende Kenntnisse und Erfahrungen in der Kommunikation, Aufbereitung und Auswertung von Daten. Dies spiegelt das weltweit zweitgrößte System einer national organisierten Milchleistungsprüfung wider. Die Basis für diese breite Abdeckung sind eine flächendeckende Logistik, moderne Analysengeräte, akkreditierte Laborstandards, untereinander harmonisierte Analysenverfahren sowie hochqualifizierte Mitarbeiter.

Zentralverband
der Deutschen
Schweineproduktion e.V.

Zentralverband der Deutschen Schweineproduktion
e.V. (ZDS)
Adenauerallee 174
53113 Bonn

www.zds-bonn.de

Der Zentralverband der Deutschen Schweineproduktion e.V. (ZDS) ist der Dachverband für die Deutsche Schweineproduktion. Mitglieder sind nicht einzelne Landwirte, sondern die regionalen und überregionalen Zusammenschlüsse von Schweinehaltern in Erzeugerringen, Erzeugergemeinschaften, Zuchtorganisationen, Besamungsorganisationen und sonstigen Erzeugerzusammenschlüssen. Gemäß Satzung besteht die Aufgabe des Zentralverbandes darin, die deutsche Schweineproduktion so zu fördern, dass deren Wettbewerbskraft gestärkt wird. Dies geschieht zum einen durch die aktive Unterstützung der Arbeit in den verschiedenen Mitgliedergruppen und zum anderen durch entsprechende Interessenvertretung auf nationaler und internationaler Ebene.

Zur Verwirklichung des vorgenannten Satzungszieles sucht und führt der Verband das Gespräch mit allen Bereichen des Wirtschaftssektors, da sich nur auf diesem Wege das für eine Stärkung der nationalen Wettbewerbsposition erforderliche gegenseitige Vertrauen aufbauen lässt. Dieses Bemühen wird durch das Angebot einer außerordentlichen Mitgliedschaft an alle Interessierten, die sich nicht den o.g. ordentlichen Mitgliedern zuordnen lassen, unterstrichen. Vorstand und Geschäftsführung des ZDS sehen es als ihre Aufgabe, Ideen, Erkenntnisse und Entwicklungen aufzugreifen und zu unterstützen, die geeignet erscheinen, die Wettbewerbskraft der deutschen Schweinehaltung zu stärken.

Bundesverband der Kälbermäster e.V.
Hobsweg 63
53125 Bonn

www.bdkundkdk.de

Der Bundesverband der Kälbermäster (BdK) ist der Berufsverband für landwirtschaftliche Betriebe, die sich auf die Kälbermast spezialisiert haben. Er ist Bindeglied zu den Mästern, unabhängig ob sie in eigener Verantwortung oder unter vertraglichen Bedingungen Kälber halten. Zu den Mitgliedern des Verbandes zählen auch Unternehmen der vor- und nachgelagerte Stufen, wie z. B. Futtermittel-, Handels-, Schlacht- und Vermarktungsunternehmen. Der Verband steht allen offen, die die Interessen der Deutschen Kälbermast unterstützen und fördern.

Auf Initiative des BdK wurde die Kontrollgemeinschaft Deutsches Kalbfleisch (KDK) gegründet. Die ihr angeschlossene Mast- Schlacht und Verarbeitungsbetriebe verpflichten sich ein Qualitätssicherungssystem, das über den gesetzlich vorgeschriebenen Rahmen hinausgeht, einzuhalten.

Unabhängige Institute führen u.a. umfassende Rückstandskontrollen auf kritische Substanzen wie Hormone, unerlaubte Masthilfsmittel und Antibiotika durch. Durch die Teilnahme am Prüfsystem QS-Qualität und Sicherheit müssen ergänzende Anforderungen an die Herkunft von Futtermitteln Tierschutz- und Hygienebedingungen erfüllt werden.

Zentralverband Eier e.V.
Konrad-Zuse-Platz 5
53227 Bonn

www.epega.org/pages/zve/index.html

Der Zentralverband Eier (ZVE) ist eine Vereinigung von Unternehmen, die Eier und Eiprodukte vermarkten oder verarbeiten. Ziel des Verbands ist die regelmäßige Information und Beratung der Mitglieder sowie die Wahrnehmung gemeinsamer Interessen gegenüber Behörden und Institutionen.

Im Vordergrund der Verbandsarbeit stehen die Mitarbeit an einschlägigen Verordnungen, Gesetzen und Richtlinien sowohl national als auch auf EU-Ebene in den Bereichen Vermarktung, Zollangelegenheiten, Lebensmittelrecht und –hygiene, Tierseuchenrecht, Tierschutz, Verpackung und Umwelt. Der ZVE ist darüber hinaus in zahlreichen Gremien und Ausschüssen der Nahrungsmittelindustrie vertreten. Ziel ist es dabei, Transparenz sowie einheitliche Rahmenbedingungen für den Handel mit Eiern und Eiprodukten zu schaffen und nationale und internationale Handelshemmnisse zu beseitigen.

4.5 Unternehmen

GFS

Genossenschaft zur Förderung der
Schweinehaltung eG
Zum Pöpping 29
59387 Ascheberg

www.gfs-topgenetik.de

SMART PORK

KONNN Kompetenznetzwerk Nutztierforschung Nordrhein-Westfalen

Die GFS ist eine Genossenschaft mit etwa 8000 Mitgliedern. Sie beliefert Kunden mit hochwertigem Ebersperma hinsichtlich Fruchtbarkeit und Genetik. Über 2.200 wertvolle Eber sind für die Spermagewinnung im Einsatz. Alle Endprodukteber werden im Rahmen einer intensiven Nachkommenprüfung getestet und selektiert. Die Scannermitarbeiter prüfen neben den Trächtigkeiten auch Kondition und Muskelmaße der Sauen auf den landwirtschaftlichen Betrieben.

Regelmäßigen Erfahrungsaustausch bietet die GFS auf ihren „Klönabenden" und „Praktikermeetings". Eine wichtige Informationsquelle ist die Eberdatenbank auf der Homepage oder in der GFS App, die nicht nur den Kunden, sondern auch den Fachschulen, Beratern und Tierärzten aktuelle Informationen aus der Schweineproduktion vermittelt. Die 100%ige Tochterfirma der GFS die GFS – Top – Animal – Service GmbH vertreibt Zubehörprodukte für schweine- und rinderhaltende Betriebe.

Für wissenschaftliche Studien stellt die GFS Untersuchungskapazitäten für die Universität Bonn und die Fachhochschule Südwestfalen regelmäßig zur Verfügung.

RUW
Eine feste Größe

Rinder-Union West eG
Schiffahrter Damm 235a
48147 Münster

www.ruweg.de

KONNN
Kompetenznetzwerk Nutztierforschung
Nordrhein-Westfalen

Die Rinder-Union West wurde 1993 gegründet und ist seitdem ein führendes landwirtschaftliches Unternehmen der Rinderzucht, Besamung und Zuchtrindervermarktung. Die RUW ist die einzige Genossenschaft auf dem Gebiet der Rinderzucht, die über drei Bundesländer hinweg arbeitet. Neben der Zentrale in Münster und den Regionalzentren in Krefeld und Fließem ist die RUW in Nordrhein-Westfalen, Rheinland-Pfalz und im Saarland vertreten.

Durch Partnerschaften mit anderen Organisationen, wie unter anderem dem Holstein-Zuchtprogramm TopQ, der europäischen Rotbuntzucht-Kooperation Eurogenetik, dem Sperma-Austauschprogramm Deutsche Top-Genetik DTG und der German Genetics International GGI, ist die Position der RUW zusätzlich gefestigt. Im Jahr 2014 verzeichnete die RUW 17.151 Mitglieder und ungefähr 9.500 aktive Milchviehbetriebe mit 324.031 Herdbuchtieren.

RVG

Mit Vertrauen handeln.

Raiffeisen Viehvermarktung GmbH
Am Vossbach 1
59320 Ennigerloh-Enniger

www.rvg-net.de

SMART
PORK

Die Raiffeisen Viehvermarktung GmbH ist ein Tochterunternehmen der VVG Werne eG und der Raiffeisen Westfalen Mitte eG und einer der führenden Viehvermarkter in Deutschland. Die RVG handelt mit Ferkeln aus ausgewählten Betrieben aus Niedersachsen, Nordrhein-Westfalen, dem Osten Deutschlands und den Niederlanden um die Qualität der Produkte zu maximieren. Im Rahmen von NET PORC® arbeitet die RVG mit der niederländischen Reuling Intervar B.V. zusammen, um die Qualität und Gesundheit der Tiere zu maximieren und den Masterfolg sicher zu kalkulieren. Auch in der Großviehvermarktung ist die RVG tätig. Kälber werden aus süddeutschen Partnerunternehmen und bayerischen Kälbermärkten vermarktet.

Dauerhafte Partnerschaften, Erfolge und Vertrauen sind die Ziele der RVG und sollen vor allem durch Transparenz und Fairness in der Zusammenarbeit mit den Partnern erreicht werden. Nicht nur durch die Viehvermarktung und den Fleischhandeln, sondern auch durch die Bereiche Genetik und Zucht wird die gesamte Vermarktungskette hinsichtlich Nutzen und Qualität optimiert und zu einem geschlossenen Kreislauf verbunden. Die RVG züchtet mit Sauenlinien, deren Genetik aus dem Danzucht-Programm stammt und somit hochwertige Mast- und Schlachtschweine hervorbringt. Ebenso werden nur Eber mit dem besten Index und Exterieur für die Zucht zugelassen, um sowohl die Tiergesundheit, als auch das Produkt zu optimieren. Des Weiteren bietet die RVG ein spezielles Monitoring zur Unterstützung der Partnerbetriebe an. Hierfür werden die Tiere durch einen Veterinär des Unternehmens begutachtet, sodass Probleme frühzeitig beseitigt werden können. Durch einen weiteren Service, „PIG REPORT", bietet die RVG ihren Partnern die aktuelle Auswertung der Schlachtdaten von Mastschweinen an und ermöglicht somit eine Optimierung von Management und Vermarktung. Auch Bullenmäster und Kälbererzeuger werden in den Bereichen Fütterung, Aufzucht und Mast beraten.

ERZEUGERRING
WESTFALEN

für Erfolg am Schwein!

Erzeugerring Westfalen eG
Am Dorn 10
48308 Senden

www.erzeugerring.com

Mit über 50 Jahren Erfahrung sind wir ein starker und verlässlicher Partner für unsere Mitglieder. Wir unterstützen sie dabei Ihre betrieblichen Prozesse zu optimieren sowie neue Herausforderungen zu meistern. Durch unser starkes Team können wir in vielen Bereichen sehr intensive und detaillierte Beratung anbieten. Dazu spezialisieren sich viele Mitarbeiter entsprechend Ihrer Interessen und Eignung zusätzlich in Themen wie z.B. der Stallklima- oder Futteroptimierung. Im ständigen Austausch der Berater untereinander und mit den Kunden, kann so für die absolute Mehrheit aller aufkommenden Fragen zeitnah eine hilfreiche Antwort gefunden werden. Derzeit beraten wir über 1.000 Schweinehalter in Westfalen. Die Treue unserer Kunden und die gemeinsamen Erfolge zeigen uns deutlich, dass unsere Arbeit zu den aktuellen Anforderungen passt. Dennoch sind wir ständig auf dem Weg uns zu verbessern und unser Angebot an neuen Themen und Herausforderungen auszurichten. Dies gelingt uns in besonders effizienter Weise, da wir uns ständig im Gespräch mit unseren Mitgliedern befinden und so die Stimme der Praxis stets im Ohr haben.

Als Genossenschaft befinden wir uns im Eigentum der Mitglieder. Unternehmensziel ist deshalb nicht die Gewinnmaximierung, sondern eine erfolgreiche Beratung zu kostendeckenden Preisen anzubieten.

Für wissenschaftliche Zwecke stellt der Erzeugerring Westfalen seine Daten aus der Produktionsbegleitenden Leistungskontrolle den Hochschulen regelmäßig zur Verfügung und beteiligt sich an einer Reihe von Verbundprojekten.

Schweinevermarktung Rheinland w.V.
Filderstr. 22
47665 Sonsbeck

www.viehvermarktung-online.de

Die Schweinevermarktung Rheinland w.V. (SVR) ist eine anerkannte Erzeugergemeinschaft nach dem Agrarmarktstrukturgesetz, die sich durch 400 Mitglieder: 210 Ferkelerzeuger, 170 Mäster und 30 Großviehlieferanten sowie ein Produktionsvolumen von 1.25 Mill. Ferkel, 400.000 Mastschweine und 520 Stück Großvieh auszeichnet. Sie beteiligt sich an den Preismeldungen für Ferkel, Mastschweine und Großvieh. Die ihr angeschlossenen Schweinemäster sind weitgehend auch Mitglied des Rheinischen Erzeugerringes für Mastschweine e.V. und nehmen die regelmäßige Beratung sowie Leistungskontrolle in Anspruch. Die SVR ist ferner Systemberater für das QS-System und beteiligt sich an der Vorauditierung der Betriebe für die "Aktion Tierwohl".

Die SVR (Vorgänger: Erzeugergemeinschaft Rheinland w.V.) hat sich an 5 GIQS-Projekten beteiligt. Nachhaltig positiv ausgewirkt haben sich insbesondere die vorbereitenden Maßnahmen zur visuellen Fleischbeschau bei der Fa. Manten in Geldern Pilotprojekt in NRW) und die Installation eines automatischen Frühwarnsystems für das Salmonellenantikörpermonitoring. Dabei werden die Schweinemäster frühzeitig darüber informiert, wenn sich ihr Salmonellenstatus verschlechtert oder zu wenig Proben gezogen wurden. Das System findet unverändert viel Zuspruch. Ein weiteres GIQS-Projekt ist in Planung.

WESTFLEISCH

Westfleisch SCE mbH
Brockhoffstraße 11
48143 Münster

www.westfleisch.de

SMART PORK

Westfleisch wurde 1928 als Viehverwertungsgenossenschaft gegründet und ist heute mit über 4.000 bäuerlichen Kooperationspartnern einer der führenden Fleischvermarkter in Deutschland und Europa. Die Kernkompetenz des im Nordwesten Deutschlands verwurzelten Unternehmens liegt in den Bereichen Schlachtung, Zerlegung und Veredelung. Westfleisch ist seit 2015 „**S**ocietas **C**ooperativa **E**uropaea“ (SCE), also eine Europäische Genossenschaft.

In sechs Fleischzentren werden pro Jahr etwa 8 Millionen Schweine, über 360.000 Stück Großvieh und rund 70.000 Kälber geschlachtet und in den Tochterunternehmen Gustoland (Wurst/Fleischwaren), WestfalenLand (SB/Convenience) und IceHouse (Tiefkühlspezialitäten) verarbeitet. Westfleisch beschäftigt über 5.000 Mitarbeiter und erzielte 2015 einen Umsatz von rund 2,4 Milliarden Euro und einen Fleischabsatz von mehr als 980.000 Tonnen.

Westfleisch: Direkt von Bauern.

Westfleisch war und ist in zahlreiche Verbundprojekte mit eingebunden, in denen es um Maßnahmen zur Verbesserung von Tierwohl und Tiergesundheit geht. Mitarbeiter und Mitarbeiterinnen des Unternehmens gehören einer Reihe von Expertengremien an, um praktikable Lösungen zur Umsetzung von Tierwohl-Standards zu entwickeln.

Vion GmbH
Franz-Rennefeld-Weg 5
40472 Düsseldorf

www.vionfood.de

Die VION Food Group ist ein 2006 gegründetes, weltweit operierendes Nahrungsmittelunternehmen, das hochwertige Nahrungsmittel produziert. Die VION Holding N.V. ist nicht börsennotiert; der einzige, indirekte Anteilseigner ist NCB Ontwikkeling, die mit der Zuidelijke Land- en Tuinbouworganisatie (ZLTO) eng verbunden ist. ZLTO ist ein Verband von Unternehmern mit agrarischem Hintergrund.

Das Produktsortiment von VION Food umfasst frisches Schweinefleisch und Rindfleisch sowie auf dieser Basis veredelte Produkte für Retail, Foodservice und die Fleischwarenindustrie. Die VION Food Group liefert kundenspezifische Produkte und innovative Konzepte an Kunden aus den Bereichen Einzelhandel, Industrie und Foodservice auf den Heimatmärkten in den Niederlanden und Deutschland, in Europa und der übrigen Welt. Die Aktivitäten von VION Food verstärken die Wertschöpfungskette. Diese Wertschöpfung steht im unmittelbaren Zusammenhang mit der Nachfrage und den Bedürfnissen der Verbraucher.

Die Vion Group hat sich in den letzten Jahren insbesondere in grenzübergreifende und europaweite Initiativen zur Verbesserung von Tierwohl auf allen Stufen von der landwirtschaftlichen Produktion über den Transport der Tiere bis zum Schlachtprozess engagiert und ihre Untersuchungsergebnisse für Forschungszwecke zur Verfügung gestellt.

Tönnies Lebensmittel GmbH & Co. KG
In der Mark 2
33378 Rheda-Wiedenbrück

www.toennies.de

Tönnies ist als mehrstufiges Unternehmen der Lebensmittelbranche in führenden Positionen weltweit tätig. die vier Geschäftsfelder sind Meat, Convenience, Ingredients und Logistic.

Das 1971 gegründete Familien-Unternehmen befasst sich im Kerngeschäft mit der Schlachtung, Zerlegung und Verarbeitung von Schweinen, Sauen und Rindern.

Bei Konsumenten sind vor allem die Unternehmensmarken „Tillmans" und „Toasty" bekannt. Tillmans ist deutscher Marktführer für verkaufsfertig verpacktes, frisches Fleisch (SB-Fleisch) und bietet zudem ein umfassendes Sortiment an Convenience Produkten, sowie Kochschinken-, Kochpökel- und Wurstwaren.

Das Unternehmen hat seinen Hauptsitz in Rheda-Wiedenbrück. In acht deutschen und einer dänischen Produktionsstätte sind rund 10.000 Beschäftigte tätig. Die Unternehmensgruppe ist weltweit aktiv und mit 25 Auslandsbüros nah an den Märkten. Der Exportanteil beträgt über 50%.

Die Tönnies Lebensmittel GmbH & Co. KG hat sich in den letzten Jahren verstärkt in Verbundprojekte zwischen Wirtschaft und Wissenschaft mit eingebracht, in denen es um die Einführung der Ebermast oder die Suche nach Branchenlösungen geht, um die Kommunikation zwischen Tierhaltern und Schlachtunternehmen technisch und organisatorisch zu verbessern.

Naturverbund

Naturverbund Niederrhein
Großschlachterei Thönes e.K.
Loeweg 15
47669 Wachtendonk

www.naturverbund.de

Der Naturverbund Niederrhein hat sich als Projektpartner in mehrere bundesweite und landesweite Forschungsprojekte miteingebracht und den Wissenschaftlern Einblick in alle Stufen der Wertschöpfungskette Fleisch gegeben.

Der Thönes Naturverbund zählt zu einem der ältesten Erzeuger-Vermarkter-Verbunde in Deutschland, die seit Anfang der 70iger Jahre Qualitätsfleisch erzeugt, verarbeitet und vermarktet.

Im Naturverbund sorgen täglich ca. 70 Mitarbeiter für die Verarbeitung zu Frischfleisch und Wurstwaren sowie die Logistik bis zur Metzgertheke. Auch Biosupermärkte und andere ausgewählte Partner machen mit. Viele leidenschaftliche Metzger haben den Naturverbund mit unterstützt und aufgebaut.

1988 hat Egidius Thönes begonnen die Rahmenbedingungen für sein Qualitätsfleischprogramm gemeinsam mit Tierhaltern und Metzgern festzulegen.

Der Anspruch: Nur mit dem Bestmöglichen zufriedengeben. Die konsequente Umsetzung aller gesetzlichen Richtlinien verbunden mit verbesserter Tierhaltung, natürlicher Aufzucht und Fütterung sowie fairen Umgang mit Mensch und Tier sind Leitlinien des Programms.

Seit 1998 gelten für den Naturverbund der Mindeststandard für kontrolliert ökologische Landwirtschaft und die Bedingungen für die Zertifizierung nach dem Biosiegel.

Fleischhof Rasting GmbH
Industriepark Kottenforst
Eisbachstraße/ Am Pannacker
53340 Meckenheim

www.rasting.de

Aus den Wurzeln, die weit ins 19. Jahrhundert zurückreichen, entwickelte sich bereits um 1955 die Zusammenarbeit zwischen der Metzgerei Rasting und EDEKA. Der damals gelegte Grundstein trägt bis heute die positive Geschäftsentwicklung und bildet den Garanten für eine erfolgreiche Zukunft. Frische und Qualität, das waren und sind die wichtigsten Faktoren für Rasting. Bereits die Keimzelle unseres Unternehmens, die Metzgerei Rasting in Bad Godesberg, war bekannt als die "erste Metzgerei am Ort".

Schon Mitte der 50er Jahre begann die Zusammenarbeit zwischen der Metzgerei Rasting und EDEKA. So war Rasting einer der ersten Lieferanten der neu entstehenden Fleischabteilungen in den EDEKA- Supermärkten. Durch die schnell wachsenden Umsätze entschloss man sich im Jahre 1964, die Rasting GmbH & Co. KG zu gründen. Zu diesem Zeitpunkt gingen alle Anteile der Familie Rasting an die EDEKA über. 1968 wurden die am Schlachthof Bonn neu errichteten Produktionsräume bezogen, da der Produktionsbetrieb der Metzgerei in Bad Godesberg nicht mehr erweitert werden konnte. Doch auch diese neuen Räume wurden bald zu klein. Im Jahre 1984 wurde daher der neu gebaute und heutige Standort Meckenheim seiner Bestimmung übergeben. Ein weiterer entscheidender Schritt in der Unternehmensgeschichte war die Übernahme des Fleischhofs der EDEKA Essen im Jahre 1999.

Das Unternehmen blickt heute auf eine lange, traditionsreiche und erfolgreiche Firmengeschichte zurück. Doch das wichtigste Kapital unseres Unternehmens sind die heute über 900 qualifizierten Mitarbeiter. Daher setzen wir seit vielen Jahren auf die eigene Ausbildung. So bilden wir in den Berufen Fleischer, Fachkraft für Lebensmitteltechnik und Industriemechaniker insgesamt bis zu 20 Lehrlinge pro Jahr aus.

Lemmer Fullwood GmbH
Oberste Höhe
53797 Lohmar

www.lemmer-fullwood.info

Seit mehr als drei Jahrzehnten gehört das Familienunternehmen Lemmer-Fullwood der internationalen FULLWOOD-Gruppe als deren Partner für die Milchwirtschaft in Deutschland, Österreich und der Schweiz an. Vom Hauptbetrieb in Lohmar und den eigenen Niederlassungen in Sottrum (Nord) und Derwitz (Ost) sowie der Lemmer-Fullwood AG in Meierskappel/Schweiz aus wird ein flächendeckendes Netz von ca. 150 Vertriebs- und Servicepartnern betreut. Sie sind die fachkundigen, langjährigen Berater der Landwirte und für den Verkauf, die Montage und den Kundendienst verantwortlich.

Lemmer-Fullwood hat sich durch das richtungsweisende Programm, die Zuverlässigkeit der FULLWOOD-Produkte und seine eigene Arbeit einen erstklassigen Namen gemacht. Das Unternehmen gehört zu den führenden Anbietern von Melk- und Fütterungsanlagen sowie Milchkühleinrichtungen. Es versteht sich als Helfer und sachkundige rechte Hand der Betriebe aller Größenordnungen, wenn es um die Technik geht.

Die Milcherzeuger sollen mit der für sie am besten geeigneten, maßgeschneiderten Ausrüstung ausgestattet und ihr Vertrauen in jeder Weise erfüllt werden. Dabei ist das Ziel, ihnen eine wirtschaftlich optimierte Produktion zu ermöglichen, um damit die Zukunft ihres Betriebes zu sichern.

AGRIZERT Zertifizierungs GmbH
Siebenmorgenweg 6-8
53229 Bonn

www.agrizert.de

AGRIZERT ist eine regelmäßig durch die Deutsche Akkreditierungsstelle (DAkkS) auf dem aktuellen Stand akkreditierte Zertifizierungsstelle und erfüllt die Anforderungen der DIN EN 17065 und DIN EN ISO/IEC 17021 routiniert und professionell. AGRIZERT bietet eine unabhängige und neutrale Begutachtung und Zertifizierung von gängigen Qualitäts- und Produktmanagementsystemen in der Futter- und Lebensmittelwirtschaft. Dabei wird geprüft, ob die Anforderungen der jeweiligen Systemgeber erfüllt werden und weitere Optimierungspotentiale wie z.B. die Verbesserung des Managementsystems werden aufgezeigt. Durch das bundesweite Netzwerk bietet AGRIZERT eine ortsnahe Dienstleistung und schnelle Erreichbarkeit für Unternehmen.

Das Mitarbeiterteam besteht aus hochspezialisierten Auditoren, Inspektoren und Dozenten, die nicht nur international anerkannte Qualitäts- und Produktmanagement-Qualifikationen mitbringen, sondern auch langjährige Praxiserfahrung in der Agrar- und Ernährungswirtschaft. Die Fachkräfte sind bundesweit ansässig und werden je nach Fachrichtung und Standort für die Unternehmen ausgewählt, um eine kundennahe und kostengünstige Dienstleistung zu gewährleisten.

Um alle wichtigen gesetzlichen und privatrechtlichen Standards – auch in der internationalen Futter- und Lebensmittelwirtschaft abzudecken, arbeitet AGRIZERT eng mit der Gesellschaft für Ressourcenschutz mbH (GfRS, Deutschland), der Salzburger Landwirtschaftliche Kontrolle GesmbH (SLK, Österreich) und der QMI (USA) in der internationalen Zertifizierungskooperation Quavera Alliance zusammen.

Gesellschaft zur Förderung des Tierwohls in der Nutztierhaltung mbH
Schedestraße 1-3
53113 Bonn

www.initiative-tierwohl.de

Mit der Initiative Tierwohl setzen sich erstmalig in Deutschland branchenübergreifend Unternehmen und Verbände aus der Fleischwirtschat gemeinsam in einem freiwilligen Bündnis für eine tiergerechtere und nachhaltigere Fleischerzeugung ein. Die Vertreter der Landwirtschaft, Fleischwirtschaft und des Lebensmitteleinzelhandels haben sich damit auf den Weg gemacht, das Niveau des Tierwohls in der Nutztierhaltung nachweislich in der Breite anzuheben.

Durch die Initiative Tierwohl sollen tierhaltenden Landwirte das Tierwohl noch stärker berücksichtigen können, ohne dass dies ihre Wettbewerbsfähigkeit beeinträchtigt. Teilnehmende Betriebe verpflichten sich, Anforderungen umzusetzen, die über dem gesetzlichen Standard liegen. Die Einhaltung der Kriterien wird durch regelmäßige Kontrollen überprüft. Dies wird mit einem entsprechenden Tierwohlentgelt honoriert.

Die an der Initiative Tierwohl beteiligten Schlachtbetriebe haben sich verpflichtet, die Schlachtbefunddaten in eine zentrale Datenbank einzugeben. Befunddaten aus der Schlachtung sind Indikatoren für Tiergesundheit und Tierschutz. Sie liefern nicht nur wertvolle Hinweise auf Erkrankungen der Tiere, sondern auch für die Fütterung und das Management. Ziel ist es, aus den erhobenen Tierbefunden einen Index zu ermitteln, der Rückschlüsse auf das Wohlbefinden des einzelnen Tieres ermöglichen soll.

Bereits ein Großteil der Unternehmen des deutschen Lebensmitteleinzelhandels nehmen an der Initiative Tierwohl teil. Die Unternehmen führen mit einem Beitrag von vier Cent pro Kilogramm verkaufter Schweine- und Geflügelfleischware einen Gesamtbetrag von rund 255. Mio. Euro in den ersten drei Jahren an die Initiative Tierwohl ab. Mit diesem Budget wird der Mehraufwand der zugelassenen Tierhalter für die Umsetzung von Tierwohlmaßnahmen finanziert.

EQA SCE
EUROPEAN QUALIFICATION ALLIANCE

European Qualification Alliance SCE mit
beschränkter Haftung (EQAsce)
Katzenburgweg 7
53115 Bonn

www.eqasce.eu

SMART
PORK

Vom Genossenschaftsgedanken getragen setzt die 2015 gegründete EQAsce auf drei Aktionsfelder:

- Internationale Vernetzung von Bildungsanbietern mit Qualifikationsangeboten für verantwortliche Unternehmer und Berufstätige in internationalen Wertschöpfungsketten der Agrar- und Enrährungsbranche,

- Umfassende Außendarstellung und kontinuierliche Aktualisierung von zielgruppenspezifischen Angeboten an Weiterbildungskursen, Seminaren und Refreshings nach einem gemeinsamen entwickelten Lebenslanges- Lern-Konzept,

- Kompetente Auswahl von Lehrinhalten und Trainingsmethoden durch Fachexperten und Kenner der Branchen und Sektoren.

Die European Qualification Alliance (EQAsce) bietet modular aufgebaute und aufeinander abgestimmte Ausbildungsprogramme, Lehrgänge und Seminarreihen an und schließt damit eine Lücke für Qualifikationen, Sachkundenachweise und Zertifikate, die speziell auf den Agrar- und Ernährungsbereich zugeschnitten sind.

Das Kurs- und Seminarangebot umfasst Lehrgänge in den Aktionsfeldern „Integrierte Management-Systeme", „Futter- und Lebensmittelkette", „Lebensmittelsicherheit und Gesundheit", „Risiko- und Krisenmanagement" sowie „branchenspezifische Standards und Normen" (IFS, GS1, GLOBALG.A.P., QS. u.a.).

Dr. Berns LABORATORIUM

...für die Sicherheit von Lebensmitteln und Trinkwasser.

Dr. Berns Laboratorium GmbH & Co.KG
Bendschenweg 36
47506 Neukirchen-Vluyn

www.drberns.de

Das Dr. Berns Laboratorium wurde im September 1996 von Dr. Georg Berns mit Firmensitz in Moers am Niederrhein gegründet. Dr. Georg Berns startete sein Unternehmen zunächst mit Untersuchungen in landwirtschaftlichen Betrieben, die mit einem mobilen Labor angefahren wurden. Schon ein Jahr später eröffnete Dr. Berns sein stationäres Labor in Wachtendonk, welches damals noch nach altem Bundesseuchengesetz als L2 Labor für mikrobiologische Untersuchungen zugelassen wurde. Im Januar 2004 erfolgte erstmalig die Akkreditierung des Laboratoriums nach DIN EN ISO/IEC 17025 für Lebensmittel und Trinkwasser. Hauptsächlich nach Vorgaben der Kreise Kleve, Wesel und Viersen wurden die ersten Trinkwasseranalysen durchgeführt. 2005 wurde aus dem Dr. Berns Laboratorium die Dr. Berns Laboratorium GmbH & Co.KG. Im selben Jahr zog das Labor von Wachtendonk nach Neukrichen-Vluyn.

Das Unternehmen pflegt eine enge Zusammenarbeit mit der Universität Bonn und nahm an den Forschungsprojekten „SafeGuard“ und „FinQ.NRW“ teil. Auch mit der Hochschule Niederrhein, Fachbereich Oecotrophologie in Mönchengladbach, wurden gemeinsame Projekte initiiert. Des Weiteren nutzten Studenten der Hochschule Rhein-Waal die Räumlichkeiten des Dr. Berns Laboratoriums zur labortechnischen Ausbildung.

Nach erfolgreicher einjähriger Teilnahme am Projekt „Ökoprofit Kreis Wesel“ wurde das Dr. Berns Laboratorium als Ökoprofit Betrieb 2012 ausgezeichnet und beim „großen Preis des Mittelstandes“ wird das Unternehmen 2013 als Finalist ausgezeichnet. Heute werden in der Dr. Berns Laboratorium GmbH & Co.KG Kunden aller Kategorien und Größenordnungen der Lebensmittelbranche betreut.

5 Kurzdarstellung von Projekten

Im Kapitel 5 werden alle 105 Projekte jeweils einzeln mit den wichtigsten Daten kurz dargestellt.

Aus der Kurzbeschreibung sind jeweils der Titel des Projektes, die koordinierende Stelle im Fall von Verbundprojekten und weitere Projektpartner aus NRW zu entnehmen. In der Karte von NRW am rechten Rand der Seite ist jeweils die Institution mit Koordinationsfunktion als ausgefüllter grüner Punkt dargestellt, die weiteren Partner als grüner Kreis. Ein weiteres Symbolelement bei der Gestaltung der Seite ist der Zeitstrahl, auf dem die jeweilige Laufzeit der Projekte gekennzeichnet ist. Mit einem grünen Balken hervorgehoben sind die Angaben zu Inhalten bezogen auf die sechs innerhalb der Befragung festgelegten Handlungsfelder. Sehr häufig sind in diesem grünen Abschnitt der Seite mehr als ein Handlungsfeld zu finden.

Es folgt dann unterhalb des grünen Balkens jeweils eine knappe inhaltliche Beschreibung der Problemstellung und Ziele des Projektes und über welche Wege die Ergebnisse verbreitet wurden oder bei den noch laufenden Projekten werden.

Dem schließt sich bei den meisten Projekten eine Liste zitierfähiger Veröffentlichungen an. Jede Projektbeschreibung endet mit der Angabe der Art der Förderung.

Die Reihung der Projekte erfolgt nach tierartübergreifenden Projekten und danach nach tierspezifischen Projekten, die einen Bezug zur Schweineproduktion, Rinder- und Wirtschaftsgeflügelhaltung haben.

5.1 Tierarten-übergreifende Projekte

QUAlity and RISk MAnagement in meat chains (Qualitäts- und Risikomanagement in Fleischketten: Quarisma)

GIQS e.V.
c/o Rheinische Friedrich-Wilhelms-Universität Bonn
Landwirtschaftliche Fakultät
Institut für Tierwissenschaften
Abteilung Präventives Gesundheitsmanagement
Katzenburgweg 7-9
53115 Bonn

& Universität Bonn
Universität Wageningen
Vion Food Group
DRV
Agrizert Zertifizierungs GmbH
EG Südostbayern e.G.
Gezondheidsdienst voor Dieren

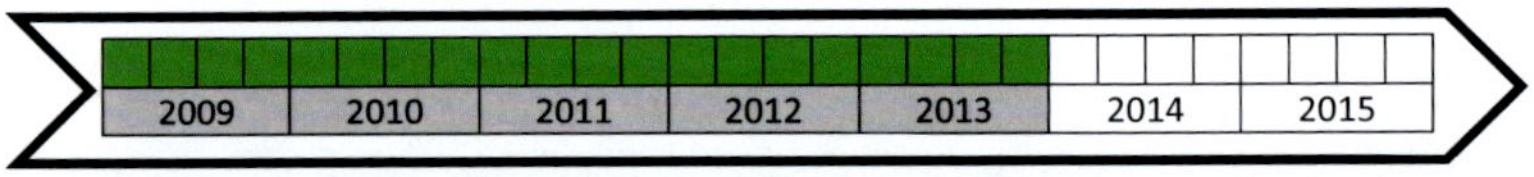

Handlungsfelder:

- Verbesserung des Wohlbefindens des Tieres, des Gesundheits- und Hygienestatus von Betrieben
- Verbesserung der Beratung in der Bestandsbetreuung
- Reduktion des Arzneimitteleinsatzes und Verbesserung der Fütterung

Bei QUARISMA handelte es sich um eines der größten von der Europäischen Union im IAAP geförderten Projekte. Das IAPP Element (Industry-Academia Partnerships and Pathways) der Marie-Curie-Maßnahmen des 7. Forschungsrahmenprogramms der EU unterstütze den interdisziplinären, intersektoralen und zugleich internationalen Ansatz der Zusammenarbeit. Bislang einzig war auch der Austausch von Forschern. Während der vierjährigen Projektlaufzeit hatten 22 Doktoranden, 10 erfahrene Praktiker und 18 Experten Gelegenheit, die jeweils andere Seite kennenzulernen. Jungen Wissenschaftlern eröffnete das die Möglichkeit einer praxisnahen Ausbildung.

Die Universität Bonn hat bereits vor einiger Zeit mit der Einführung der studienbegleitenden Ausbildung zum Qualitätsmanager Junior einen ersten Schritt in Richtung Praxisorientierung getan. Erfahrene Forscher erhielten mit QUARISMA die Gelegenheit zur Überprüfung und Rückkopplung ihres Methodenwissens aus der Forschung mit Branchenwissen aus der Praxis. Inhaltlich befasst sich QUARISMA mit drei zusammenhängenden Forschungsschwerpunkten: Kettenmanagement, Qualität und Gesundheit, Risikomanagement. Im Rahmen einer interdisziplinären Zusammenarbeit zur Lösung komplexer Probleme und stetig wachsender Herausforderungen beizutragen stand im Mittelpunkt des Verbundprojektes.

Bruckner, S., Albrecht, A., Petersen, B., Kreyenschmidt, J. (2012): Characterization and Comparison of Spoilage Processes in Fresh Pork and Poultry. Journal of Food Quality, 35(5), pp.372-282.

de Greef K.H., H.M. Vermeer, H.W.J. Houwers, A.P. Bos. (2011): Proof of Principle of the Comfort Class concept in pigs. Experimenting in the midst of a stakeholder process on pig welfare. Livestock Science, 139(1–2), pp. 172–185.

Hiller A., Heres L., Schulze-Althoff G., Urlings B., Klein G. (2012): Implementation of risk based meat inspection of fattening pigs without incision in a slaughterhouse in Lower Saxony. Archiv für Lebensmittelhygiene 63:4, pp.107-114.

Kapper C., Klont R.E., Verdonk J.M., Urlings H.A. (2012): Prediction of pork quality with near infrared spectroscopy (NIRS): 1. Feasibility and robustness of NIRS measurements at laboratory scale. Meat Sci. 2012 Jul;91(3):294-9.

Mathur P.K., ten Napel J., Bloemhof S., Heres L., Knol E.F., Mulder H.A. (2012): A human nose scoring system for boar taint and its relationship with androstenone and skatole. Meat Sci. 2012 Aug;91(4):414-22.

van Hoek A.H., de Jonge R., van Overbeek W.M., Bouw E., Pielaat A., Smid J.H., Malorny B., Junker E., Löfström C., Pedersen K., Aarts H.J., Heres L. (2012): A quantitative approach towards a better understanding of the dynamics of Salmonella spp. in a pork slaughter-line. Int J Food Microbiol. 2012 Feb 1;153(1-2):45-52.

O'Hagan, J. (2014): Strategies for risk oriented inspections between customers and suppliers in agri-food supply chains. Dissertation Universität Bonn.

Ellebrecht, S. (2012): Application concept for combined preventive quality management methods in inter-enterprise health management in pork chains. Dissertation Universität Bonn.

Düsseldorf, S. (2013): Concept of key performance indicators controlling consumer oriented quality and herd health management in a Bavarian pork chain. Dissertation Universität Bonn.

Petersen, B., Nüssel, M., Hamer, M. (2014): Quality management in the agri-food industry. Wageningen Academic Publishers, Wageningen.

Art der Förderung

IAPP (Industry-Academia Partnerships und Pathways)

FUGATO-plus - Genetische Grundlagen der Fundamentstabilität beim Rind, Schwein, Pferd und Schaf (Gene-FL)

Prof. Dr. Hermann Swalve
Institut für Agrar- und Ernährungswissenschaften
Uni Halle
Theodor-Lieser-Str. 11
06120 Halle

&

FBN Dummerstorf
Universität Bonn
Universität Halle
Universität Göttingen
Universität Gießen
Universität Kiel
Förderverein Bioökonomieforschung e.V.
Verbände der Pferdezucht

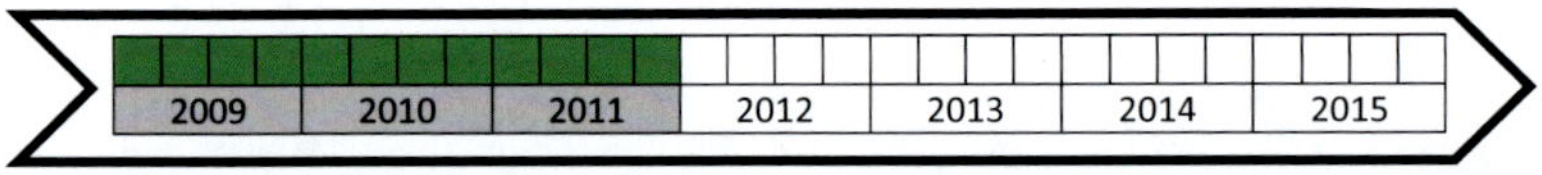

Handlungsfelder:

- Verbesserung des Wohlbefindens des Tieres, des Gesundheits- und Hygienestatus von Betrieben
- Konzeptvorschläge zur Erfassung von Tierwohl-Indikatoren und Zuchtmerkmalen

Im Allgemeinen ist das Ziel des Projekts die Identifikation und Charakterisierung von Genen, welche verursachende Effekte auf das Auftreten von Krankheiten und Funktionsstörungen der Füße und Beine haben. Die Absicht ist es, mit diesem Projekt Werkzeuge zur genetischen Selektion bereitzustellen. Das könnten zum Beispiel genetische Marker sein, die bei der Feststellung von Veränderungen in den QTL (quantitative trait loci) behilflich sind, oder auch SNPs (Single Nucleotide Polymorphisms) der verursachenden Gene. Die zuerst genannten QTL werden hauptsächlich bei der Vorauswahl von Kandidaten für die Selektion angewendet werden, aber sie werden auch bei der Schätzung von Zuchtwerten von Nutzen sein. Die SNPs können direkt in genetische Evaluationsprozesse implementiert werden.

Floren, C. (2014): Aufklärung aktueller tierzüchterischer und verbraucherrelevanter Fragestellungen durch molekulargenetische Strategien. Dissertation Universität Göttingen.

Schöpke, K., S. Weidling, R. Pijl, H.H. Swalve (2013): Relationships between bovine hoof disorders, body condition traits and test-day yields. J. Dairy sci. 96: 679-689.

Swalve, H.H., C. Floren, M. Wensch-Dorendorf, K. Schöpke, R. Pijl, K. Wimmers und B. Brenig (2014): A study based on records taken at time of hoof trimming reveals a strong association between the IQ motif-containing GTPase-activatin protein 1 (IQGAP1) gene and sole hemorrhage in Holstein cattle. J. Dairy Sci. 97: 507-519.

Art der Förderung

Projektträger Jülich
Forschungszentrum Jülich

Bundesministerium
für Bildung
und Forschung

Verbundprojekt: FUGATO-plus - Die Bedeutung epistatischer Mechanismen bei der Merkmalsausprägung bei Rind und Schwein (GeneDialog)

Prof. Dr. Klaus Wimmers
Leibniz-Institut für Nutztierbiologie
Wilhelm-Stahl-Allee 2
18196 Dummerstorf

& Universität Bonn
Universität Kiel

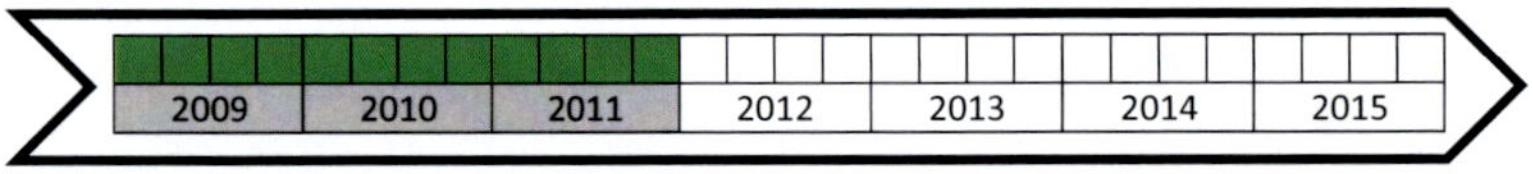

Handlungsfelder:

- Konzeptvorschläge zur Erfassung von Tierwohl – Indikatoren und Zuchtmerkmalen
- Verbesserung des Wohlbefindens des Tieres, des Gesundheits- und Hygienestatus von Betrieben

Ziel des Projektes war die Bestimmung der auf Epistasie zurückzuführenden phänotypischen Variation für unterschiedliche phänotypische Merkmale und Tierarten (Rind: Milchmengen- und Fleischqualitätsmerkmale; Schwein: Schlachtkörper-, Fleischqualitäts- und Gesundheitsmerkmale). Ein weiteres Anliegen war die Entwicklung bzw. Etablierung eines ‚large scale'-Genotypisierungsansatzes für eine Gesamtgenomtypisierung bei Rind und Schwein. Auch der Nachweis der biologischen Relevanz beobachteter Epistasie durch die vergleichende Untersuchung der statistischen, genetischen und biologischen Epistasie wurde mit diesem Projekt durchgeführt, sowie die Entwicklung von verbesserten bioinformatorischen und genetisch-statistischen Methoden für die Bestimmung der statistischen, genetischen und biologischen Epistasie und von Modellen für die Kartierung von dominanten und epistatischen Effekten.

Adler M, Murani E, Ponsuksili S, Wimmers K. PBMC transcription profiles of pigs with divergent humoral immune responses and lean growth performance. Int J Biol Sci. 2013 Sep 20;9(9):907-16. doi: 10.7150/ijbs.6769. eCollection 2013. PubMed PMID: 24155665; PubMed Central PMCID: PMC3805897.

Adler M, Murani E, Ponsuksili S, Wimmers K. PBMC transcriptomic response to primary and secondary vaccination differ due to divergent lean growth and antibody titers in a pig model. Physiol Genomics. 2015 Jul 14:physiolgenomics.00015.2015. doi: 10.1152/physiolgenomics.00015.2015. [Epub ahead of print] PubMed PMID: 26175500.

Wimmers K, Murani E, Schellander K, Ponsuksili S (2009): QTL for traits related to humoral immune response estimated from data of a porcine F2 resource population. International Journal of Immunogenetics 36, 141-151.

Vo Anh Khoa Do, Ponsuksili S, Muràni E, Wimmers K (2011): Polymorphic sites in the 5 '-region of the porcine C8A gene. Arch Tierzucht 54: 430-438.

Vo Anh Khoa Do, Klaus Wimmers, Eduard Murani, Siriluck Ponsuksili, Ronald M Brunner (2012): Detection of a polymorphic site of the porcine C8G gene and evaluation of ist association with hemolytic complement activity. Archiv Tierzucht 55 (2012) 3, 255-262.

Wimmers K, Do V, Schütze S, Muràni E, Ponsuksili S (2011): The three-way relationship of polymorphisms of porcine genes encoding terminal complement components, their differential expression, and health-related phenotypes. BMC Proceeding 5: S19.

Art der Förderung

Projektträger Jülich
Forschungszentrum Jülich

Bundesministerium
für Bildung
und Forschung

Verbundprojekt: FUGATO-plus - GENE-FL - Genetische Grundlagen der Fundamentstabilität beim Rind, Schwein, Pferd und Schaf, Teilprojekt Universität Bonn: Analyse von Assoziationen, Kopplungen und Effekten sowie Phänotypcharakterisierung und Expressionsanalysen ausgewählter funktioneller Kandidatengene beim Schwein

Prof. Dr. Karl Schellander
Rheinische Friedrich-Wilhelms-Universität Bonn
Institut für Tierwissenschaften
Abteilung Tierzucht und Tierhaltung
Endenicher Allee 15
53115 Bonn

Prof. Dr. Dr. Helga Sauerwein
Rheinische Friedrich-Wilhelms-Universität Bonn
Abteilung Physiologie und Hygiene
Katzenburgweg 7-9
53115 Bonn

& Universität Halle
FBN Dummerstorf

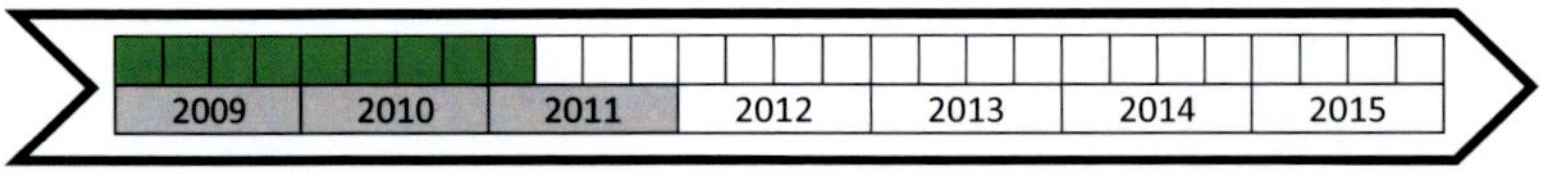

Handlungsfelder:

- Verbesserung des Wohlbefindens des Tieres, des Gesundheits- und Hygienestatus von Betrieben
- Konzeptvorschläge zur Erfassung von Tierwohl-Indikatoren und Zuchtmerkmalen

Das Projekt wurde zur Optimierung von Züchtungsverfahren für komplexe Merkmale und insbesondere von Merkmalen der Fitness und Gesundheit unter Nutzung der funktionellen Genomanalyse durchgeführt. Beide Arbeitsgruppen BO1 (Schellander) und BO2 (Sauerwein) verwendeten für ihre Arbeit die phänotypischen Daten der Bonner F2-DuPi Ressource Familie.

Dabei handelt es sich um eine reziproke Kreuzung zwischen einer fleischbetonten Rasse (Pietrain) und einer robust orientierten Rasse (Duroc). Die erste Aufgabe der Gruppe BO1 war das Festhalten von phänotypischen Daten in Bezug auf den Schlachtkörper, das Wachstum sowie für Merkmale der Beinschwäche (LW).

Die Arbeitsgruppe BO2 hingegen war für die Sammlung von pathohistologischen Phänotypen verantwortlich. Ziel beider Gruppen war es, Kandidatengene für relevante Merkmale des Beinschwächensyndroms im Schwein zu finden. Dafür wurde durch die Arbeitsgruppe BO1 eine QTL-Studie für LW-relevante Merkmale, einschließlich Fundament- und Klauenmerkmale, Merkmale für OC und Knochendichte, in einer Duroc x Pietrain Ressource Population durchgeführt. Des Weiteren wurde nach Polymorphen Varianten (SNPs) in den Kandidatengenen gesucht und nach ihrer Assoziation mit LW relevanten Merkmalen in der DuPi Ressource Population.

Laenoi W, Uddin MJ, Cinar MU, Große-Brinkhaus C, Tesfaye D, Jonas E, Scholz AM, Tholen E, Looft C, Wimmers K, Phatsara C, Sauerwein H, Schellander K (2010): QTL mapping for leg weakness related traits in a Duroc x Pietrain F2 Ressource Population. 9th World Congress on Genetics Applied to Livestock Production (WCGALP), Abstracts, 1.-6.8.2010, Leipzig, Germany, 86 (Abstr).

Laenoi W, Tesfaye D, Hoelker M, Looft C, Jüngst H, Tholen E, Scholz M, Phatsara C, Schellander K (2009): Molecular characterization and expression analysis of the porcine matrix GLA protein (MGP) gene and its association with osteochondrosis and bone density traits, Vortragstagung der DGFZ und GFT, 16./17.9.2009, Gießen, Deutschland (Proc), pp.190-191.

Laenoi W, Uddin MJ, Cinar MU, Große-Brinkhaus C, Tesfaye D, Jonas E, Scholz AM, Tholen E, Looft C, Wimmers K, Phatsara C, Juengst H, Sauerwein H, Mielenz M, Schellander K (2011): Quantitative trait loci analysis for leg weakness-related traits in a Duroc x Pietrain crossbred population. Genet Sel Evol 43:13.

Laenoi W, Uddin MJ, Cinar MU, Phatsara C, Tesfaye D, Scholz AM, Tholen E, Looft C, Mielenz M, Sauerwein H, Schellander K. Molecular characterization and methylation study of matrix GLA protein in articular cartilage from pig with osteochondrosis. Gene, 459 (1-2):24-31.

Schulze Willbrenning G, Hiss S, Theune C, Mielenz M, Schellander K, Sauerwein H (2010): Gelatinase activities and haptoglobin concentrations in healthy and in degenerative articular cartilage of pigs. J Anim Physiol Anim Nutr (Berl), 94(6):757-66.

Uddin MJ, Cinar MU, Große-Brinkhaus C, Tesfaye D, Tholen E, Juengst H, Looft C, Wimmers K, Phatsara C, Schellander K (2010): Mapping quantitative trait loci for innate immune response in the pig. Int. J. Immunogenet. 39:121-131.

Art der Förderung

Bundesministerium
für Bildung
und Forschung

Feinstaubbelastungen in Tierställen - Situationsbewertung und Minderungsmaßnahmen

Prof. Dr. Wolfgang Büscher
Rheinische Friedrich-Wilhelms-Universität Bonn
Institut für Landtechnik
Nußallee 5
53115 Bonn

& Landwirtschaftskammer NRW

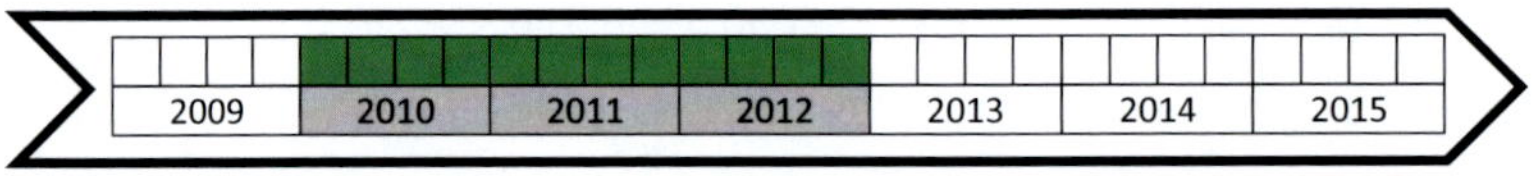

Handlungsfelder:

- Verbesserung des Wohlbefindens des Tieres, des Gesundheits- und Hygienestatus von Betrieben

In den Untersuchungen wurde die aktuelle Stallstaub-Belastungssituation in typischen Tierställen für Schweine, Geflügel und Milchkühe in räumlicher und zeitlicher Verteilung untersucht und analysiert. Neben den Ursachen für die Staubbelastungen im Innenraum sollten Minderungsmöglichkeiten identifiziert und in ihrer Wirksamkeit vergleichend bewertet werden. Ausgehend von einer Literaturanalyse sollten ergänzende Untersuchungen zur Wirksamkeit der Minderungsmaßnahmen sowohl für die Bewertung der Raumluftqualität, wie auch für die Emissionsminderung durchgeführt werden. Einerseits zeigten sich sehr große räumliche Inhomogenitäten, die auf die Staubquellen und die aktuelle Luftströmung zurück zu führen sind. Andererseits haben die Tiere selbst einen ausgeprägten Einfluss über ihren Biorhythmus auf die zeitliche Verteilung der Stallstaub-Innenraum-Konzentrationen.

Insgesamt waren die Konzentrationen erwartungsgemäß beim Geflügel am höchsten, gefolgt von den Schweinen und mit deutlichem Abstand zu den Milchkühen. Die Raumluftqualität und auch die Notwendigkeit von Arbeitsschutz-Maßnahmen sind in der gleichen Reihenfolge zu betrachten. Hauptursachen für die Staubbildung sind neben den Tieren die Einstreu und die Fütterungstechnik. Belastungsspitzen treten immer auf, wenn trockene Materialien eingestreut oder gefüttert werden.

Henseler-Paßmann, J., Sternberg, L., Niehaus, B., Büscher, W. (2011): Feinstabkonzentrationen in Mastschweineställen. Fine dust-concentrations in fattendig pig houses. In: 10. Internationale Tagung: Bau, Technik und Umwelt in der landwirtschaftlichen Nutztierhaltung, Kiel, 2011.

Art der Förderung

USL

Erstellung eines Modells zur Risikobewertung und Vorbeugung von Verderb von Silageballen durch aerobe Einwirkung

Prof. Dr. Wolfgang Büscher
Rheinische Friedrich-Wilhelms-Universität Bonn
Institut für Landtechnik
Nußallee 5
53115 Bonn

& China Agricultural University Peking (CAU)

2009	2010	2011	2012	**2013**	**2014**	**2015**

Handlungsfelder:

- Konzeptvorschläge zur Erfassung von Tierwohl – Indikatoren und Zuchtmerkmalen
- Verbesserung des Wohlbefindens des Tieres, des Gesundheits- und Hygienestatus von Betrieben
- Reduktion des Arzneimitteleinsatzes und Verbesserung der Fütterung

Gute Futterqualität ist eine Grundvoraussetzung für Gesundheit und Effizienz in der Milcherzeugung. Vor allem dem konservierten Grundfutter kommt dabei eine große Bedeutung zu. Durch Silierung kann Grundfutter produziert werden, welches hygienisch einwandfrei ist, einen Großteil der Nährstoffe des Ausgangsmaterials enthält und für die Tiere schmackhaft ist. Der Futterwert der Ration und die Futteraufnahme durch das Tier werden dadurch beeinflusst und somit die Leistungsfähigkeit der Ration bestimmt. Sauerstoffinduzierte Nacherwärmung ist für Energie- und Nährstoffverluste bis zur vollständigen Unbrauchbarkeit des Futters verantwortlich. Außerdem gefährdet aerober Verderb die Qualität und den Futterwert der Silage und reduziert die Futteraufnahme durch das Tier.

Bei Beschädigungen der Folie von Silageballen diffundiert Sauerstoff abhängig von der Lagerungsdichte in kleineren oder größeren Mengen in den Ballen. Auch in der Phase zwischen dem Öffnen des Silos und der Verfütterung der Silage, kann Sauerstoff ungehindert auf die Silage einwirken. Gegenstand des Forschungsprojekts ist deshalb die qualitative und quantitative Messung und Bewertung von physikalischen Einflussfaktoren (Lagerungsdichte, Trockenmassegehalt, Sauerstoffeintrag, Luftdurchlässigkeit) auf den aeroben Verderb von Silageballen. Mit den ermittelten Daten zu den Effekten auf die Nacherwärmung soll ein Modell zur Risikobewertung erstellt werden.

Jungbluth, K., Jia, G., Li, M., Cheng, Q., Lin, J., Sun, Y., Maack, C., Büscher, W. (2014). Model-based research for the risk and prediction of silage bale deterioration suffered from aerobic impact. 18th World Congress of CIGR – Beijing, Sep. 2014 (Abst).

Art der Förderung

DFG Deutsche Forschungsgemeinschaft

Chinesisch-Deutsches Zentrum für Wissenschaftsförderung
中德科学中心

SafeGuard (Sound Animals and healthy Food within the Euregio Guaranteed by an United Approach [between Dutch and German/ public and private entities] that facilitates averting danger in Rural [cross border] Districts)

GIQS e.V.
c/o Rheinische Friedrich-Wilhelms-Universität Bonn
Landwirtschaftliche Fakultät
Institut für Tierwissenschaften
Katzenburgweg 7-9
53115 Bonn

& Universität Bonn
Universität Düsseldorf
Universität Göttingen
Universität Utrecht
Universität Münster
RWTH Aachen
Universität Wageningen
Universität Groningen
Institut Senckenberg
LANUV NRW
Landwirtschaftskammern NI und NRW
(insgesamt 35 Partner)

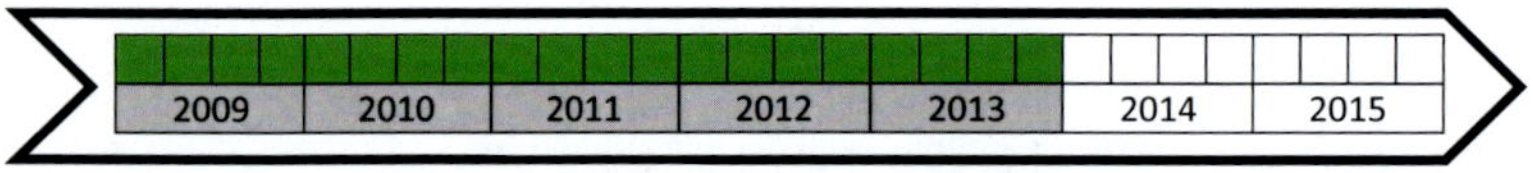

Handlungsfelder:

- Verbesserung des Wohlbefindens des Tieres, des Gesundheits- und Hygienestatus von Betrieben
- Konzeptvorschläge zur Erfassung von Tierwohl – Indikatoren und Zuchtmerkmalen
- Reduktion des Arzneimitteleinsatzes und Verbesserung der Fütterung
- Vermeidung der Tötung von Feten, Jungtieren und gesunden Tieren außer zur Schlachtung

Die tierische Veredlung ist einer der bedeutendsten Wirtschaftszweige der D-NL-Grenzregion und steht unter ständigem Anpassungsdruck, um seine Wettbewerbsfähigkeit auf den nationalen und internationalen Märkten zu erhalten. Vor diesem Hintergrund haben Experten aus Wirtschaft, Wissenschaft und Verwaltung aus NRW gemeinsam mit Berufskollegen und Kolleginnen aus Niedersachsen und den Niederlanden die Stärken und Schwächen von Präventions-, Kontroll- und Überwachungsmaßnahmen bis hin zum Krisenmanagement systematisch analysiert und Vorschläge zur Implementierung in die Praxis erarbeitet.

Vertreter der zuständigen Landwirtschaftsministerien, Landesbehörden, Kreise und Städte der Grenzregion, Wirtschaftsunternehmen sowie Forschungseinrichtungen haben die Kernthemen definiert, die im regionalen und überregionalen Maßstab eine hohe wirtschaftliche und gesellschaftliche Relevanz besitzen. Beiderseits der Grenze wurde deutlich, dass die systematische Bekämpfung von Zoonosen und Tierseuchen sowie die Verbesserung der Lebensmittelsicherheit und -qualität von zentraler Bedeutung für eine der viehdichtesten und bevölkerungsreichsten Regionen Europas sind.

Das aus dem Projekt entstandene Netzwerk arbeitet an diesen Themenfeldern mit Unterstützung des Koordinators GIQS auch nach Auslaufen des Interreg Programmes weiter, um die gezielte Förderung des Technologie- und Wissenstransfers zwischen Forschungseinrichtungen und der Wirtschaft sowie behördlichen Einrichtungen neue Maßstäbe in den Bereichen organisatorischer Abläufe (Risikoorientierte Lebensmittelüberwachung, Frühwarnsysteme, Bekämpfung der Wirtschaftskriminalität, Krisenmanagement, Informations- und Kommunikationsmodelle, etc.) sowie technischer Innovationen (Webbasierte Datawarehouse-Lösungen, wirkungsbezogene Analytik, Diagnostik, E-Learning, etc.) in Wertschöpfungsketten von Lebensmitteln tierischer Herkunft setzen zu können.

Die Forschungs- und Entwicklungsergebnisse aus diesem Netzwerk sind im Rahmen von drei internationalen Kongressen und zahlreichen internen Workshops veröffentlicht worden.

Hop, G.E., Mourits, M.C.M., Slager, R., Oude-Lansink, A.G.J.M., Saatkamp, H.W. (2012): Prospects for cost reductions from relaxing additional cross-border measures related to livestock trade. Preventive Veterinary Medicine, 109(3-4).

Zareitalabad, P., Siemens, J., Wichern, F., Amelung W., Joergensen R.G. (2013): Dose-dependent reactions of Aporrectodea caliginosa to perfluorooctanesulfonic acid in soil. Ecotoxicology and Environmental Safety, 95:39-43.

Hop, G.E., Mourits, M.C.M., Oude-Lansink, A.G.J.M., Saatkamp, H.W. (2013): Future structural developments in Dutch and German livestock production and implications for contagious livestock disease control. Technological Forecasting and Social Change, 82(1).

Schmithausen, R.M. (2015): Transfer of multidrug-resistant pathogens between humans and animals. Dissertation Universität Bonn.

Schulze-Geisthövel, S.V. (2015): System innovations promoting health management in pig production chains. Dissertation Universität Bonn.

Art der Förderung

Interreg IV-A
Großregion · Grande Région

Fin-Q.NRW: Forschungsnetzwerk Innovation durch Qualitätskommunikation - Teilprojekt B

Prof. Dr. Brigitte Petersen
Rheinische Friedrich-Wilhelms-Universität Bonn
Institut für Tierwissenschaften
Abteilung Präventives Gesundheitsmanagement Katzenburgweg 7-9
53115 Bonn
FoodNetCenter Bonn

&

Universität Bonn
GIQS e.V.
VION N. V.
Westfleisch SCE
Tönnies Lebensmittel GmbH & Co. KG
Thönes Natur Verbund
Raiffeisen Viehvermarktung GmbH
Schweinevermarktung Rheinland w.V.
Dr. Berns Laboratorium

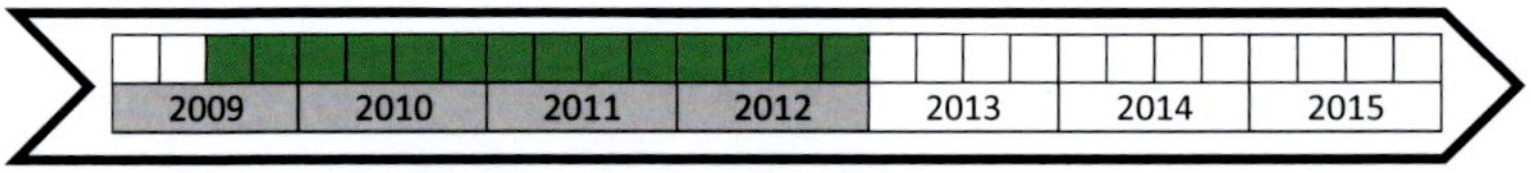

Handlungsfelder:

- Verzicht auf mit Schmerzen verbundene Eingriffe am Tier
- Verbesserung des Wohlbefindens des Tieres, des Gesundheits- und Hygienestatus von Betrieben

Aufgrund der steigenden Markt- und Exportchancen Nordrhein-Westfälischer Unternehmen der Fleischwirtschaft sind in den letzten Jahren die Anforderungen gewachsen. Auch der Abstimmungsbedarf zwischen allen Beteiligten der fleischerzeugenden Kette nahm stetig zu. Darüber hinaus verlangen Verbraucher und der Lebensmitteleinzelhandel zunehmend den Nachweis und Garantien, dass Tierschutz-, Tiergesundheits- und Lebensmittelsicherheits-Standards eingehalten werden.

Vor diesem Hintergrund war die vorrangigste Herausforderung hinter den Forschungsaktivitäten des FIN-Q-Konsortiums, durch Kommunikation einen Konsens über gemeinsame Maßnahmen zu finden.

Erstmals in Deutschland standen für alle Beteiligten die Herausforderungen, wie Verzicht auf die Kastration von Ferkeln und das Kupieren von Schwänzen sowie die Reduktion des Antibiotikaeinsatzes im Vordergrund der Unternehmensübergreifenden Zusammenarbeit. Klar war, dass keine einzelnen technischen, sondern vor allem gemeinsam getragene Systeminnovationen die Branche weiterbringen würden.

In drei komplementären Arbeitspaketen mit sechs gemeinsamen Projektteams wurden die Voraussetzungen für drei Vorgehensmodelle geschaffen, welche die Qualitätskommunikation zwischen den genannten unterschiedlichen Interessensgruppen erleichtern und damit ihre Innovationskraft stärken: Ein Simulationsmodell zur Abschätzung von Aufwand und Nutzen der Integration von Onlinemessungen zur Erfassung von Gesundheits-, Geruchs-, und Frischeparametern in Sortierprozessen der Schlacht- und Verarbeitungsstufe. Ein Planungsmodell zur Bewertung von Handlungsalternativen bei der Organisation von überbetrieblichen Informations- und Kommunikationssystemen zur Unterstützung risikoorientierter, stufenübergreifender Prüfstrategien in Zulieferketten. Ein Ablaufmodell zu systematischen Erfassung und Gegenüberstellung von Corporate Social Responsibility Anforderungen (CSR) der Stakeholder sowie CSR-Dimensionen in bereits bestehenden Qualitätsmanagementsystemen.

O'Hagan, J. (2014): Strategies for risk oriented inspections between customers and suppliers in agri-food chains. Dissertation Universität Bonn.

Schmithausen, R.M., Schulze-Geisthoevel, S.V., Hamer, M., Raab, V., Petersen, B. (2012): Interdisziplinäre Forschung und Wissenstransfer bezüglich der Problematik eines multiresistenten Zoonoseerregers. Poster auf der Ernährung 2012, 15-17 Juni, Nürnberg.

Schmidthausen, R.M. (2014): Was können Landwirte gegen die Entstehung und Ausbreitung von Antibiotikaresistenzen und Keimen tun? Fachimpuls, Dokumentationsschrift, Ministerium für Klimaschutz, Umwelt, Landwirtschaft, Natur- und Verbraucherschutz NRW.

Schulze-Geisthoevel, S., Schmithausen, R., Stemmer, F., El-Sade, M., Hoerauf, A., Exner, M., Bierbaum, G., Bekeredjian-Ding, I., Petersen, B. (2014): Occurrence of MRSA and ESBL in different habitats and different stages of the pork production chain. Vortrag, DACH Epidemiologietagung „Tiergesundheit und Ökonomie" 3. - 5. September 2014 Zürich / Schweiz.

Schulze-Geisthoevel S., Schmithausen R., Stemmer F., Exner M., Bierbaum G., Bekeredjian-Ding I., Petersen B. (2014): Das Auftreten von MRSA und ESBL in verschiedenen Stufen der Produktionskette Schweinefleisch und die Beurteilung der Gefahr von Antibiotikaresistenzentwicklung. Vortrag, DGfZ-Jahrestagung und DGfZ-/GfT-Gemeinschaftstagung 2014.

Art der Förderung

Ernährung.NRW
Cluster Nordrhein-Westfalen

RESET: ESBL and (fluoro)quinolone Resistance in Enterobacteriaceae

Prof. Dr. Lothar Kreienbrock,
Katja Hille
Stiftung Tierärztliche Hochschule Hannover
Institut für Biometrie, Epidemiologie und Informationsverarbeitung
WHO Centre
Bünteweg 2
30559 Hannover

Prof. Dr. Manfred Kietzmann
Stiftung Tierärztliche Hochschule Hannover
Institut für Pharmakologie, Toxikologie und Pharmazie
Bünteweg 17
30559 Hannover

&

Bundesinstitut für Risikobewertung
Charité – Universitätsmedizin Berlin
Freie Universität Berlin
Friedrich – Löffler – Institut (FLI)
Robert Koch Institut
Universität Paderborn
Universitätsklinikum Gießen und Marburg GmbH
Bayerisches Landesamt für Gesundheit und Lebensmittelsicherheit, Forschungskoordination und Risikoanalyse
Bundesamt für Verbraucherschutz und Lebensmittelsicherheit
Fachhochschule Südwestfalen
Universität Leibzig

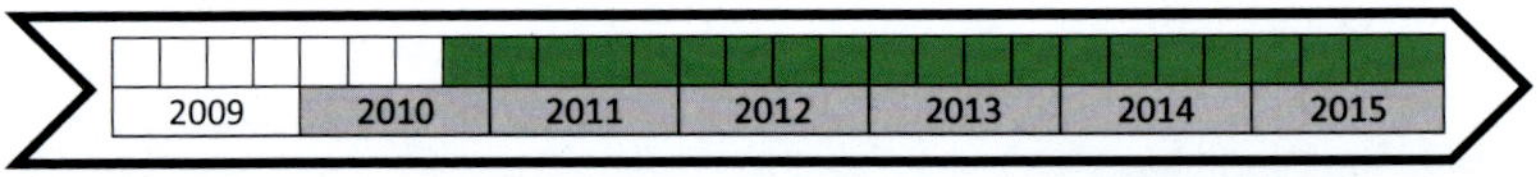

Handlungsfelder:

- Verbesserung des Wohlbefindens des Tieres, des Gesundheits- und Hygienestatus von Betrieben
- Reduktion des Arzneimitteleinsatzes und Verbesserung der Fütterung

Der Forschungsverbund RESET, bestehend aus Wissenschaftlern der Human- und Tiermedizin, beschäftigt sich mit der Erforschung von Resistenzen gegen Antibiotika in Enterobakteriacaen, insbesondere gegen ß – Lactam – Antibiotika und Fluorchinolone. Der häufigste Resistenzmechanismus gegen ß – Lactam – Antibiotika sind bakterienproduzierte Enzyme, welche das Antibiotikum inaktivieren.

Diese Enzyme, genannt ß – Lactamasen, können mittlerweile auch Cephalosporine der 3. Generation inaktivieren und werden aufgrund dessen ß – Lactamasen mit erweitertem Wirkungsspektrum, engl. „extended spectrum ß – lactamases“ (ESBLs), genannt. ESBL – produzierende Enterobakteriacaen treten in verschiedenen Tierarten, der Umwelt, in Lebensmitteln und im Menschen auf und werden innerhalb und zwischen diesen übertragen.

Von den Kooperationspartnern werden umfangreiche und aufwändige Querschnittsstudien und Longitudinalstudien sowie weiterführende Untersuchungen durchgeführt. Dabei werden der Nachweis und die vertiefte wissenschaftliche Analyse zum Auftreten spezieller Resistenzen bei Enterobakterien ausgeführt. Gewonnene ESBL – verdächtigte Isolate werden anschließend einer molekularbiologischen Bestätigung sowie weiterführenden Untersuchungen unterzogen.

Wie vorläufige Ergebnisse zeigen, können häufig phänotypisch ESBL – verdächtigte Mikroorgansimen in den untersuchten Betrieben (Schwein, Milch- und Mastrind, Broiler) isoliert werden. Im Rahmen von Querschnittstudien wurden bislang 54 Betriebe (Schwein, Milchrind, Mastrind, Broiler) und in Longitudinalstudien 48 Betriebe (Schwein, Masthähnchen) auf ESBL – verdächtigte Mikroorganismen hin untersucht. Im Stall, auf dem Boden der Stallumgebung und in der Gülle konnten regelmäßig ESBL – verdächtigte Enterobakterien nachgewiesen werden. In der weiterführenden Charakterisierung mit molekularbiologischen Methoden von bisher 58 E. coli Isolaten konnte der ESBL – Verdacht bestätigt werden.

Zusammenfassend zeigen die bisherigen Ergebnisse, dass mehrere ß – Lactamase – Varianten, die auch beim Menschen vorkommen könne, in E. coli – Isolaten von Rind, Schwein und Geflügel in Deutschland verbreitet sind. Weitere kommende Ergebnisse führen zum Erhalt einer verallgemeinerbaren Aussage. Basierend auf diesen Ergebnissen werden Empfehlungen zur Verbesserung der Kontrolle von resistenten Bakterien in Deutschland gegeben. Somit trägt der Forschungsverbund RESET aktiv zur Deutschen Antibiotika – Resistenzstrategie (DART) bei.

TiHo – Epi, FU – Berlin, BfR (2012): Forschungsverbund RESET: ESBL and (fluoro)quinolone resistance in Enterobacteriaceae, Ergänzende Informationen zu vorläufigen Ergebnissen aus dem Forschungsverbund RESET (Stand: 25. Januar 2012), PDF – Datei (http://reset-verbund.de/documents/PM_RESET_material_2012-01-25.pdf).

Art der Förderung

Bundesministerium für Bildung und Forschung

SocialLab Deutschland: Nutztierhaltung im Spiegel der Gesellschaft

Dr. Inken Christoph – Schulz
Thünen – Institut für Marktanalyse
38116 Braunschweig

& Fachhochschule Südwestfalen
Universität Göttingen
Universität Düsseldorf
Privates Forschungs- und Beratungsinstitut für angewandte Ethik und Tierschutz INSTET
Universität Bonn
Technische Universität München
Universität Friedrichshafen

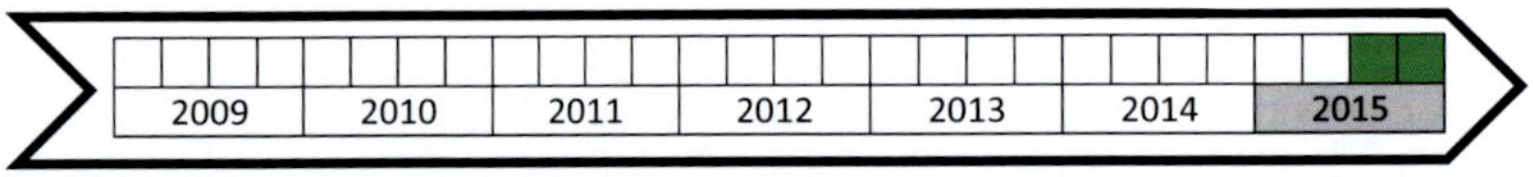

Handlungsfelder:

- Konzeptvorschläge zur Erfassung von Tierwohl – Indikatoren und Zuchtmerkmalen
- Verbesserung des Wohlbefindens des Tieres, des Gesundheits- und Hygienestatus von Betrieben

Die gesellschaftlichen Vorstellungen und die moderne landwirtschaftliche Praxis liegen teils weit auseinander, aus diesem Grund wird in der öffentlichen Diskussion die Haltung von Nutztieren zunehmend kritisch hinterfragt. Somit ist das abgeleitete Ziel dieses Projektes, die bestehende Kritik an der Nutztierhaltung seitens der Gesellschaft differenziert zu durchdringen und Wege für eine Verbesserung der Nutztierhaltung aus Sicht der Gesellschaft aufzuzeigen. Entwickelt werden soll ein gemeinsames Verständnis zum Verhältnis von Mensch und Tier.

Einbezogen in das Projekt sind die Rinderhaltung, die Schweinehaltung und die Geflügelhaltung.

Im Forschungsverbund kombinieren die beteiligten Wissenschaftler innovative Methoden, mit denen sie die Akzeptanz und Wahrnehmung der Nutztierhaltung aus dem Blickwinkel unterschiedlicher gesellschaftlicher Gruppen wie Verbraucher, Landwirte oder Handelsunternehmen zeitnah analysieren. Die Aktivitäten der Marktteilnehmer sowie die Gestaltungsmaßnahmen der Politik sollen anhand kommender Ergebnisse so ausgerichtet werden, dass die Nutztierhaltung messbar verbessert wird. Handel und Landwirte werden in die Lage versetzt, auf die Ansprüche der gesellschaftlichen Gruppen besser einzugehen und neue Produkte auf der Grundlage innovativer Haltungsverfahren zu etablieren.

Das Projekt gliedert sich in vier Arbeitsbereiche, welche sich mit folgenden Fragen darstellen lassen:

1. Wie nimmt die Gesellschaft die Tierhaltung wahr und welche Anforderungen lassen sich daraus ableiten?
2. Wie wird die Tierhaltung in den Medien und von Nichtregierungsorganisationen dargestellt?
3. Wie beurteilen die verschiedenen Akteure die Möglichkeiten und Grenzen, Produkte mit strengeren Tierschutzstandards am Markt zu etablieren?
4. Wie lassen sich die Ansprüche der Verbraucher an die Haltungsverfahren in der Praxis umsetzen?

Welling, M. (2015): Nutztierhaltung im Spiegel der Gesellschaft, Pressemitteilung vom 13. Juli 2015, Thünen – Institut, Bundesforschungsinstitut für Ländliche Räume, Wald und Fischerei, 38116 Braunschweig.

Art der Förderung

Bundesministerium
für Ernährung
und Landwirtschaft

Tierarzneimittel in der Umwelt

Rodrigo Vidaurre
Ecologic Institute
Pfalzburger Straße 43/44
10717 Berlin

& Universität Bonn
FoodNetCenter Bonn
Universität Hohenheim
Hydor Consult GmbH

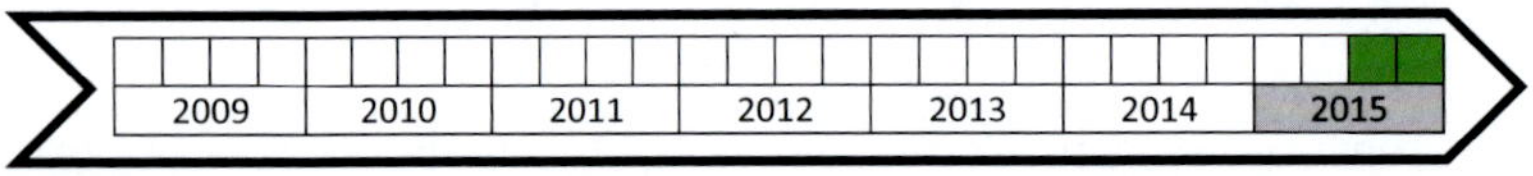

Handlungsfelder:

- Verbesserung des Wohlbefindens des Tieres, des Gesundheits- und Hygienestatus von Betrieben
- Konzeptvorschläge zur Erfassung von Tierwohl – Indikatoren und Zuchtmerkmalen
- Reduktion des Arzneimitteleinsatzes und Verbesserung der Fütterung
- Verzicht auf mit Schmerzen verbundene Eingriffe am Tier
- Verbesserung der Beratung in der Bestandsbetreuung

Im Auftrag des Umweltbundesamtes wurde eine Fachbroschüre für Experten und Praktiker erstellt, die einen Überblick über Konzepte und Maßnahmen zur Verminderung des Eintrages von Tierarzneimitteln in die Umwelt liefert. Ziel ist es, sowohl die Umweltrisiken als auch die Ausbreitung von Antibiotikaresistenzen zu reduzieren. Aktuelle Forschungsergebnisse zum Thema Tierarzneimittel in der Umwelt wurden mittels Literaturrecherche, Medienanalyse und Expertenbefragungen zusammengetragen. In der Broschüre sind unter anderem bestehende Konzepte zur Eintragsminimierung wie 16. AMG Novelle, Deutsche Antibiotika Resistenz Strategie und Antibiotika Leitlinien gegenüber gestellt.

Neben einer Einschätzung zu Zahlen aktueller Abgabe- und Verbrauchsmengen wurden verschiedene Substitutionspotentiale identifiziert. Zu den Empfehlungen der Eintragsminimierung von TAM zählen einzel- und überbetriebliche Kommunikations-, Koordinations- und Monitoringmaßnahmen im Bereich des präventiven Gesundheitsmanagements sowie bedarfsgerechte Fütterung und auf die Bedürfnisse der Tiere abgestimmte innovative der Verfahrenstechniken.

Von anderen Projektpartnern werden Maßnahmen zur Expositionsminderung im Bereich der Wirtschaftsdüngerlagerung und –ausbringung dargestellt: Dazu zählen die Einrichtung von Feld-, Acker- und Gewässerrandstreifen als Pufferzonen, eine witterungsbedingte und saisonal angepasste Düngeterminierung, ein angepasstes Flächenmanagement und vieles mehr. Darüber hinaus wird zudem der Einfluss der Düngeraufbereitung auf die Bioverfügbarkeit und den Abbau von Tierarzneimitteln (TAM) behandelt. In Bezug auf landwirtschaftliche Praktiken wird speziell auf die Düngung und die Bodenbearbeitung eingegangen. Ein ganz wichtiger Aspekt stellt die Kommunikation dar: Das Thematisieren von Vorsorge, Kommunikation und Umweltmonitoring werden alle beteiligten Akteure sensibilisiert und die Akzeptanz der Maßnahmen zur Eintragsminderung von TAM gefördert.

Fachbroschüre: Konzepte zur Reduzierung von Arzneimitteleinträgen aus der landwirtschaftlichen Tierhaltung in die Umwelt. Umweltbundesamt 2016 (in press).

Art der Förderung

Umwelt Bundesamt

Initiative Tierwohl

Gesellschaft zur Förderung des Tierwohls
in der Nutztierhaltung mbH
Schedestraße 1 – 3
53113 Bonn

&

Deutscher Raiffeisenverband e.V.
Deutscher Bauernverband e.V.
Verband der Fleischwirtschaft e.V.
Bundesverband der Deutschen Fleischwarenindustrie e.V.
Handelsvereinigung für Marktwirtschaft e.V.
Zentralverband der Deutschen Geflügelwirtschaft e.V.
Einzelhandelsketten

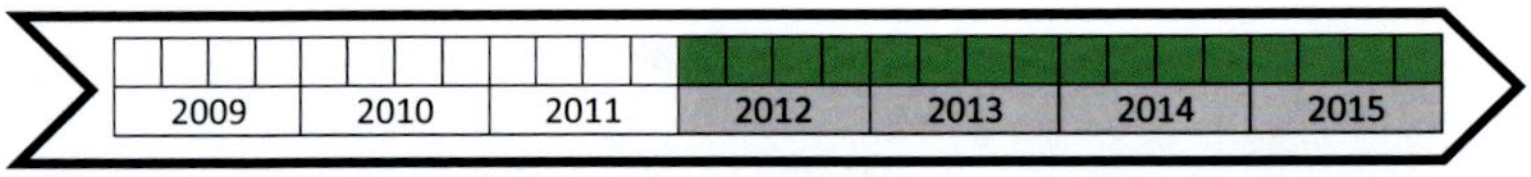

Handlungsfelder:

- Konzeptvorschläge zur Erfassung von Tierwohl – Indikatoren und Zuchtmerkmalen
- Verbesserung des Wohlbefindens des Tieres, des Gesundheits- und Hygienestatus von Betrieben

In diesem Projekt setzt sich erstmalig in Deutschland ein branchenübergreifendes Bündnis aus Landwirtschaft, Fleischwirtschaft und Lebensmitteleinzelhandel gemeinsam für mehr Tierwohl in der Fleischerzeugung ein. Das Ziel der Initiative Tierwohl ist es die Standards in der Nutztierhaltung für Schweine und Geflügel marktweit auszubauen. Das Tierwohl – Konzept ist darauf ausgelegt, dass möglichst viele Schweine und Wirtschaftsgeflügel von den Tierwohlmaßnahmen profitieren und somit eine marktweite und branchenübergreifende Wirkung erzielt wird. Für die notwendige Transparenz sorgen lückenlose und abhängige Kontrollen.

In Zusammenarbeit mit Wissenschaft und Wirtschaft wurden messbare Tierwohlkriterien entwickelt, welche deutlich über gesetzliche Regelungen hinausgehen und eine Erweiterung in anerkannte Qualitätssicherungssysteme darstellen. Setzen Landwirte freiwillig bestimmte Maßnahmen um, so erhalten sie unabhängig vom Marktpreis ein Tierwohlentgelt.

Die teilnehmenden Einzelhandelsketten zahlen seit dem 1. Januar 2015 für jedes verkaufte Kilo Fleisch- und Wurstware vier Cent in einen Tierwohlfonds, wodurch die Initiative Tierwohl finanziert wird. Die wichtigsten Schritte für die Landwirte: Über eine Koordinierungsstelle (Bündler) melden sich die Landwirte bei der Initiative an. Nach erfolgreicher Registrierung werden die Tierwohlmaßnahmen einmal jährlich durch unabhängige Zertifizierungsstellen überprüft. Die Landwirte erhalten für die Umsetzung ein Tierwohlentgelt gemäß Kriterienkatalog. Die wichtigsten Schritte in der Fleischwirtschaft: Die Anzahl der Tiere ist ein maßgeblicher Faktor für die Höhe des individuellen Tierwohlentgelts. Zertifizierte Schlachtbetriebe erfassen die Anzahl der Schlachttiere. Um Rückschlüsse auf das Tierwohl zu zulassen und es weiter zu verbessern, werden Schlachtbefunddaten zukünftig zentral erfasst und ausgewertet. Die wichtigsten Schritte im Lebensmitteleinzelhandel: Für jedes verkaufte Kilogramm Fleischware zahlt der Einzelhandel 4 Cent in den Tierwohlfonds ein. Jeder teilnehmende Landwirt erhält aus diesem Fonds sein Tierwohlentgelt. Beim teilnehmenden Lebensmitteleinzelhandel kann der Verbraucher jene Fleischwaren käuflich erwerben.

Jeder teilnehmende Landwirt muss einen definierten Katalog von Grundanforderungen einhalten, darüber hinaus werden weitergehende Maßnahmen in Form von Wahlpflichtkriterien umgesetzt. Bei Verstößen dürfen Tierhalter nicht mehr an der Initiative teilnehmen und verlieren Auszahlungsansprüche. Gegeben falls müssen bereits erhaltene Tierwohlzuschüsse zurück erstattet werden. Im Jahr 2015 wird die Initiative rund 85 Millionen Euro auszahlen können. Die Gesamtsumme von 85 Millionen Euro ermöglicht Verbesserungen für eine breite Zahl von Tieren. Nach Einschätzungen können im Startjahr 2015 bereits etwa acht Millionen Schweine, bis zu 300 Millionen Hähnchen und 15 Millionen Puten von den Tierwohlmaßnahmen profitieren. Seit dem 1. Januar 2015 zahlen teilnehmende Einzelhändler in den Tierwohlfonds ein. Ab April 2015 können sich schweinehaltende Betriebe, zeitversetzt auch geflügelhaltende Betriebe, über Koordinierungsstellen registrieren lassen. Die Tierwohlaudits (Kontrolle der Umsetzung), ausgeführt durch Zertifizierungsstellen, für Schweinefleisch starten ab Mai 2015 und für Geflügel ab Juli 2015.

Klein, P. (2015): Pressemitteilung Initiative Tierwohl. Online 13. Januar 2015 (http://initiative-tierwohl.de/presse/).

Art der Förderung

CSR-Kommunikation auf dem Prüfstand: Die Reaktion von Verbraucherinnen und Verbraucher auf Initiativen zum Tierwohl

Dr. Christian Meyer
Hochschule Bonn-Rhein-Sieg
Internationales Zentrum für Nachhaltige Entwicklung (IZNE)
Grantham-Allee 20
53757 Sankt Augustin

& Hochschule Bonn-Rhein-Sieg

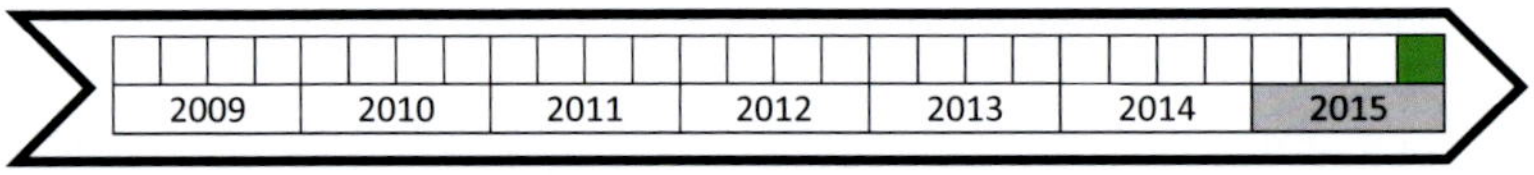

Handlungsfelder:

- Verbesserung des Wohlbefindens des Tieres, des Gesundheits- und Hygienestatus von Betrieben
- Konzeptvorschläge zur Erfassung von Tierwohl – Indikatoren und Zuchtmerkmalen

Soziale Medien oder Nachrichtenportale tragen maßgeblich zur Informationsverbreitung bei. Gleichzeitig ermöglichen sie es den Verbraucherinnen und Verbrauchern, sich aktiv an den Diskussionen über das Wohl der Tiere mit eigenen Beiträgen zu beteiligen. Die Netzöffentlichkeit reflektiert so wichtige Fragen des täglichen Offline-Lebens im Online-Diskurs. Nicht selten treten dabei latente Konflikte zwischen den beteiligten Gruppen und Widersprüche offen zutage. In den Online-Diskussionen steckt daher viel Potential für die Verbraucherforschung. Diesen „Schatz" gilt es zu heben und hier setzt das Projekt an. Anlass für die Studie ist die Ankündigung der Wirtschaft im Januar 2015, sich mit der „Initiative Tierwohl" für eine nachhaltigere und tiergerechtere Fleischerzeugung einzusetzen.

Ziel der Arbeit ist es, Inhalte aus dem Internet am Beispiel des Diskurses über das Thema Tierwohl für die Verbraucherforschung nutzbar zu machen und die Bedeutung des Internets für die Nachhaltigkeitskommunikation bzw. die Kommunikation im Rahmen der Corporate Social Responsibility (CSR) näher zu beleuchten.

Den Untersuchungsschwerpunkt bilden Fragen nach Verhaltensänderungen und-mustern der beteiligten Gruppen im Diskussionsverlauf und nach dominierenden Verbrauchergruppen, die die Diskussionen zum Tierwohl maßgeblich beeinflussen. Außerdem soll untersucht werden, welche Wirkung die Kommunikation zum Thema Tierwohl bei den jeweiligen Verbrauchergruppen hervorruft.

Mit den Ergebnissen aus dem Projekt wird ein interdisziplinärer Beitrag zur Erforschung des Verbraucherverhaltens geleistet. Methoden der Diskursanalyse werden mit sozialwissenschaftlichen Experimenten kombiniert. Das Projekt trägt dazu bei, Kommunikationsmuster zu identifizieren und Informationslücken zu schließen. Auf Grundlage der Ergebnisse werden Handlungsempfehlungen für eine nachvollziehbare und verständliche CSR- und Nachhaltigkeitskommunikation angestrebt, so dass Verbraucherinnen und Verbraucher informierte Kaufentscheidungen im Sinne des Tierwohls und der Nachhaltigkeit treffen können.

Art der Förderung

---

verbraucherzentrale Nordrhein-Westfalen

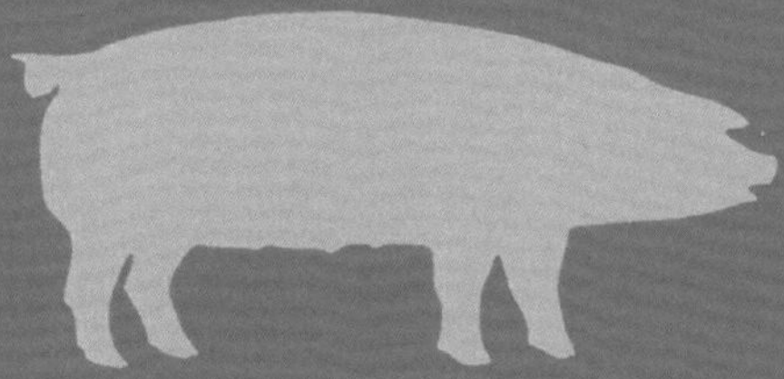

5.2 Projekte mit Bezug Schwein

Entwicklung einen neuen Klimacomputers für die Schweinehaltung (Animal Response Ventilaton)

Prof. Dr. Wolfgang Büscher
Rheinische Friedrich-Wilhelms-Universität Bonn
Institut für Landtechnik
Nußallee 5
53115 Bonn

& Agrarklima Möller GmbH

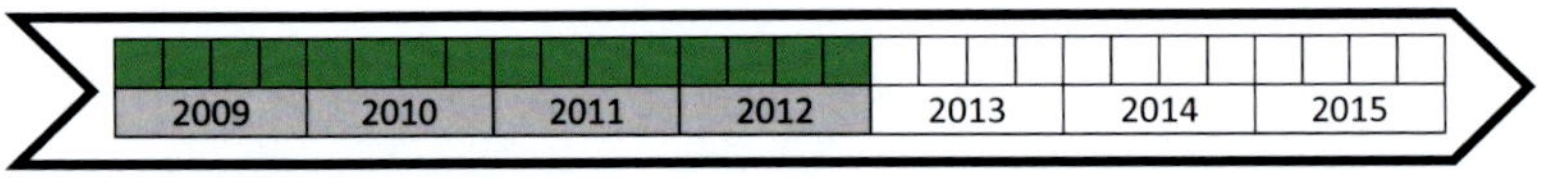

Handlungsfelder:

- Konzeptvorschläge zur Erfassung von Tierwohl-Indikatoren und Zuchtmerkmalen
- Verbesserung des Wohlbefindens des Tieres, des Gesundheits- und Hygienestatus von Betrieben

In diesem Projekt wurden Schweinen in verschiedenen Haltungsabschnitten Wasser mit unterschiedlichen Temperaturen angeboten. Aus dem Präferenz- Verhalten der Tiere sollten Rückschlüsse über ihren physiologischen Zustand abgeleitet werden. Bevorzugen z. B. die Tiere eindeutig kaltes Wasser, kann auf Hitzestress geschlossen werden, so dass eine intensivere Lüftung oder eine Kühlung gesteuert werden kann. Die Versuche haben auf der Forschungsstation Frankenforst bei Aufzuchtferkeln, bei Mastschweinen und bei Sauen in der Gruppenhaltung stattgefunden. Parallel wurden auch Versuche in Praxisbetrieben durchgeführt, um die Übertragbarkeit der Ergebnisse zu prüfen. Die Firma Möller hat das patentierte Verfahren in ihren Klimacomputer integriert, so dass ein neues Produkt auf dem Markt verfügbar wurde.

Hoeck, J.; Büscher, W. (2012): Entwicklung eines ARV-Klimacomputers zur Vermeidung von Hitze- und Kältestress bei Schweinen und zum Nachweis des thermischen Wohlbefindens. Proceedings der Etho Tagung 2012 in Freiburg, KTBL Schrift 496, Darmstadt, ISBN-3-941583-71-9.

Hoeck, J.; Büscher, W. (2013): Temperature-dependent water intake behavior of weaned piglets. Proceedings of the 6th European Conference on Precision Livestock Farming, Leuven (Belgium), p. 724-730.

Hoeck, J.; Büscher, W. (2013): Temperaturabhängiges Wasseraufnahmeverhalten von Aufzuchtferkeln. Temperature-dependent water intake behaviour of weaned piglets Proceedings of the 11th Conference "Construction, Engineering and Environment in Livestock Farming" in Vechta ; KTBL Darmstadt, ISBN 978-3-941583-80-1, p 342-347.

Art der Förderung

Bundesanstalt für
Landwirtschaft und Ernährung

Strukturspalten Schwein - Verbesserung der Tiergerechtheit und Reduzierung der Ammoniak-Emissionen durch funktionsoptimierte Spaltenböden für Mastschweine

Prof. Dr. Wolfgang Büscher
Rheinische Friedrich-Wilhelms-Universität Bonn
Institut für Landtechnik
Nußallee 5
53115 Bonn

& Landwirtschaftskammer NRW

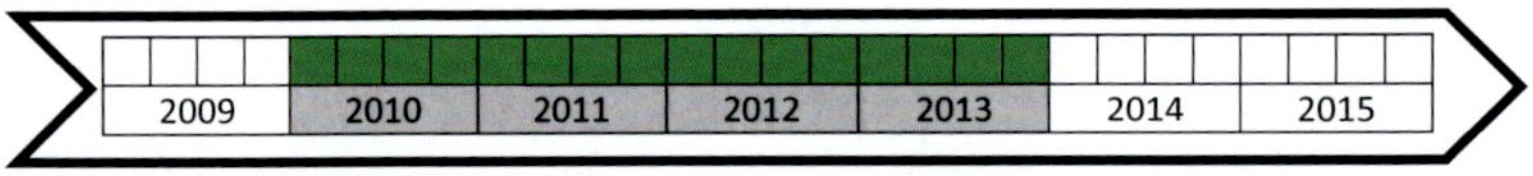

Handlungsfelder:

- Verbesserung des Wohlbefindens des Tieres, des Gesundheits- und Hygienestatus von Betrieben
- Konzeptvorschläge zur Erfassung von Tierwohl – Indikatoren und Zuchtmerkmalen
- Verbesserung der Beratung in der Bestandsbetreuung

Spaltenböden sind die vorherrschende Form der Bodengestaltung in der Schweinehaltung. Die grundlegenden Aufgaben von Spaltenböden sind zum einen das kontrollierte Ableiten von Urin und Kot in die unter dem Spaltenboden befindlichen Güllekanäle oder Güllelager. Zum anderen dienen sie den Tieren als Liege- und Bewegungsfläche. Durch neuartige Formgebung der Spaltenoberfläche und Reduzierung des Schlitzanteils wird erwartet, dass ein verbessertes Abfließen des Urins und Durchtreten des Kots realisiert werden kann. Folglich steigt die Trittsicherheit sowie Sauberkeit der Tiere und die Schadgasgehalte in der Stall- und Abluft können reduziert werden. Eine verbesserte Raumluftqualität für Mensch und Tier ist die Folge. Darüber hinaus soll der verminderte Schlitzanteil des Spaltenbodens den Liegekomfort verbessern und Verletzungsmöglichkeiten minimieren.

Eins der übergeordneten Ziele in der Untersuchung sind die Messung von Schadgasen, insbesondere NH3, in Stallabteilen mit und ohne Strukturspalten. Weiter soll die systematische Analyse und Beurteilung des Tierkomforts von auf Strukturspalten gehaltenen Tieren im Vergleich zu konventionellen Spaltenböden erfolgen. Hierdurch soll die Bewertung des Spaltenbodens in Bezug auf Tiergerechtheit, Raumluftqualität und Umweltrelevanz ermöglicht werden.

F. AUSTERMANN; R. HÖLSCHER; W. BÜSCHER (2013): Mitigation of ammonia emissions and improving animal welfare in pig housing by an optimized slatted floor. Proceedings of the 5th Greenhouse Gases and Animal Agriculture Conference in Dublin, Volume 4, Part 2, Page 467, ISBN 978-0-906562-69-7

AUSTERMANN, F.; R. HÖLSCHER; W. BÜSCHER (2013): Effect of a reduced slot percentage in optimized slatted floor in pig rearing on hygiene, indoor air quality and health of claws and legs. Proceedings of the 11th Conference "Construction, Engineering and Environment in Livestock Farming" in Vechta ; KTBL Darmstadt, ISBN 978-3-941583-80-1, p 94-99

Art der Förderung

Bundesanstalt für
Landwirtschaft und Ernährung

Allianzen für Informations- und Dienstleistungs-Agenturen zur horizontalen Bündelung von Koordinationsaufgaben im Qualitäts-, Gesundheits- und Risikomanagement der Fleischwirtschaft (AIDA)

GIQS e.V.
c/o Rheinische Friedrich-Wilhelms Universität Bonn
Landwirtschaftliche Fakultät
Institut für Tierwissenschaften (ITW)
Abt. Präventives Gesundheitsmanagement
Katzenburgweg 7-9
53115 Bonn

& Universität Bonn
Universität Göttingen
11 Erzeugergemeinschaften
2 Systementwickler

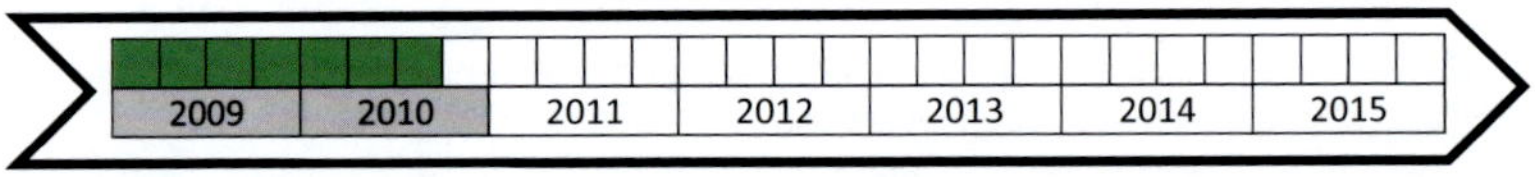

Handlungsfelder:

- Verbesserung des Wohlbefindens des Tieres, des Gesundheits- und Hygienestatus von Betrieben

Das Verbundvorhaben AIDA diente dazu, die Wettbewerbsfähigkeit und wirtschaftliche Innovationskraft von Viehverwertungsgenossenschaften (VVG) und Erzeugergemeinschaften (EZG) zu verbessern. Durch die Entwicklung technischer und organisatorischer Konzepte in der Aufbau- und Ablauforganisation überbetrieblicher Qualitäts-, Gesundheits- und Risikomanagementsysteme von Zulieferketten der Fleischwirtschaft erhielten die VVGs und EZGs erstmals weiterreichende Kompetenzen. Sie wurden zu einer Art Netzwerkintegratoren im Lieferantenmanagement von Schlachtunternehmen, was ihre Wettbewerbsposition entscheidend stärkt.

1. Organisationsinnovationen: Die von den beiden kooperierenden Hochschularbeitsgruppen der Universitäten Bonn und Göttingen entwickelten Modelle führen zur Veränderung in der Aufbau- und Ablauforganisation bei untereinander kooperierenden VVGs und EZGs. In deren Folge kann das gemeinsame Dienstleistungsangebot gegenüber den Tierhaltern, aber auch den Schlachthöfen, verbessert werden. Es ist ein strukturell-organisatorisches Rahmenkonzept für die Etablierung von Dienstleistungsagenturen in der Fleischwirtschaft entwickelt worden.

Hieraus sind neue Dienstleistungsangebote in den Bereichen der qualitätsorientierten Anreiz- und Entlohnungssysteme für Lieferanten, des Qualitätsmarketings und der Verkaufsförderung sowie der Wertschöpfungskoordination und des Geschäftsbeziehungsmanagements mit Blick auf ein verbessertes überbetriebliches Gesundheitsmanagement entstanden. Damit verbunden ist auch die Übernahme von mehr Verantwortung der VVG- und EZG-Verbünde für die Sicherheit der gesamten Wertschöpfungskette.

2. Technische Innovationen: Diese entstanden aus einem wissenschaftlich erarbeiteten Konzept zur Nutzung webbasierter Datawarehouse-Lösungen für den unternehmensübergreifenden Datenaustausch und das kettenorientierte Qualitäts- und Risikomanagement ab. Abgestimmt auf die organisatorischen Veränderungen in den beteiligten Erzeugergemeinschaften war die im Projekt entwickelte Software die Grundlage für das Kommunikationssystem der neu gegründeten bundesweiten TIGA e.G. Tiergesundheitsagentur.

Die EZGs und VVGs sind über das Projekt AIDA in die Lage versetzt worden, die Rolle von Netzwerkintegratoren im Lieferantenmanagement von Schlachtunternehmen zu übernehmen. Auf diese Weise tragen sie über ihre bisherige Großhandelsfunktion hinaus zur Wettbewerbsfähigkeit der Fleisch erzeugenden Ketten bei. Während der Projektlaufzeit erfolgte eine bundesweite Standardisierung von Monitoringverfahren zur Ermittlung des Gesundheitsstatus von Schweinebetrieben.

Schütz, V., A. Ellebrecht, A. Mack und B. Petersen (2009): Modell zur Planung von Leistungsprofilen für Informations- und Dienstleistungsagenturen im überbetrieblichen Gesundheitsmanagement. GIL-Tagung 2009 in Rostock (Publikation und Vortrag).

Schütz, V., O. Breuer und B. Petersen (2009): Optimization of services for the herd health management in pork chains. ISVEE 2009 in Durban (Südafrika) (Publikation und Vortrag).

Schütz, V. und B. Petersen (2009): Planning model supporting information and service agency in meat chains designing services in chain oriented health management. IAMA 2009 in Budapest (Publikation und Vortrag).

Schütz, V. und B. Petersen (2009) Prävention steht im Vordergrund - Überbetriebliches Gesundheits- und Risikomanagement - ein Konzept setzt sich durch Nutztierpraxis aktuell. Fleischwirtschaft 5/2009, S. 14-18.

Petersen, B., Spiller, A. und L. Theuvsen (2010): Vom Viehvermarkter zum Dienstleistungsprofi. Medienhaus Plump, Rheinbach.

Art der Förderung

Bundesanstalt für
Landwirtschaft und Ernährung

MarkiT

GIQS e.V.
c/o Rheinische Friedrich-Wilhelms-Universität Bonn
Landwirtschaftliche Fakultät
Institut für Tierwissenschaften (ITW)
Abt. Präventives Gesundheitsmanagement
Katzenburgweg 7-9
53115 Bonn

& Universität Bonn
Edeka Nord
Universität Kiel
Vermarktungsgemeinschaft für Zucht-und
Nutzvieh eG.

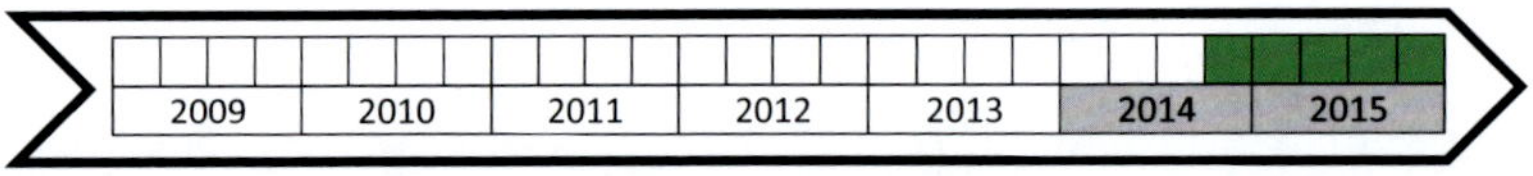

Handlungsfelder:

- Konzeptvorschläge zur Erfassung von Tierwohl-Indikatoren und Zuchtmerkmalen
- Verbesserung des Wohlbefindens des Tieres, des Gesundheits- und Hygienestatus von Betrieben

Ziel des interdisziplinären Verbundvorhabens ist die fundamentale Verbesserung eines Markenfleischprogramms unter Berücksichtigung von Tierwohl-Anforderungen über das bestehende gesetzliche Maß hinaus. Dazu werden in einem mehrstufigen Prozess die Maßnahmen und Kriterien zur Integration von Tierwohlaspekten in die Produktionsrichtlinien definiert.

Um die Einhaltung der neuen Vorgaben sicherzustellen, wird ermittelt, wie das bestehende Monitoringsystem und die Beratungsdienstleistungen erweitert werden können und eine faire Verteilung von Kosten und Nutzen des Markenfleischprogramms sichergestellt werden kann. Hierzu werden auch Vorschläge für eine Vertragsgestaltung erarbeitet, die Beiträge und Nutzen aller beteiligten Parteien berücksichtigen.

Am Ende der Projektlaufzeit sollen mindestens zehn Pilotbetriebe umgestellt haben bzw. soll eine Jahresproduktion von ca. 30.000 Schlachtkörpern nach den neuen Produktionsrichtlinien erfolgen. Mittelfristig ist eine Produktion für das Programm mit ca. 100.000 Schlachtkörpern jährlich geplant.

Die Aufgaben der Universität Bonn liegen im Bereich des überbetrieblichen Gesundheitsmanagements: Es sollen Konzepte zur Erweiterung bestehender Auditarten und –aktivitäten im überbetrieblichen Gesundheitsmanagement in der Schweinefleisch-erzeugenden Kette entwickelt und testweise erprobt werden. Weiter soll ein Kriterienkatalog valider Risikofaktoren geschaffen werden und deren Bedeutung im Rahmen von Tierwohl-Initiativen in der Schweinefleisch-erzeugenden Kette bewertet werden.

Art der Förderung

Bundesanstalt für Landwirtschaft und Ernährung

rentenbank

Wirtschaftlich Impfen

GIQS e.V.
c/o Rheinische Friedrich-Wilhelms-Universität Bonn
Landwirtschaftliche Fakultät
Institut für Tierwissenschaften (ITW)
Abt. Präventives Gesundheitsmanagement
Katzenburgweg 7-9
53115 Bonn

& Universität Wageningen
Deutscher Raiffeisenverband

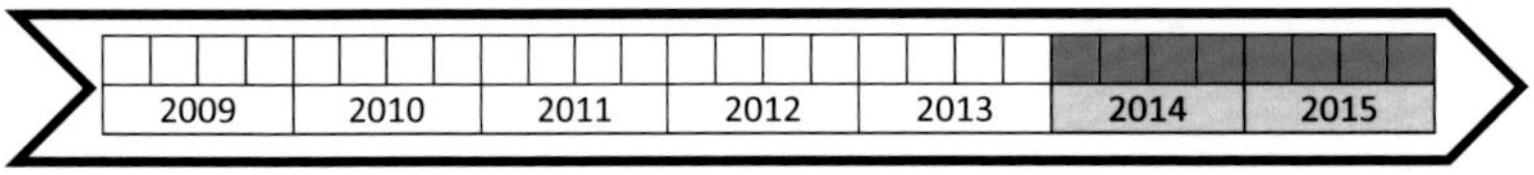

Handlungsfelder:

- Vermeidung der Tötung von Feten, Jungtieren und gesunden Tieren außer zur Schlachtung

Der Ausbruch einer Tierseuche bedeutet neben dem massenhaften Töten von Tieren immer auch einen enormen wirtschaftlichen Schaden für die betroffenen landwirtschaftlichen Betriebe. Vergangene Ausbrüche zeigten zudem, dass große Teile der Bevölkerung das Töten von Tieren als unangemessen verurteilen, zumal aus Gründen der effektiven Bekämpfung und Eindämmung neben erkrankten auch massenhaft gesunde Tieren gekeult werden müssen. Als Alternative können mittlerweile jedoch noch nicht erkrankte Tiere im Umkreis eines Seuchenfalls mithilfe neu entwickelter Impfstoffe immunisiert werden. Die Tiere wären somit für die Produktion geeignet und könnten verwertet werden.

In der Praxis zeichnet sich derzeit jedoch ein anderes Bild ab: Da für geimpfte Tiere und die daraus resultierenden Produkte eine Kennzeichnungspflicht gilt, fürchten die landwirtschaftlichen Betriebe und der Handel eine Stigmatisierung dieser Fleischerzeugnisse und durch die Ablehnung der Konsumenten gravierende wirtschaftliche Nachteile.

Außerdem müssen sowohl das Fleisch als auch die Milch gesondert verarbeitet werden und dürfen nicht in die herkömmlichen Warenströme gelangen. Die damit verbundenen wirtschaftlichen Konsequenzen sind von den Landwirten sowie den nachfolgenden Stufen der Kette zu tragen, da das vorsorgliche Impfen der Tiere von den zuständigen Tierseuchenkassen nicht als zu entschädigende Leistung anerkannt und somit nicht bezahlt wird.

Ziel dieser Projektinitiative war es daher, Nutztierhalter aus der deutsch-niederländischen Grenzregion besser auf die möglichen Folgen eines Einsatzes von Impfstoffen im Tierseuchenfall vorzubereiten. Auf diese Weise sollen wirtschaftliche Schäden von der Region abgewendet werden. Im Projekt wurden zunächst die ökonomischen Effekte, die durch eine Impfung verursacht werden können, wissenschaftlich bewertet. Anschließend wurde eine wirkungsvolle Strategie für alle Stufen der Kette entwickelt, damit Impfen im Krisenfall auch aus Wirtschaftssicht eine reizvolle Alternative darstellen kann.

Im Rahmen des Projektes sind u.a. auch Schulungsmaterialien für Public-Private-Partnership Übungen für das Krisenmanagement gemeinsam erarbeitet worden.

Böcker, T. (2015): The economic impact of different FMD control strategies in northwest Germany. MSc Thesis Wageningen University.

Breuer, O. (2015): Cross border crisis management concept. Konferenzband II, GIQS.

Art der Förderung

Interreg IV-A
Großregion · Grande Région

Q-Porkchain: Verbesserung der Qualität von Schweinefleisch und Schweinefleischprodukten für den Konsumenten: Entwicklung einer innovativen, integrierten und nachhaltigen Lebensmittelproduktionskette mit Schweinefleischprodukten von hoher Qualität zur Erfüllung von Konsumentenforderungen

Prof. Dr. Brigitte Petersen
Rheinische Friedrich-Wilhelms-Universität Bonn
Institut für Tierwissenschaften
Abteilung Präventives Gesundheitsmanagement
Katzenburgweg 7-9
53115 Bonn

& Universität Bonn
University of Copenhagen
51 weitere Partner aus 18 Nationen

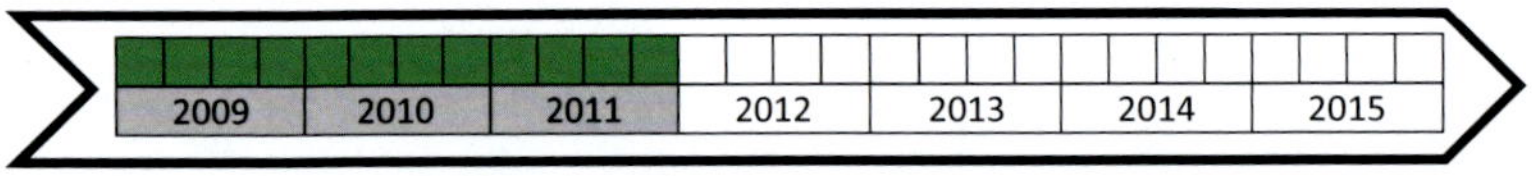

Handlungsfelder:

- Konzeptvorschläge zur Erfassung von Tierwohl – Indikatoren und Zuchtmerkmalen
- Verbesserung des Wohlbefindens des Tieres, des Gesundheits- und Hygienestatus von Betrieben

Ziel von „Q-PorkChains“ war es, die Abläufe in der Schweinefleisch-Produktion zu verbessern. Es war das bislang umfangreichste EU-Forschungsprojekt in diesem Bereich. Koordiniert wurde es von der Universität Kopenhagen. Die Internationale Kooperationsplattform hatte die Aufgabe, die anwendungsorientierte Forschung in Unternehmen, Pilotketten und Netzwerken zu steuern. Für die Erprobung der vielversprechenden Innovationen aus dem Projekt waren 1,5 Mio. Euro reserviert, die erst im Laufe des Projekts an Industriepartner vergeben wurden. Ferner hatte GIQS als „SME Liaison Office“ die Rolle, kleine und mittlere Unternehmen in ganz Europa über die Entwicklungen und Ergebnisse von Q-PorkChains zu informieren und ihre Beteiligung an den Projektaktivitäten zu unterstützen.

Mittels "Q-PorkChains" sind innovative, integrierte und nachhaltige Lösungen für Wertschöpfungsketten der Schweinefleischerzeugung entwickelt worden, die den Ansprüchen der Verbraucher nach unter Tierwohl Aspekten gehaltenen Tieren und qualitativ hochwertigen Schweinefleischprodukten gerecht werden.

Dieses geschah durch die Weiterentwicklung und Erprobung multi-disziplinärer Ansätze zur Identifikation, Charakterisierung, Prognose und Kontrolle der Qualität von Schweinefleisch und Schweinefleischprodukten auf unterschiedlichen Stufen der Produktionskette. Dazu arbeiteten mehr als 50 Organisationen aus 21 Ländern von 2007-2011 zusammen. Die Erforschung von Technologien und Innovationen vom "fertigen Produkt bis zurück zum Stall" ("fork-to-farm"), fand in sechs vertikalen Forschungsmodulen I-VI und einem horizontalen Pilot- und Demonstrationsmodul (Modul A) statt. Ein weiteres horizontales Modul (Modul B) bearbeitete die Kommunikation und den Wissenstransfer. Durch das von GIQS e.V. koordinierte Modul A wurde sichergestellt, dass der Forschung innovative Maßnahmen folgen, um die Forschungsergebnisse auf ihre Praxistauglichkeit erproben und schließlich verwerten zu können. Dies geschah durch anwendungsorientierte Forschung in Pilot- und Demonstrationsketten. Die Verbreitung des neu gewonnenen Wissens in Aus- und Weiterbildungsprogrammen und Trainingsseminaren war Kern des Moduls B. GIQS übernahm hier als „SME Liaison Office“ die Rolle, kleine und mittlere Unternehmen in ganz Europa über die Entwicklungen und Ergebnisse von Q-PorkChains zu informieren und ihre Beteiligung an den Projektaktivitäten zu unterstützen.

Bruns, M (2010): Inter-organisational innovation processes in the agrifood industry: An approach to improving management support services applied to the meat industry. Dissertation Universität Bonn.

Gawron, J.C., M. Bruns (2012): Sustainable, Innovative Quality Pork Chains: From Science to Business - The Industry within Q-PorkChains.

Ellebrecht, S. (2012): Application concept for combined preventive quality management methods in inter-enterprise health management in pork chains. Dissertation Universität Bonn.

Klauke, T. (2012): Risk based approach towards more sustainability in European pig production. Dissertation Universität Bonn.

O'Hagan, J. (2014): Strategies for risk oriented inspections between customers and suppliers in agri-food supply chains. Dissertation Universität Bonn.

Art der Förderung

SIXTH FRAMEWORK PROGRAMME

Smart Pork: Produktionsbegleitende Organisation von Tierwohl- und Tiergesundheits-Kooperationen entlang von Wertschöpfungsketten für Schweinefleisch

Prof. Dr. Brigitte Petersen
Rheinische Friedrich-Wilhelms-Universität Bonn
Institut für Tierwissenschaften
Abteilung Präventives Gesundheitsmanagement
Katzenburgweg 7-9
53115 Bonn

&

Tönnies
RVG
GFS
Fleischhof Rasting GmbH
Edeka RheinRuhr
EON
Fleischprüfring Bayern
Edeka Süd
EQA.SCE
GIQS e.V.

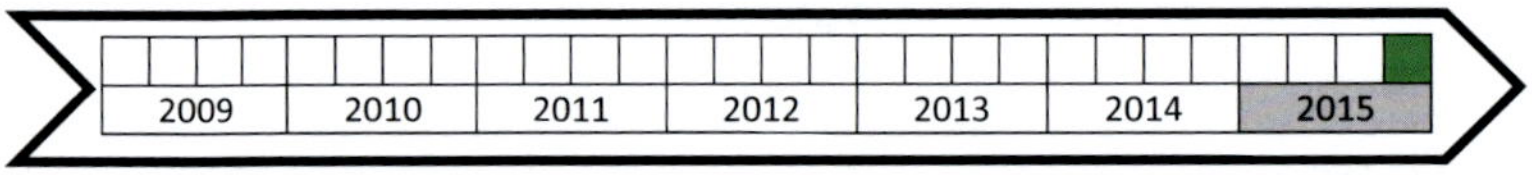

Handlungsfelder:

- Verbesserung des Wohlbefindens des Tieres, des Gesundheits- und Hygienestatus von Betrieben
- Konzeptvorschläge zur Erfassung von Tierwohl – Indikatoren und Zuchtmerkmalen
- Verbesserung der Beratung in der Bestandsbetreuung
- Reduktion des Arzneimitteleinsatzes und Verbesserung der Fütterung

Unternehmen der deutschen Fleischwirtschaft stehen derzeit vor vier Anforderungen, die es zu erfassen, interpretieren, und umzusetzen gilt: die kontinuierliche Verbesserung von Transparenz und Vertrauen in bestehenden Kunden-Lieferanten-Beziehungen im Rahmen der "Initiative Tierwohl", die Vorbereitung auf unangemeldete Audits im Rahmen der Konformitätsprüfungen von IFS (International Food Standard), die Nutzung der Chancen der Großrevision der ISO 9001:2015, und die systematische Risikoabschätzung bei der Einführung neuer Identifikations- und Rückverfolgbarkeits- sowie Prüfungssysteme aus technischer und organisatorischer Sicht.

Die wesentlichen neuen Anforderungen für Wertschöpfungsketten in der Fleischwirtschaft bestehen in einer strikten Prozessorientierung, einem risikobasierten Ansatz sowie in der Leistungsbewertung von Prozessen und gemeinsamen Investitionen mit Blick auf die Kundenwünsche. Es geht um Fragen, wie diese Anforderungen aus Normen, von Standardgebern und Kunden zu interpretieren und konkret umzusetzen sind und welche Strategien Unternehmen zur Verbesserung ihrer bestehenden Prozesse wählen sollten.

Mit Unterstützung der Plattform "Smart Pork" werden die teilnehmenden Unternehmen befähigt, ihre bestehenden Qualitätsmanagement-Systeme anforderungsgerecht und wirksam auszurichten. Dabei stehen fünf Aktivitäten im Vordergrund: das Erstellen einer Roadmap zur konkreten Umsetzung von Systeminnovationen als abgestimmte Branchenlösung, die Schaffung von Synergieeffekten zwischen zeitgleich laufenden Entwicklungsprojekten in unterschiedlichen Pilotketten, die neutrale Bewertung von Aufwand und Nutzen technischer Lösungen zur Verbesserung von Tierwohlleistungen aller Verantwortlichen in einer gesamten Wertschöpfungskette, die Förderung und Beschleunigung des gemeinsamen Wissensaufbaus und die Förderung der Zusammenarbeit zwischen Hochschulen und Unternehmen.

Die Ergebnisse der Plattform sind die Koordination des Verbundes, interne und externe Kommunikation, die Schulung im Umgang mit neuen Technologien und Key Performance Indikatoren, Öffentlichkeitsarbeit und die Erarbeitung von Finanzierungs- und Fördermodellen für Pilotketten.

Art der Förderung

Industrie GIQS EQA SCE

Genetisch funktionelle Grundlagen des Wasserbindungsvermögens im Schweinefleisch (DRIP)

Prof. Dr. Karl Schellander
Rheinische Friedrich-Wilhelms-Universität Bonn
Institut für Tierwissenschaften
Abteilung Tierzucht und Tierhaltung
Endenicher Allee 15
53115 Bonn

& Universität Berlin
Universität Bern
Universität Ulm
FBN Dummerstorf
Universität Konstanz
Universität Göttingen

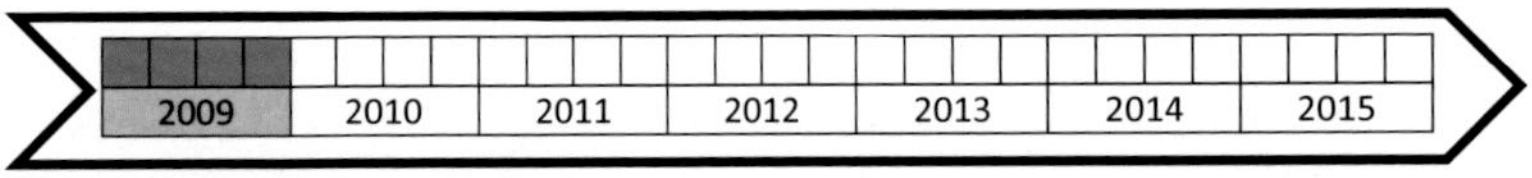

Handlungsfelder:

- Konzeptvorschläge zur Erfassung von Tierwohl-Indikatoren und Zuchtmerkmalen

Für die Fleischqualität ist das Wasserbindungsvermögen (WBV) von großer Bedeutung. Das Projekt zielt auf die Analyse des funktionellen Netzwerkes von Genen zur Steuerung des WBV beim Schwein. Für das Projekt werden kommerziell erhältliche, genomweite Mikroarrays genutzt. Als Targets werden mRNAs von Schweinen, differenziert nach Tropfsaftverlust und Genotypen an zwei QTL-Regionen, die in einem Genomscan der DUPI Ressourcen- Population zuvor auf Sscr5 bzw. Sscr18 identifiziert wurden, verwendet. Merkmals- und QTL-Genotyp-assoziiert exprimierte Kandidatengene werden identifiziert und anschließend untersucht, inwiefern cis- und trans-Genregulation für die Merkmalsausprägung relevant ist. Dazu werden mittels eQTL-Analyse Genomregionen identifiziert, in denen Gene lokalisiert sind, die signifikante Effekte auf das Transkriptionsrate/Expressionsmuster von nach den Array-Analysen ausgewählten Loci ausüben. Kandidatengene, für die die eQTL-Analyse auf cis-wirkende regulatorische DNA Variation hinweist, werden in ihren regulativen Abschnitten charakterisiert, nach SNPs durchforstet und zur Kopplungs- und Assoziationsanalyse genotypisiert.

Cinar UM, Phatsara C, Jonas E, Jennen DGJ, Brings AD, Tesfaye D, Ponsuksili S, Wimmers K, Tholen E, Jüngst H, Schellander K (2007): Preliminary expression QTL (eQTL) results for meat quality related genes in porcine muscle. Vortragstagung der DGfZ und der GfT, 26./27.09.2007, Stuttgart-Hohenheim, Deutschland (Proc).

Große-Brinkhaus Ch, Jonas E, Phatsara C, Tesfaye D, Ponsuksili S, Wimmers K, Buschbell H, Tholen E, Jüngst H, Schellander K (2007): Kartierung einer Kopplungsregion auf SSC1 für Fleischqualitätsmerkmale beim Schwein. Vortragstagung der DGfZ und der GfT, 26./27.09.2007, Stuttgart-Hohenheim, Deutschland (Proc).

Jennen DGJ, Brings AD, Liu G, Jüngst H, Tholen E, Jonas E, Tesfaye D, Schellander K, Phatsara C (2007): Genetic aspects concerning drip loss and water-holding capacity of porcine meat. J Anim Breed Genet 124 (Suppl 1), 2-11.

Liu G, Jennen DG, Tholen E, Juengst H, Kleinwächter T, Hölker M, Tesfaye D, Ün C, Schreinemachers HJ, Murani E, Ponsuksili S, Kim JJ, Schellander K, Wimmers K (2007): A genome scan reveals QTL for growth, fatness, leanness and meat quality in a Duroc-Pietrain resource population. Anim Genet 38, 241-252.

Ponsuksili S, Jonas E, Murani E, Phatsara C, Srikanchai T, Walz C, Schwerin M, Schellander K, Wimmers K (2008): Trait correlated expression combined with expression QTL analysis reveals biological pathways and candidate genes affecting water holding capacity of muscle. BMC Genomics, 9, 367.

Ponsuksili S, Murani E, Phatsara C, Jonas E, Walz C, Schwerin M, Schellander K, Wimmers K (2008): Expression profiling of muscle reveals transcripts differentially expressed in muscle that affect water holding capacity of pork. J Agric Food Chem 56, 10311-10317.

Cinar U, Ponsuksili S, Tesfaye D, Hoelker M, Looft C, Jüngst H, Tholen E, Wimmers K, Phatsara C, Schellander K (2009a): Detection of expression quantitative trait loci (eQTL) for ANGPTL4, APOC3, CAPNS1 and PPARGC1 in porcine skeletal muscle, Vortragstagung der Deutschen Gesellschaft für Züchtungskunde und der Gesellschaft für Tierzuchtwisenschaften, 16./17.9.2009, Gießen, Deutschland (Proc), pp. 200-201.

Ponsuksili S, Murani E, Phatsara C, Schwerin M, Schellander K, Wimmers K (2010a): Expression quantitative trait loci analysis of genes in porcine muscle by quantitative real-time RT-PCR compared to microarray. Heredity 105, 309-317.

Gandolfi G, Cinar MU, Ponsuksili S, Wimmers K, Tesfaye D, Looft C, Juengst H, Tholen E, Phatsara C, Schellander K, Davoli R (2011): Association of PPARGC1A and CAPNS1 gene polymorphisms and expression with meat quality traits in pigs. Meat Science 89: 478-485.

Art der Förderung

DFG Deutsche Forschungsgemeinschaft

Integration von Expressions- und genomweiten Assoziations-Analysen in Kreuzungspopulationen kommerzieller Rassen zur Kartierung von QTL Regionen mit verbesserter Auflösung und funktionelle Analyse von Kandidatengenen für Wasserbindungsvermögen (DRIP II)

Prof. Dr. Karl Schellander
Rheinische Friedrich-Wilhelms-Universität Bonn
Institut für Tierwissenschaften
Abteilung Tierzucht und Tierhaltung
Endenicher Allee 15
53115 Bonn

& FBN Dummerstorf

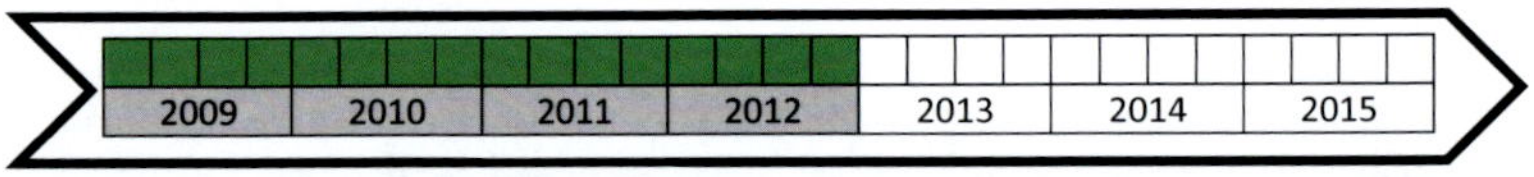

Handlungsfelder:

- Konzeptvorschläge zur Erfassung von Tierwohl-Indikatoren und Zuchtmerkmalen

Das Ziel dieses Projektes war die Identifizierung und Validierung von QTL und Kandidatengenen für das Merkmal Wasserhaltekapazität von Schweinefleisch in einer Duroc x Pietrain Ressourcen Population. Die Wasserhaltekapazität wurde definiert durch den Tropfsaftverlust und pH-Wert im Schweinefleisch. In diesem Projekt wurden 169 F2 DuPi Tiere mit dem SNP60 BeadChip von Illumina genotypisiert. Die genomweiten Assoziationsanalyse ergab 9 QTL für Tropfsaftverlust. In einem zweiten Ansatz wurde RNA aus 100 F2 DuPi Tieren isoliert und ein globales Genexpressionsprofil wurde mit dem Schweine-Genom-Array von Affymetrix erstellt. Eine Korrelationsanalyse zwischen den unterschiedlichen Genexpressionen und dem Tropfsaftverlust ergab 1228 Transkripte (p <0,05). Von diesen waren 822 Transkripte positiv und 406 negativ mit Tropfsaftverlust korreliert. Eine Gene Set enrichment Analyse zeigte einen Zusammenhang zu Signalwegen des glykolytischen Metabolismus und der Muskelzusammensetzung. In einem letzten Schritt wurde ein Expressions-QTL (eQTL) Analyse durchgeführt.

Für 267 Transkripte konnten mit der eQTL Analyse insgesamt 1541 signifikante (p <0,0001) Zusammenhänge identifiziert werden. 8-Transkripte waren cis-reguliert. Das Gen Aalpha-1-Mikroglobulin (AMBP) wurde als vielversprechendes Kandidatengen bereits in einem früheren Projekt identifiziert und validiert. Aufgrund einer höheren Markerdichte kann nun von dem Transkript dieses Gens eine cis-Regulation angenommen werden, was bisher noch nicht berichtet wurde. In funktionellen Genanalysen wurden die Gene Myostatin (MSTN), myogener Faktor 6 (MYF6), SRY (Geschlecht bestimmende Region Y) -Box 6 (Sox6), NEL-like 1 (NELL1) und Tribbles Homolog 3 (TRIB3) weiter auf mögliche Einflüsse durch epigenetischen Mechanismus, miRNA-Targeting und Validierung der Verbindung mit Fleischqualitätsmerkmale hin untersucht. Es war möglich zu zeigen, dass MSTN durch epigenetische Effekte beeinflusst wird. MYF6 zeigte weitere Assoziationen mit Fleischqualitätsmerkmalen. Die Gene SOX6, TRIB3 und NELL1 sollen in Zukunft weiter untersucht werden. Erste Ergebnisse zeigten funktionelle Mutationen in Exon-Regionen, die zu funktionellen Aminosäure-Veränderungen führen. Die Ergebnisse dieses Projektes geben einen wichtigen Überblick über die komplexe genetische Architektur der Wasserhaltekapazität und bestätigen die Rolle einiger Kandidatengene. Weitere Funktionsanalysen und die Anwendung neuer Technologien wie Next Generation Sequencing sind, um die ursächlichen Mutationen und ihre zugrunde liegenden Auswirkungen auf die Expression von quantitativen Merkmalen wie Tropfsaftverlust zu identifizieren, notwendig.

Kayan A, Uddin M J, Kocamis H, Tesfaye D, Looft C, Tholen E, Schellander K, Cinar M U (2013): Association and expression analysis of porcine HNF1A gene related to meat and carcass quality traits. Meat Science 94, 4: 474-79.

Zhang R, Große-Brinkhaus C, Heidt H, Uddin M J, Cinar M U, Tesfaye D, Tholen E, Looft C, Schellander K, Neuhoff C (2015): Polymorphisms and expression analysis of SOX-6 in relation to porcine growth, carcass, and meat quality traits. Meat Science 107: 26-32.

Cinar MU, Fan H, Neuhoff C, Grosse-Brinkhaus C (2012b): eQTL analysis and association of MYF6 mRNA expression with meat quality traits in pigs. Kafkas Univ Vet Fak Derg 18 (2): 235-242.

Fan H, Zhang R, Tesfaye D, Tholen E, Looft C, Hlker M, Schellander K, Cinar MU (2012): Sulforaphane causes a major epigenetic repression of myostatin in porcine satellite cells. Epigenetics 7: 1379-1390.

Fan H, Cinar MU, Phatsara C, Tesfaye D, Tholen E, Looft C, Schellander K (2011): Molecular mechanism underlying the differential MYF6 expression in postnatal skeletal muscle of Duroc and Pietrain breeds. Gene 486: 8-14.

Art der Förderung

DFG Deutsche Forschungsgemeinschaft

Untersuchung transkriptomaler Unterschiede bei Verwendung von reproduktiven Geweben von Ebern mit hoher und niedriger Fertilität

Prof. Dr. Karl Schellander
Rheinische Friedrich-Wilhelms-Universität Bonn
Institut für Tierwissenschaften
Abteilung Tierzucht und Tierhaltung
Endenicher Allee 15
53115 Bonn

& Universität Göttingen

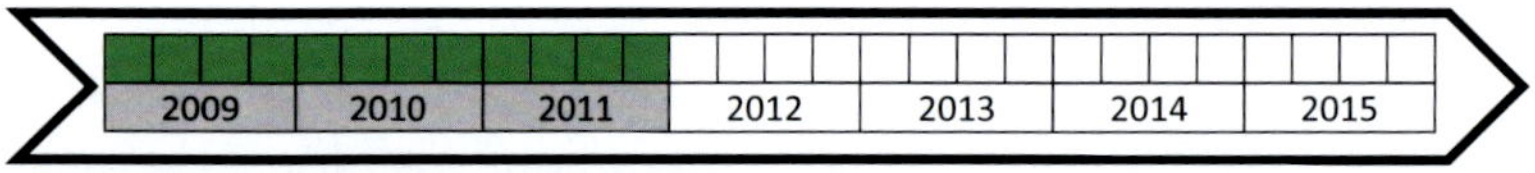

Handlungsfelder:

- Verbesserung des Wohlbefindens des Tieres, des Gesundheits- und Hygienestatus von Betrieben
- Konzeptvorschläge zur Erfassung von Tierwohl-Indikatoren und Zuchtmerkmalen

Die Fruchtbarkeit, welche von genetischen und Umweltfaktoren beeinflusst wird, ist von großer Bedeutung für die ökonomische Effizienz der modernen Schweineproduktion. Dieses Projekt zielt darauf ab, die genetischen Kontrollmechanismen und Kandidatengene für Merkmale der Samen- und Spermaqualität sowie der Fruchtbarkeit von Ebern zu untersuchen, um so die Effizienz hinsichtlich Zucht und Genetik zu verbessern.

Die paternalen Aspekte der Fruchtbarkeit von Schweinen sind noch wenig untersucht, jedoch angesichts des starken Anstiegs der künstlichen Besamung (KB) von zunehmender Bedeutung. Da jeder in der künstlichen Besamung eingesetzte Eber den genetischen Pool der folgenden Generationen stark beeinflusst, ist die Selektion auf der paternalen Seite von immer größerer Bedeutung. Verschiedene direkte biologische Kandidatengene für Spermaqualität und Fruchtbarkeit wurden bereits in vorangegangenen Studien untersucht. Dieses Projekt zielt nun auf die Bestätigung dieser Ergebnisse in Populationen von KB Ebern, sowie Ebern mit extremen Phänotypen (Spermaqualität und Fruchtbarkeit). Es sollen molekulare Marker im Rahmen der Selektion eingesetzt werden, um so die Effizienz der Eber zu erhalten und zu verbessern.

Darüber hinaus sollen weitere Kandidatengene aufgrund der Genexpressionprofile in Hodengeweben von Ebern mit diesen extremen Phänotypen identifiziert und anschließend weiter charakterisiert werden. Diese Gene können dann als molekulare Marker im Rahmen der Selektion eingesetzt werden, um so die Effizienz der Eber zu erhalten und zu verbessern.

Gunawan A, Kaewmala K, Uddin MJ, Cinar MU, Tesfaye D, Phatsara C, Tholen E, Looft C, Schellander K. : (2011) Association study and expression analysis of porcine ESR1 as a candidate gene for boar fertility and sperm quality. Anim Reprod Sci.128(1-4):11-21. doi: 10.1016/j.anireprosci.2011.08.008. Epub 2011 Sep 6.

Kaewmala K1, Uddin MJ, Cinar MU, Grosse-Brinkhaus C, Jonas E, Tesfaye D, Phatsara C, Tholen E, Looft C, Schellander K.: (2011) Association study and expression analysis of CD9 as candidate gene for boar sperm quality and fertility traits. Anim Reprod Sci. 125(1-4):170-9. doi: 10.1016/j.anireprosci.2011.02.017. Epub 2011 Feb 18.

Gunawan A, Kaewmala K, Uddin MJ, Cinar MU, Tesfaye D, Tholen E, Looft C, Schellander K (2011b): Expression analysis of porcine aromatase (CYP19) as a specific target gene in testis. 7th International Conference on Boar Semen Preservation, 14.-17.8.2011, Bonn, Germany, Reproduction in Domestic Animals, OC10 (Abstr).

Gunawan A, Cinar MU, Uddin MJ, Kaewmala K, Tesfaye D, Phatsara C, Tholen E, Looft C, Schellander K. (2012): Investigation on association and expression of ESR2 as a candidate gene for boar sperm quality and fertility. Reprod Domest Anim. 47(5):782-90. doi: 10.1111/j.1439-0531.2011.01968.x. Epub 2011 Dec 30.

Kaewmala K1, Uddin MJ, Cinar MU, Große-Brinkhaus C, Jonas E, Tesfaye D, Phatsara C, Tholen E, Looft C, Schellander K.: (2012) Investigation into association and expression of PLCz and COX-2 as candidate genes for boar sperm quality and fertility. Reprod Domest Anim. 47(2):213-23. doi: 10.1111/j.1439-0531.2011.01831.x. Epub 2011 Jul 14.

Cinar MU, Gunawan A (2012): Investigation on porcine aromatase (CYP19) as a specific target gene for boar testis. Kafkas Univ Vet Fak Derg 18: 243-248.

Art der Förderung

FBF Förderverein Bioökonomieforschung e.V.

Molekulargenetische Analyse der Fundamentstabilität beim Schwein als Beitrag zur Verbesserung der Robustheit

Prof. Dr. Karl Schellander
Rheinische Friedrich-Wilhelms-Universität Bonn
Institut für Tierwissenschaften
Abteilung Tierzucht und Tierhaltung
Endenicher Allee 15
53115 Bonn

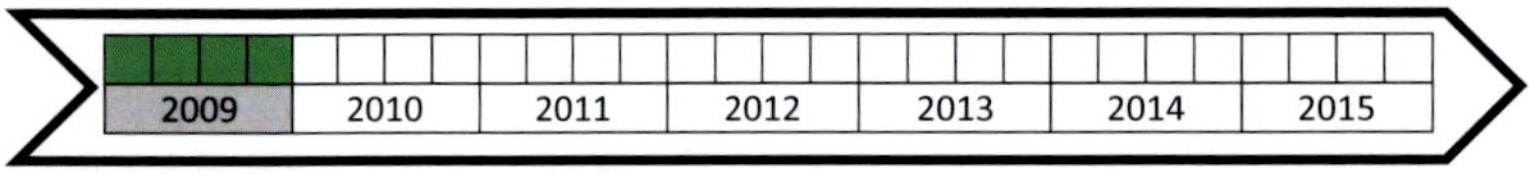

Handlungsfelder:

- Verbesserung des Wohlbefindens des Tieres, des Gesundheits- und Hygienestatus von Betrieben
- Konzeptvorschläge zur Erfassung von Tierwohl-Indikatoren und Zuchtmerkmalen

Alle kommerziellen Schweinepopulationen sind auf gutes Wachstum wertbestimmender Teilstücke innerhalb der Mastperiode gezüchtet. Demgegenüber steht die biologisch langsamere Skelettentwicklung, bei der das Längenwachstum der Knochen mit etwa drei Jahren endet und die Osteonstruktur des erwachsenen Skeletts mit vier Jahren erreicht wird. Damit ergibt sich eine starke Belastung des Knochenbaus junger Schweine durch das Gewicht und die Muskelkräfte. Bei nicht ausreichender Adaptation des Skeletts an diese Belastungen entstehen unphysiologische Belastungszustände innerhalb der Gelenke, die zu Osteochondrosen und Arthrosen führen. Diese Erkrankungen führen zu schmerzhaften Bewegungsstörungen, die das Wohlbefinden der Tiere stark einschränken. Es ist das Ziel dieses Vorhabens, die molekulargenetischen Hintergründe dieser Erkrankung zu erforschen.

Im Einzelnen fokussiert das Vorhaben auf die Identifizierung chromosomaler Regionen mit Einfluss auf die Entwicklung der Exterieurmerkmale der Vorder- und Hinterbeine beim Schwein und die Identifizierung chromosomaler Regionen mit Einfluss auf die Entwicklung von Osteochondrose und Arthrose beim Schwein.

Phatsara C, Rangkasenee N, Laenoi W, Jonas E, Tesfaye D, Juengst H, Tholen E, Sauerwein H, Schellander K (2008): Molecular genetic dissection of osteochondrosis and bone mineral traits in porcine limbs; ISAG meeting Amsterdam, The Netherlands 2008.

Laenoi W, Uddin MJ, Cinar MU, Große-Brinkhaus C, Tesfaye D, Jonas E, Scholz AM, Tholen E, Looft C, Wimmers K, Phatsara C, Jüngst H, Sauerwein H, Schellander K (2010b): Mapping quantitative trait loci associated with leg weakness related traits in pigs. Symposium der Deutschen Akademie der Naturforscher Leopoldina und der österreichischen Akademie der Wissenschaften (ÖAW) - Das "gläserne" Tier: Ein- und Ausblicke in Genome und Gene von Haustieren, 10.-12.3.2010, Wien, Österreich (Abstr).

Laenoi W, Uddin MJ, Cinar MU, Große-Brinkhaus C, Tesfaye D, Jonas E, Scholz AM, Tholen E, Looft C, Wimmers K, Phatsara C, Sauerwein H, Schellander K (2010c): QTL mapping for leg weakness related traits in a Duroc x Pietrain F2 resource population. 9th World Congress on Genetics Applied to Livestock Production (WCGALP), Abstracts, 1.-6.8.2010, Leipzig, Germany, 86 (Abstr).

Rangkasenee N, Murani E, Brunner R, Schellander K, Luther H, Hofer A, Ponsuksili S, Wimmers K (2011): Identification of candidate genes for leg weakness derived from pathophysiology, genome wide association, and expression analyse. Vortragstagung der Deutschen Gesellschaft für Züchtungskunde e.V. (DGfZ) und der Gesellschaft für Tierzuchtwissenschaften e.V. (GfT), 6./7.9.2011, Freising-Weihenstephan, Tagungsband, B16 (Proc).

Art der Förderung

Ministerium für Klimaschutz, Umwelt, Landwirtschaft, Natur- und Verbraucherschutz des Landes Nordrhein-Westfalen

Untersuchungen zur genetischen Prädisposition von Schweinen gegenüber PRRS (PRRSV)

Prof. Dr. Karl Schellander
Rheinische Friedrich-Wilhelms-Universität Bonn
Institut für Tierwissenschaften
Abteilung Tierzucht und Tierhaltung
Endenicher Allee 15
53115 Bonn

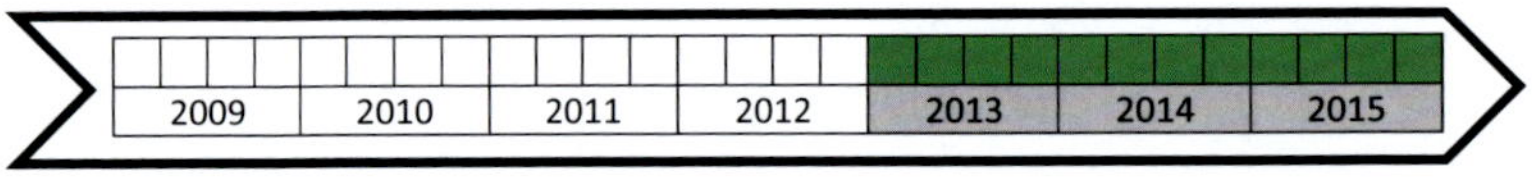

Handlungsfelder:

- ❖ Verbesserung des Wohlbefindens des Tieres, des Gesundheits- und Hygienestatus von Betrieben
- ❖ Konzeptvorschläge zur Erfassung von Tierwohl-Indikatoren und Zuchtmerkmalen

Das porcine respiratorische und reproduktive Syndrom (PRRS) ist eine der bedeutendsten Infektionskrankheiten in der Schweinehaltung weltweit und verursacht, neben dem Leiden durch die Infektion, erhebliche wirtschaftliche Verluste. Wegen persistenter Infektionen und einer Vielzahl von Ausbreitungsmöglichkeiten ist es sehr schwierig diese Erkrankung zu kontrollieren. Deshalb soll in diesem Projekt die genetische Regulation dieser Erkrankung näher untersucht werden um eventuell züchterische Maßnahmen zur Selektion unempfindlicherer Tiere zu ermöglichen. Das PRRSV repliziert in Makrophagen und kann respiratorische und reproduktive Krankheiten bei Schweinen hervorrufen. Es ist daher das Ziel dieses Projektes von PRRSV infizierten Alveolarmakrophagen auf der Transkriptom (mRNA) und Proteom (Protein) Ebene Gene sowie Proteine zu identifizieren und analysieren, die eine wichtige Rolle in der Pathogenese dieser Krankheit spielen. Dafür wird ein in vitro Infektionsmodell entwickelt. Die Alveolarmakrophagen werden von Schweinen unterschiedlichen Alters gesammelt, im Labor unter Standardbedingungen kultiviert und mit dem PRRSV infiziert. Abschließend soll mit Hilfe von Expressionsanalysen sowie Proteinanalysen unterschiedlich exprimierte Gene, die eine wichtige Rolle bei der Pathogenese spielen, identifiziert werden.

Pröll MJ (2014): Transcriptome analysis using RNA-Seq on response of respiratory cells infected with porcine reproductive and respiratory syndrome virus (PRRSV) [dissertation]. Institut für Tierwissenschaften, Abteilung Tierzucht und Tierhaltung, Rheinische Friedrich-Wilhelms-Universität Bonn, Heft 172, urn:nbn:de:hbz:5n-38304

Pröll M, Neuhoff C, Große-Brinkhaus C, Sahadevan S, Qu X, Cinar MU, Müller MA, Drosten C, Uddin MJ, Tesfaye D, Tholen E, Looft C, Schellander K; Seq analysis of respiratory cells infected with porcine reproductive and respiratory syndrome virus (PRRSV) Workshop „Animal Immunogenetic and Molecular Immunology", 30./31.10.2014, Kayseri, Türkei

Pröll M, Große-Brinkhaus C, Sahadevan S, Qu X, Islam MA, Müller MA, Drosten C, Cinar MU, Uddin MJ, Tesfaye D, Tholen E, Looft C, Schellander K; RNA-Seq Analyse von porcinen dendritischen Zellen nach experimenteller Infektion mit PRRSV; DGfZ/GfT-Gemeinschaftstagung, 4./5.9.2013, Göttingen, Tagungsband:B1

Pröll M, Neuhoff C, Große-Brinkhaus C, Sahadevan S, Qu X, Cinar MU, Müller MA, Drosten C, Uddin MJ, Tesfaye D, Tholen E, Looft C, Schellander K; Seq analysis of respiratory cells infected with porcine reproductive and respiratory syndrome virus (PRRSV) Workshop „Animal Immunogenetic and Molecular Immunology", 30./31.10.2014, Kayseri, Türkei

Pröll M, Große-Brinkhaus C, Sahadevan S, Qu X, Islam MA, Müller MA, Drosten C, Cinar MU, Uddin MJ, Tesfaye D, Tholen E, Looft C, Schellander K; RNA-Seq Analyse von porcinen dendritischen Zellen nach experimenteller Infektion mit PRRSV; DGfZ/GfT-Gemeinschaftstagung, 4./5.9.2013, Göttingen

Art der Förderung

Ministerium für Klimaschutz, Umwelt, Landwirtschaft, Natur- und Verbraucherschutz des Landes Nordrhein-Westfalen

USL

Auftrag "Entwicklung massenstatistischer Auswertungen"

Dr. Ernst Tholen
Rheinische Friedrich-Wilhelms-Universität Bonn
Institut für Tierwissenschaften
Abteilung Haustiergenetik
Endenicher Allee 15
53115 Bonn

& LANUV NRW

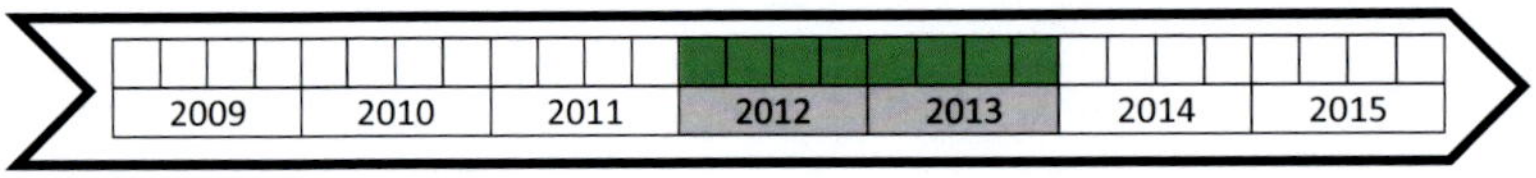

Handlungsfelder:

- Verbesserung der Beratung in der Bestandsbetreuung

Im Rahmen des Projektes wurden apparative Klassifizierungsdaten von Schlachtschweinen direkt aus den Klassifizierungsgeräten in Echtzeit in eine zentrale Datenbank übertragen. Dabei standen die apparativen Klassifizierungsdaten des Unternehmens Tönnies aus den Jahren 2011 und 2012 zur Verfügung. Die Daten wurden mit Hilfe komplexer statistischen Modelle und Werkzeuge analysiert. Hierbei wurde das Ziel verfolgt, Auffälligkeiten der apparativen Klassifizierung im Routinebetrieb mit Hilfe einer entsprechenden modular aufgebauten, automatisierten statistischen Software zu identifizieren. Die Techniken und Ergebnisse dieser Untersuchungen sollen dem Landesamt für Natur, Umwelt und Verbraucherschutz (LANUV) die Möglichkeit eröffnen, die Klassifizierungstechniken der Schlachthöfe im Hinblick möglicher technischer oder sonstiger Störungen zu kontrollieren.

Um dieses Ziel zu erreichen wurden für das Modell - Unternehmen Tönnies Vertrauensbereiche für die korrigierten Schlachttagsmittelwerte der Klassifizierungsmerkmale definiert, die den normalen biologischen Bereich der erfassten Merkmale kennzeichnen. Die Schlachttage oder Zeiträume mit extremen Mittelwerten oder einer hohen Anzahl auffälliger Messwerte, die außerhalb des zu definierenden Grenzbereichs liegen, werden automatisiert gekennzeichnet. Entsprechende Warnhinweise können somit abgeleitet werden. Die vorliegenden Untersuchungsergebnisse gelten für das Schlachtunternehmen Tönnies für den Zeitraum 2011/2012. Eine Übertragung der Ergebnisse auf andere Schlachtunternehmen ist zwar prinzipiell möglich, bedarf aber weiterer Untersuchungen.

Interne Gutachten

Art der Förderung

Landesamt für Natur, Umwelt und Verbraucherschutz Nordrhein-Westfalen

Genetisches Monitoring Schwein: Beurteilung des Gefährdungsstatus deutscher Schweinepopulationen anhand von Abstammungsinformationen aus der Herdbuchzucht

Dr. Ernst Tholen
Rheinische Friedrich-Wilhelms-Universität Bonn
Institut für Tierwissenschaften
Abteilung Haustiergenetik
Endenicher Allee 15
53115 Bonn

& Zentralverband der Deutschen Schweineproduktion e.V. (ZDS)

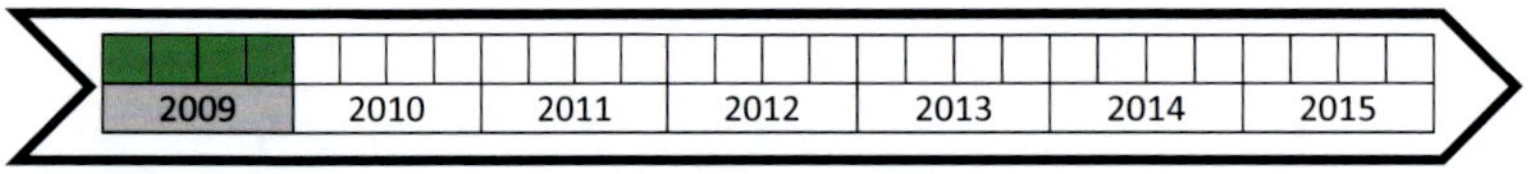

Handlungsfelder:

- ❖ Konzeptvorschläge zur Erfassung von Tierwohl-Indikatoren und Zuchtmerkmalen

Im Rahmen des Projektes sollten die effektiven Populationsgrößen (Ne) der in Deutschland gehaltenen Schweinerassen geschätzt werden. Ziel war es, den Gefährdungsstatus der Populationen beurteilen zu können. Zur Berechnung der Ne wurden a) zensusbasierte Methoden (Schätzung auf Basis der Populationsgröße und des Geschlechterverhältnisses), b) Regressionsmethoden (Regression der individuellen Inzucht auf das Geburtsjahr) und c) die realisierte individuelle Inzucht (Durchschnitt der individuell verursachten Inzuchtsteigerung unter Berücksichtigung der Informationsdichte, die jedes Tier verursacht, Methode Gutierrez et al., 2008, 2009) verwendet. Aufgrund empirischer und theoretischer Vorteile wurde die letzte genannte Methode c als besonders geeignet beurteilt. Auf der Basis dieser Methode wurden in Deutschland die Rassen Angler Sattelschwein, Rote Husumer, Schwäbisch Hällisches Schwein und Bunte Bentheimer als besonders gefährdet eingestuft (Ne < 50 Tiere).

Tholen E, Staack J, Müller P, Ingwersen J (2010): Degree of endangerment of different german pig herdbook populations. 9th World Congress on Genetics Applied to Livestock Production (WCGALP), Abstracts, 1.-6.8.2010, Leipzig, Germany, 266 (Abstr).

Art der Förderung

ZDS
Zentralverband
der Deutschen
Schweineproduktion e.V.

Molekulargenetische Analyse des Ebergeruchs; Bestimmung von genetischen und fütterungsbedingten Determinanten zur Reduzierung des Ebergeruchsstoffes Skatol im Schweinefleisch

Dr. Ernst Tholen,
Prof. Dr. Christian Looft
Rheinische Friedrich-Wilhelms-Universität Bonn
Institut für Tierwissenschaften
Abteilung Haustiergenetik
Endenicher Allee 15
53115 Bonn

& Zuchtorganisationen (SZV, EZG)
Besamungsstationen (GFS, BVN)

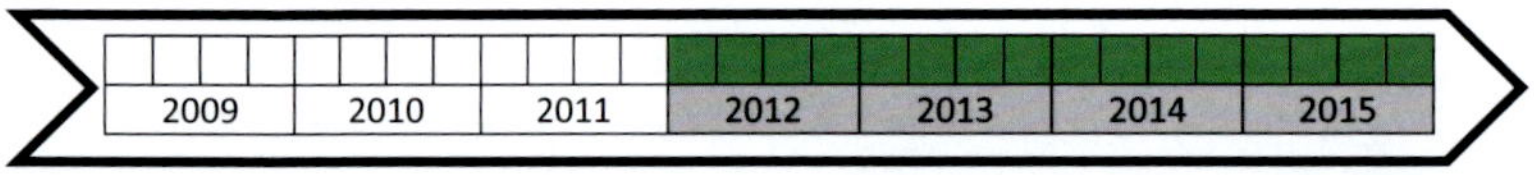

Handlungsfelder:

- Verzicht auf mit Schmerzen verbundene Eingriffe am Tier
- Verbesserung des Wohlbefindens des Tieres, des Gesundheits- und Hygienestatus von Betrieben
- Konzeptvorschläge zur Erfassung von Tierwohl-Indikatoren und Zuchtmerkmalen

Die Substanzen Androstenon und Skatol können im Fleisch von nicht kastrierten Ebern einen Geruch und Geschmack verursachen, der von Verbrauchern als störend wahrgenommen wird. Zur Vermeidung dieser als Ebergeruch bezeichneten Geruchsabweichung werden die Eberferkel in Deutschland wie auch in Europa überwiegend ohne Betäubung operativ kastriert. Dieses Verfahren verursacht Schmerzen und ist daher aus Tierschutzgründen wiederholt Gegenstand öffentlicher kontroverser Diskussionen. Voraussetzung einer erfolgreichen Etablierung der Ebermast ist die zuverlässige Erfassung des Ebergeruchs und eine Reduktion des Anteils von Eberschlachtkörpern mit Geruchsabweichungen. Neben der aktuell diskutierten Möglichkeit der Immunokastration von Ebern (u.a. Crane, 2006) lässt sich das Merkmal Ebergeruch züchterisch bearbeiten und minimieren. Wie die Ergebnisse des EN-Z-EMA Projektes zeigen, sind mindestens 3 bis 4 Generationen benötigt, um den Anteil Tiere mit Ebergeruch von 20% auf weniger als 5% zu reduzieren (Tholen und Frieden, 2010). Um diesen vergleichsweise langen Zeitraum zu reduzieren, bietet sich das Instrument der genomischen Selektion (GS) auf der Basis von SNP-Chips an.

Das Ziel des ersten Teilprojekts ist die Etablierung der genomischen Selektion für das Merkmal Ebergeruch in deutschen Zuchtpopulationen. Hierfür müssen DNA-Varianten für die Variation der Skatol- und Androstenonkonzentration im Fleisch von Ebern identifiziert werden, was die Voraussetzung für die genetisch bedingte Verminderung der Geruchs- und Geschmacksproblematik im Schweinefleisch darstellt. Die Selektion erfolgt dann ausschließlich anhand der identifizierten DNA-Varianten.

Das zweite Teilprojekt verifiziert die Möglichkeiten und Grenzen von „Hochdurchsatz"-Sensorik in den Schlachtbetrieben. Die im Rahmen des EN-Z-EMA Projektes entwickelten automatischen Messsystem sind in der Lage, die Leitkomponenten des Ebergeruchs zu erfassen. Allerdings reicht die Geschwindigkeit und Robustheit der verwendeten Messmethodik bisher noch nicht aus, um den Anforderungen eines kommerziellen Schlachthofes mit hoher Bandgeschwindigkeit zu erfüllen. Aus diesem Grund haben Verfahren der Humansensorik in kommerziellen Schlachthöfen an Bedeutung gewonnen. Diese Verfahren sind bisher nur wenig standardisiert. Ziel TP II: Ableitung von Handlungsempfehlungen zur humansensorischen Beurteilung von Geruchsabweichungen. Anhand von Stichproben sollen die Korrelationen zu den Leitkomponenten des Ebergeruchs Androstenon und Skatol und zur Fettsäurezusammensetzung untersucht werden.

Genetische Analyse des Ebergeruchs unter Berücksichtigung der Merkmale Androstenon, Skatol und der humansensorischen Beurteilung, Vortragstagung der DGfZ und GfT am 16./17. September 2015 in Berlin.

Effectiveness of genomic prediction of boar taint components in different Pietrain sired breeding populations, EAAP, 31.8-4.9. in Warsaw, Poland.

Art der Förderung

Bundesanstalt für Landwirtschaft und Ernährung

Bundesministerium für Ernährung und Landwirtschaft

AutoSPEG

Dr. Martina Oetjen
Westfleisch SCE
Brockhoffstr. 11
48047 Münster

& Westfleisch SCE
BANSS GmbH
INB Erdmann
Christian-Albrechts-Universität Kiel
Hochschule Ostwestfalen-Lippe

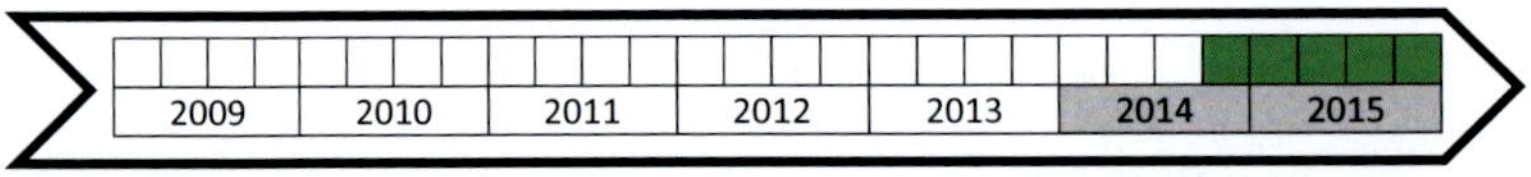

Handlungsfelder:

- Verzicht auf mit Schmerzen verbundene Eingriffe am Tier

Auf Basis spektroskopischer Messverfahren ist ein Prozessanalysesystem zu entwickeln, das es ermöglicht, signifikante Ebergeruchsauffälligkeiten direkt an der Schlachtlinie zu ermitteln. Dies erfordert Untersuchungen und Entwicklungsarbeiten zu den Themen optische Sensoren, Spektralphotometer und deren Prozesseinsatz sowie Steuersoftwaresysteme und Kopplungen mit Industrierobotern. Basis der Entwicklungsarbeiten sind hochauflösende spektroskopische Untersuchungen der Zusammenhänge zwischen den Inhaltsstoffen Skatol, Indol und Androstenon. Diese Zusammenhänge werden durch Informationen aus der AutoFom-Analytik und den sensorischen Bewertungen durch die Testpersonen ergänzt. Diese komplexen Informationen sollen über eine multivariate Datenmodellierung in einer übergeordneten Prozesssoftware zu einem Ausschleusungskriterium der geruchsauffälligen Tierhälften führen. Die praxisrelevante Umsetzung der Messarbeiten erfolgt mit Hilfe eines Industrieroboters.

Eber im Verbund

Dr. Karl Kempkens
LWK NRW
Siebengebirgsstr. 200
53229 Bonn

& Landwirtschaftskammer NRW
Hochschule Ostwestfalen-Lippe
Universität Kassel

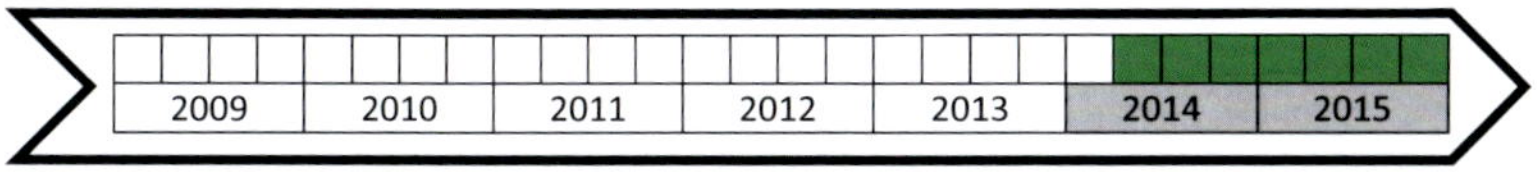

Handlungsfelder:

- Verzicht auf mit Schmerzen verbundene Eingriffe am Tier

Ziel der Untersuchungen ist die Entwicklung eines Konzepts für die Produktion, Schlachtung und Vermarktung ökologisch erzeugter Eber entlang der gesamten Wertschöpfungskette. Hierzu soll untersucht werden, welchen Einfluss Faktoren der Genetik, Fütterung und Haltung unter den spezifischen extensiven Bedingungen des Ökolandbaus auf die Ausprägung von Ebergeruch und -geschmack sowie möglicher tierschutzrelevanter Verhaltensweisen haben und wie die Erzeugungsbedingungen optimiert werden können, um deren Auftreten zu minimieren. Im Bereich der Schlachtung und Verarbeitung soll eine praxistaugliche Detektionsmethode von Tieren mit Geschlechtsgeruch erarbeitet sowie Verfahrensanweisungen für die Herstellung sensorisch unauffälliger Produkte aus geruchsaktivem Eberfleisch bei möglichst vollständiger Verwertung der Eberschlachtkörper erstellt werden. Gegenüber konventionellen Wurst- und Fleischverarbeitern müssen sich ökologisch produzierende Betriebe der zusätzlichen Herausforderung einer nur eingeschränkt möglichen Nutzung von Zusatzstoffen stellen.

Art der Förderung

Bundesanstalt für
Landwirtschaft und Ernährung

Verbundprojekt: PHÄNOMICS - Ein systembiologischer Ansatz zur Genotyp-Phänotyp-Abbildung im Kontext von Leistung, Gesundheit und Wohlbefinden bei den Nutztieren Rind und Schwein - Teilprojekt Universität Bonn 3.3 und 4.3

Prof. Dr. Manfred Schwerin
Universität Rostock
Justus-v.-Liebig Weg 6
18059 Rostock

& FBN Dummerstorf
Universität Bonn

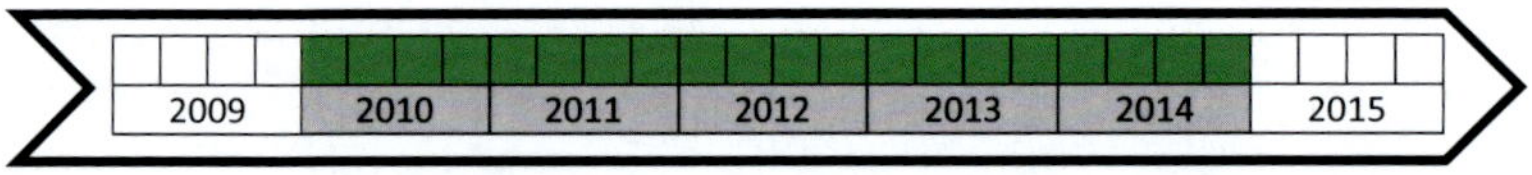

Handlungsfelder:

- Konzeptvorschläge zur Erfassung von Tierwohl – Indikatoren und Zuchtmerkmalen
- Verbesserung des Wohlbefindens des Tieres, des Gesundheits- und Hygienestatus von Betrieben

Das Ziel des Forschungsprojektes war die Phänotypisierung des Verhaltens zur Generierung wissenschaftlich begründeter und reproduzierbar zu messender Parameter des Wohlbefindens der landwirtschaftlichen Nutztiere Rind und Schwein als wichtige Grundlage für das Monitoring von ‚Animal Welfare'. Des Weiteren wurde eine Optimierung parallelisierter Hochdurchsatzverfahren zur Generierung komplexer ‚OMICS'-Datensätze als innovativer technologischer Ansatz zur Ableitung neuer molekularer Phänotypen für die praktische Nutztierhaltung und -züchtung durchgeführt. Ein weiteres Ziel des Projektes war die systembiologische Modellierung der Genotyp-Phänotyp-Abbildung ausgewählter komplexer Produktions-, Funktions- und Verhaltensmerkmale bei Rind und Schwein. Die Entwicklung prognostischer Biosignaturen der neuen biologisch hoch aufgelösten Phänotypen zur Darstellung der Ausprägung ausgewählter Produktionsmerkmale bei Rind und Schwein im Kontext von Gesundheit und Wohlbefinden wurde ebenfalls durchgeführt.

Teil des Projektes war außerdem die Validierung der neuen Phänotypen/Biosignaturen in kommerziellen Herden und unter verschiedenen endo- und exogenen Bedingungen (Rasse, Haltung, Futter, Infektion), sowie die Implementierung der neuen Phänotypen in Anpaarungs- und Zuchtprogrammen bzw. in Haltungsverfahren als wichtige Voraussetzung für eine nachhaltige effiziente und tiergerechte Erzeugung von Lebensmitteln tierischer Herkunft.

Friedrich J, Brand B, Ponsuksili S, Graunke KL, Langbein J, Knaust J Kühn Ch, Schwerin M: Detection of genetic variants affecting cattle behaviour and their impact on milk production – a genome-wide association study. Animal Genetics, accepted.

Brand B, Hadlich F, Brandt B, Schauer N, Graunke KL, Langbein J, Repsilber D, Ponsuksili S, Schwerin M: Temperament type specific metabolite profiles of the prefrontal cortex and serum in Cattle. PLOS ONE (2015), DOI:10.1371/journal.pone.0125044.

Graunke K.L., Nürnberg G., Repsilber D., Puppe B., LangbeinJ.: Mehrdimensionale Temperamentbeschreibung bei Rindern mithil¬fe einer multivariaten Analyse ethologischer und physiologischer Parameter. KTBL-Schrift 503 (2013), 232-233.

Graunke K.L., Nürnberg G., Repsilber D., Puppe B., Langbein J.: Describing temperament in an ungulate: A multidimensional approach. PLOS ONE 8 (2013), e74579.

Graunke, K.L., Langbein, J., Repsilber, D., Schön, P.-Ch.: Objectively measuring behaviour traits in an automated restraint-test for ungulates: towards making temperament measurable. Journal of Agricultural Science 151 (2013), 141–149.

Graunke KL, Ingelmann S, Langbein J: Regelmäßiger Mensch-Tier-Kontakt bei Milch- und Fleischrindfärsen auf der Weide: Verhaltensänderungen und Habituation. KTBL-Schrift 489 (2011), 254-255.

Graunke, K.L., Langbein, J., Repsilber, D., Schön, P.-Ch.: Messung persönlichkeits-assoziierten Verhaltens mit einem neu entwickelten, automatisierten und objektiven Anbindetest bei Kälbern. KTBL-Schrift 489 (2011), 254-255.

Art der Förderung

Projektträger Jülich
Forschungszentrum Jülich

Bundesministerium
für Bildung
und Forschung

Verbundprojekt: FUGATO-plus - FEPRO eXPRESS - Fetal Programming durch Nahrungsproteindefizit und – überschuss: Relevanz für die mit Produktivitätsmerkmalen assoziierte, gewebespezifische Gen- und Proteinexpression beim Schwein (Teilprojekt Universität Bonn)

Prof. Dr. Dr. Helga Sauerwein
Rheinische Friedrich-Wilhelms-Universität Bonn
Institut für Tierwissenschaften
Abteilung Physiologie und Hygiene
Katzenburgweg 7-9
53115 Bonn

& Leibniz-Institut für Nutztierbiologie
FBN Dummerstorf

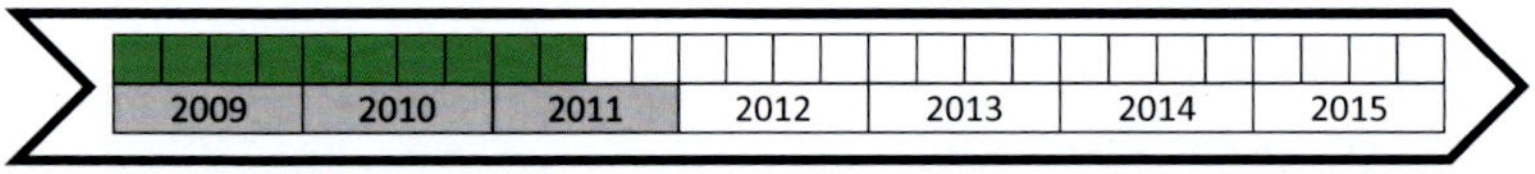

Handlungsfelder:

- ❖ Reduktion des Arzneimitteleinsatzes und Verbesserung der Fütterung

Im Zuge des Projekts wurden Untersuchungen im Schwein durchgeführt, um herauszufinden, ob fötal initiierte Anpassungsprozesse an eine differente intrauterine Nährstoffversorgung der Mutter in den Nachkommen eine mit Produktivitätsmerkmalen assoziierte langfristige Veränderung der mit dem Phänotyp assoziierte gewebespezifische Gen- und Proteinexpression und der somatotropen Achse zur Folge hat. Dem Teilprojekt der Universität Bonn "Candidate signal molecules and hormones" lagen die aus dem zentralen Tierversuch des Vorhabens gewonnenen Blut- und Gewebeproben mit den dazugehörigen Daten zugrunde. Die Versuchsanstellung zielte auf die Untersuchung von Veränderungen, die durch eine Über- und eine Unterversorgung mit Nahrungsprotein bei Mutterschweinen während der Gravidität im Vergleich zu einem bedarfsgerechten Proteinangebot in Hinblick auf die Nachkommen entstehen.

Im Fokus standen als funktionelle Kandidaten die zum Hormonsystem der somatotropen Achse gehörigen Faktoren, die wiederum primär im Bezug zu deren anabolen Wirkungen und damit zu den insulin-artigen Wachstumsfaktoren (IGF) stehen. Außerdem war das aus dem Fettgewebe sezernierte Hormon Leptin in den Blutproben zu quantifizieren. In vier verschiedenen Lebensaltersstufen waren die entsprechenden Blutproben hinsichtlich der Gehalten an IGF-1, IGF-2, der sechs wichtigsten IGF-Bindungsproteine, und Leptin zu charakterisieren. In Geweben sollte zudem der Gehalt an IGF-Rezeptoren (Typ 1) erfasst werden.

Ooster A., Müller U., Sauerwein H., Lang I., Peters M., Rehfeldt C. & Metges, C.C. (2010). Effects of maternal protein supply on offspring somatotropic axis: Serum IGF-binding proteins 2 and -3 in pigs at weaning and market weight. Annual Joint Meeting American Dairy and Animal Science Association/Animal Science, J Anim Sci/J Dairy Sci 88, E-Suppl 2; 106.

Ooster A., Müller U., Sauerwein H., Lang I., Peters M., Rehfeldt C., & Metges C.C. (2010). Effects of maternal protein supply during pregnancy on the somatotropic axis in offspring: IGF-binding proteins -2 and -3 in piglets at weaning. Proc Soc Nutr Physiol 19, 28 (No. 10).

Metges C.C., Lang I.S., Henning U., Peters M., Brüssow K.P., Kanitz E., Tuchscherer M., Schneider F., Weitzel J., Ooster A., Sauerwein H., Nürnberg G., Rehfeldt C., & Otten, W. (2011). Metabolic characteristics of pregnant gilts fed low and excess protein diets associated to intrauterine growth retardaation (IUGR). J Anim Sci 89, E-Suppl 1/J Dairy Sci 94, E-Suppl 1, 344 (227).

Steinhoff-Ooster, A. (2011). Ontogenetic development of the IGF-system and leptin in offspring of sows fed with gestation diets differing in protein content. Dissertation Universität Bonn.

Metges C.C., Lang I.S., Hennig U., Brüssow K-P., Kanitz E., Tuchscherer M., Schneider F., Weitzel J., Ooster A., Sauerwein H., Bellmann O., Nürnberg G., Rehfeldt C., Otten W. Intrauterine Growth Retarded Progeny of Pregnant Sows fed High Protein: Low Carbohydrate Diet is related to Maternal Metabolic Energy Deficit. Bei PLoS One zur Veröffentlichung akzeptiert.

Metges C.C., Peters M., Sauerwein H., Ooster A., Ponsuksili S., Altmann S., Oster M., Rehfeldt C., Wimmers K. (2009). Fetal Programming: Mütterliche Ernährung und Merkmalsausprägung der Nachkommen beim Schwein. Genomexpress (1.09): 11-13.

Art der Förderung

Fugatoplus, FEPROexpress

Bundesministerium
für Bildung
und Forschung

Umsetzung eines Beratungskonzepts beim Auftreten von Caudophagie bei Schweinen

Prof. Dr. Mechthild Freitag
Professur für Tierproduktion
Fachbereich Agrarwirtschaft
Fachhochschule Südwestfalen
Lübecker Ring 2
59494 Soest

Georg Freisfeld
Erzeugerring Westfalen eG
Am Dorn 10
48308 Senden

& Fachhochschule Südwestfalen
Erzeugerring Westfalen eG
IQ – Agrar Service GmbH
Westfälisch – Lippischer Landwirtschaftsverband
Schweinegesundheitsdienst der Landwirtschaftskammer NRW
Hoftierärzte / innen

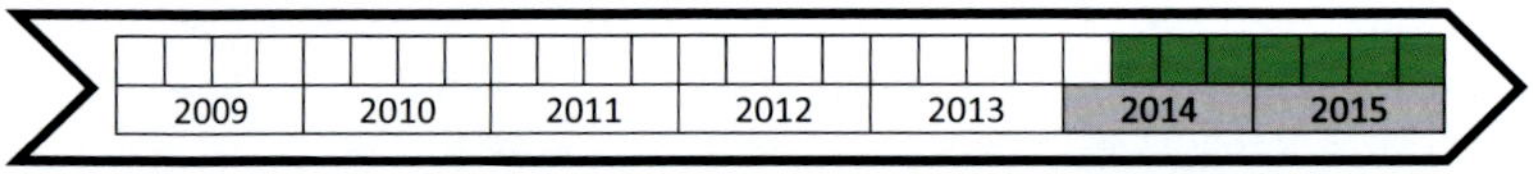

Handlungsfelder:

- Verzicht auf mit Schmerzen verbundene Eingriffe am Tier
- Verbesserung der Beratung in der Bestandsbetreuung
- Verbesserung des Wohlbefindens des Tieres, des Gesundheits- und Hygienestatus von Betrieben

In wissenschaftlichen Untersuchungen der letzten 50 Jahre wurde eine Vielzahl von Faktoren für den Ausbruch von Caudophagie verantwortlich gemacht. Eine neue, bisher unpublizierte Untersuchung lässt vermuten, dass in betroffenen Betrieben insbesondere der Gesundheitszustand der Tiere, Probleme in der Wasserversorgung, Fütterungsfehler und Mängel im Stallklima für die Problematik verantwortlich sind. Somit sind Ziele des Projektes zum Einen die Umsetzung von Ergebnissen des Clusterprojekts „Gesunde Tiere – gesunde Lebensmittel, Teilprojekt G: Einflussfaktoren auf das Schwanzbeißen bei Schweinen“ in die Beratungspraxis und zum anderen die Vernetzung der Beratung auf landwirtschaftlichen Betrieben in den Bereichen Produktionstechnik und Tiergesundheit. Im Verlauf des Projekts sollen einige Betriebe beim Einstieg in den Kupierverzicht begleitet werden.

Zielgruppen des Projektes sind alle Schweine haltenden Betriebe mit Caudophagie Problemen. Geboten wird den teilnehmenden Betrieben eine Betriebsanalyse in Bezug auf Haltungs-, Fütterungs- und Tiergesundheitsaspekte durch produktionstechnische BeraterInnen und bestandsbetreuende TierärztInnen. Beim Auftreten von Caudophagie werden mögliche Ursachen besonders in den Bereichen Fütterung, Wasserversorgung, Aufstallung, Stallklima, Beschäftigungsmöglichkeiten und Tiergesundheit identifiziert. Außerdem werden Futter-, Wasser- und Blutproben gezogen und analysiert. Die Ergebnisse dieser Analysen und Untersuchungen bilden die Grundlage für die Ableitung von Handlungsempfehlungen für den jeweiligen landwirtschaftlichen Betrieb.

Akzeptanz und Umsetzbarkeit der empfohlenen Maßnahmen werden in einem späteren Gespräch mit den BetriebsleiterInnen evaluiert. In einer zentralen Datenbank werden die Ergebnisse erfasst und stehen nach Freigabe der landwirtschaftlichen Betriebe allen BeraterInnen zur Verfügung. Die erworbenen Erfahrungen werden genutzt, um Betriebe zu beraten, die auf das Kupieren der Schwänze bei Ferkeln verzichten wollen.

Die Erkenntnisse und Ergebnisse sollen in einem standardisierten Beratungskonzept umgesetzt werden und so allen landwirtschaftlichen Betrieben auf Anfrage zur Verfügung stehen. Durch das standardisierte Beratungskonzept soll gewährleistet werden, dass die Umweltbedingungen in schweinehaltenden Betrieben so verbessert werden, dass Caudophagie weitgehend vermieden wird. Längerfristig soll das Beratungskonzept zu einem Fixpreis für alle interessierten Schweinehalter / innen angeboten werden.

Art der Förderung

Bundesanstalt für
Landwirtschaft und Ernährung

DüsserKomfortAbteil für Mastschweine

Tobias Scholz
Versuchs- und Bildungszentrum Haus Düsse
Ostinghausen
59505 Bad Sassendorf

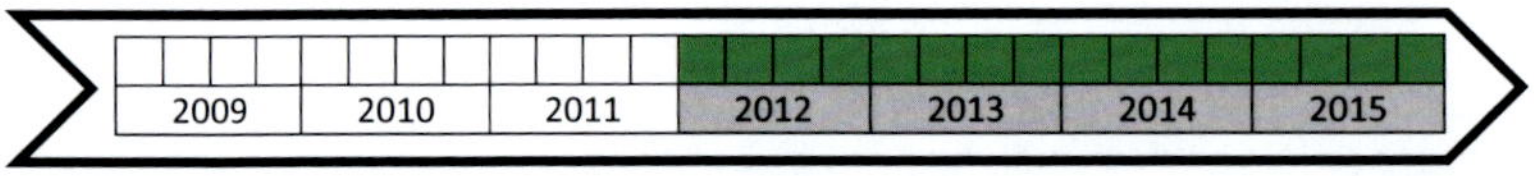

Handlungsfelder:

- Verzicht auf mit Schmerzen verbundene Eingriffe am Tier
- Konzeptvorschläge zur Erfassung von Tierwohl – Indikatoren und Zuchtmerkmalen
- Verbesserung des Wohlbefindens des Tieres, des Gesundheits- und Hygienestatus von Betrieben

Die Einrichtung eines Komfort Abteiles für Mastschweine soll dazu dienen, Erfahrungen zum Thema „Steigerung des Tierkomforts" zu erlangen. Im Fokus der Untersuchungen stehen folgende Punkte:

- Akzeptanz unterschiedlicher Techniken durch die Tiere
- Tägliche Funktionalität und Handhabung
- Integrationsfähigkeit in üblichen Haltungssystemen
- Weiterhin Tierbeobachtungen und Tierleistungen

Den Mastschweinen sollen Techniken, Einrichtungen und Buchtengestaltungen zur Verfügung gestellt werden, die den Tierkomfort erhöhen. Die Einrichtungen können / sollen die Schweine nach ihren eigenen Bedürfnissen nutzen.

Die Buchten der DüsserKomfortAbteile wurden in Aktivitäts-, Liege- und Fressbereiche unterteilt. Zusätzlich wurden der DüsserWühlTurm, eine Schweinedusche sowie ein separater Abkotbereich in den Buchten installiert. Das Abteil enthält insgesamt 100 Mastschweineplätze, unterteilt in einen großen Bereich für 50 Schweine und zwei kleinere Bereiche für jeweils 25 Tiere.

Im Aktivitätsbereich befinden sich der DüsserWühlTurm sowie die Schweinedusche. Der Boden im Liegebereich zeichnet sich durch einen geringeren Schlitzanteil aus. Im Abkotbereich kommt ein Boden mit geringerem Liegekomfort und höheren Schlitzanteil für guten Kotdurchsatz zum Einsatz.

Um mit dem DüsserKomfortAbteil unter „konventionellen“ Bedingungen erste Erfahrungen zu sammeln, sind beim Platzangebot die ersten Erprobungen mit derzeit gültigen Belegdichten gestartet. Ein zukünftiges höheres Platzangebot pro Tier ist vorstellbar, um den Tieren im Endmastbereich noch die Möglichkeit zur Strukturierung der Bucht zu geben.

Erkennbar ist schon, dass eine sinnvolle Buchtenstrukturierung erst ab Gruppengrößen von 20 – 25 Mastschweinen möglich ist. Somit ist die Möglichkeit der Installation von Zusatzeinrichtungen in bestehenden Ställen eher durch die Gruppengröße als durch unterschiedliche Haltungssysteme beschränkt.

Klare Ziele sind die Mehrkosten pro Tier für den höheren Tierkomfort und die zusätzliche Arbeitsbelastung auf das absolute Minimum zu reduzieren. Ohne ein gewisses Maß an Mehraufwand ist Tierkomfort jedoch nicht zu haben.

Versuchs- und Bildungszentrum Haus Düsse (2012): Jahresbericht 2012, S. 40 – 42 PDF – Datei (http://www.landwirtschaftskammer.de/duesse/wir/jahresbericht/2012/04-schweine.pdf).

Scholz, T. (2014): Mehr Struktur in die Bucht!?, Land und Forst, 29/2014, S. 48 – 50.

Schulte, M. (2013): Mastbucht als Wellness-Oase. SUS , 2/2013 , S. 16 ff.

Gärke, C., Schulte – Sutrum, R. (2013): Die Bucht, die bewegt. Landwirtschaftliches Wochenblatt Westfalen-Lippe , 27/2013, S. 29-30.

Art der Förderung

Landwirtschaftskammer Nordrhein-Westfalen

Einfluss des DüsserWühlTurms auf das Tierverhalten, die Mastleistung, die Schlachtkörperbewertung und den Strohverbrauch

Tobias Scholz
Versuchs- und Bildungszentrum Haus Düsse
Ostinghausen
59505 Bad Sassendorf

& Universität Göttingen

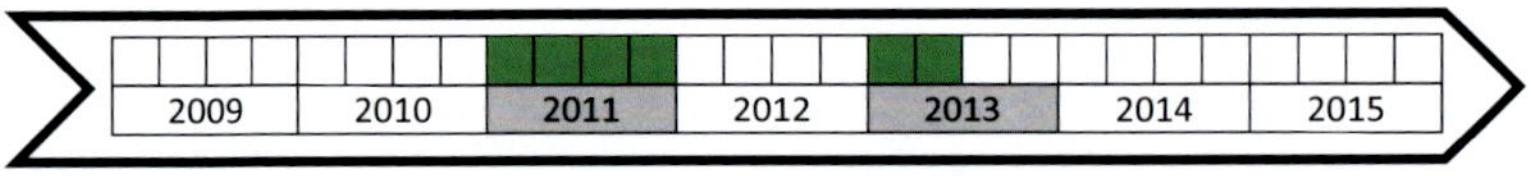

Handlungsfelder:

- Konzeptvorschläge zur Erfassung von Tierwohl – Indikatoren und Zuchtmerkmalen
- Verbesserung des Wohlbefindens des Tieres, des Gesundheits- und Hygienestatus von Betrieben

Bei diesem Versuch mit Mastschweinen wurde untersucht, ob sich die Mastleistung, die Schlachtköperbewertung und das Tierverhalten durch den Einsatz des DüsserWühlTurms (DWT) verändern.

Im Versuchstechnikum auf Haus Düsse wurden insgesamt 300 Tiere der Herkunft Pi x Porkuss in zwei Mastabteilen in 12 Buchten je 25 Tiere aufgestallt. Die Hälfte der Mastbuchten wurden mit einem DWT ausgestattet, die restlichen Buchten mit Beschäftigungsmaterial, wie eine Kette mit einem Kunststoffteil. Gefüttert wurden alle Mastschweine mit Standardmastfutter am Kurztrog mit Sensor. Neben den Standardparametern in der Mast (Anfangs- und Endgewicht, Tageszunahmen und Futterverbrauch) sowie der Auto – FOM – Schlachtkörperbewertung wurden die eingesetzten Strohmengen je Mastbucht mit DWT als Gesamtverbrauch im Mastdurchgang festgehalten und das Tierverhalten am DWT mittels Videoaufzeichnungen ausgewertet.

Mit 921 g Tageszunahmen (TZ) bei der Kontrollgruppe und 926 g TZ bei den Versuchstieren mit DWT wurden sehr gute Zunahmeleistungen erzielt. Auch die sonstigen Mastleistungsparameter wie Mastdauer, täglicher Futterverbrauch je Tier und der Futterverbrauch je kg Zuwachs wiesen nur minimale Unterschiede auf und unterschieden sich nicht signifikant, ebenso die Schlachtkörperbewertung am Schlachthof.

Die Strohverbrauchswerte der Gruppen mit DWT lagen zwischen 13,3 g pro Tier und Tag in der Gruppe mit dem höchsten Verbrauch und 6 g pro Tier und Tag in der Gruppe mit dem niedrigsten Verbrauch. Es waren keine negativen Einflüsse auf das Güllesystem festzustellen, zumal der größte Teil dieser geringen Strohmengen von den Tieren aufgefressen wurde.

In Bezug auf das Tierverhalten blieb der DWT gegenüber dem gewöhnlichen Beschäftigungsmaterial über die gesamte Mastperiode für die Tiere interessant. Die Mastschweine beschäftigten sich im Mittel mehr mit dem DWT als mit Ihren Artgenossen in der Bucht.

In diesem Versuch hat der Einsatz des DWT in der Mastschweinehaltung zu keinerlei Nachteilen hinsichtlich Mastleistung oder Schlachtkörperbewertung geführt. Der DWT wurde auch im Verlauf des Versuches von den Tieren sehr gut angenommen. Den Tieren wird jederzeit Zugang zu organischem Beschäftigungsmaterial (hier kurz geschnittenes Stroh) geboten, ohne das Güllesystem negativ zu beeinflussen.

Versuchs- und Bildungszentrum Landwirtschaft Haus Düsse (2013): Einfluss des DüsserWühlTurms auf Mastleistung, Schlachtkörperbewertung und Tierverhalten in der Schweinehaltung, Versuchsbericht aus der Schweinehaltung, PDF – Datei.

Versuchs- und Bildungszentrum Landwirtschaft Haus Düsse (2013): Einfluss des DüsserWühlTurms auf Mastleistung, Schlachtkörperbewertung und Tierverhalten in der Schweinehaltung, farmer´s weekly, 2013, S. 49.

Versuchs- und Bildungszentrum Landwirtschaft Haus Düsse (2013): Einfluss des DüsserWühlTurms auf Mastleistung, Schlachtkörperbewertung und Tierverhalten in der Schweinehaltung, top agrar Ausgabe 5, 2013, S. 57.

Norda, C., Scholz, T. (2014): DüsserWühlturm Ergebnisse. Landwirtschaftliches Wochenblatt Westfalen-Lippe, 01/2014, S. 48-49.

Scholz, T. (2012): "WühlTurm" für Schweine. Land und Forst , 19/2012 , S. 42 .

Art der Förderung

Landwirtschaftskammer Nordrhein-Westfalen

Effekte einer frühzeitigen Beifütterung mit Ferkelbooster bzw. Ferkelmilch auf Ferkelentwicklung und Verluste während der Säugezeit

Prof. Dr. Mechthild Freitag
Professur für Tierproduktion
Fachbereich Agrarwirtschaft
Fachhochschule Südwestfalen
Lübecker Ring 2
59494 Soest

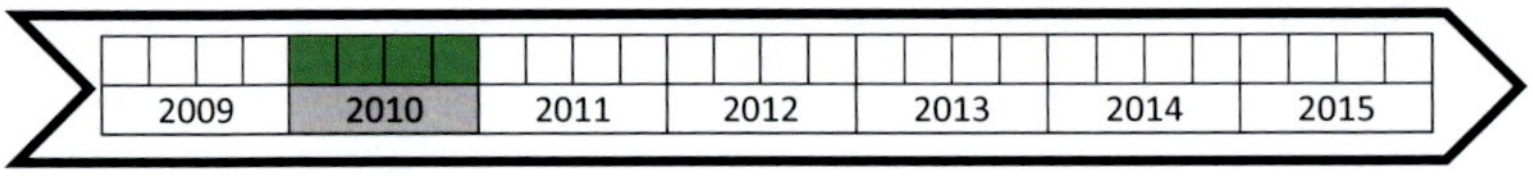

Handlungsfelder:

- Reduktion des Arzneimitteleinsatzes und Verbesserung der Fütterung

Aufgrund züchterischer Erfolge steigt die Anzahl lebend geborener Ferkel pro Wurf. Dies führt jedoch zu einer verstärkten Konkurrenzsituation am Gesäuge, sodass einige Ferkel möglicherweise postnatal (p.n.) nicht ausreichend Kolostrum aufnehmen können und aufgrund des mangelnden Infektionsschutzes kümmern oder verenden. Ferkel mit geringeren Plasma Immunglobulingehalten weisen geringere Überlebenschancen und eine schlechtere Gewichtsentwicklung auf.

In dieser Studie sollte überprüft werden, ob durch Applikation eines kommerziellen Ferkelboosters, angereichert mit Immunglobulinen, Energie, Vitaminen, Mineralstoffen und einem Probiotikum, innerhalb der ersten sechs Lebensstunden die Überlebenschance und Aufzuchtleistung (Gewichtsentwicklung) neugeborener Ferkel verbessert werden kann.

Auf vier landwirtschaftlichen Betrieben wurden von Juli bis September 2011 im Rahmen von Feldversuchen die Effekte eines Ferkelboosters (Paste aus bovinem Kolostrumkonzentrat, Kokos-/Palmkernöl, Vitaminen A, E und C, Spurenelementen Zink, Mangan, Kupfer und Selen und dem Probiotika BioPlus 2B) auf Ferkelverluste in Würfen mit mindestens 12 lebend geborenen Ferkeln geprüft. Zur Minimierung von Einflussfaktoren wurde die Untersuchung jeweils mit Vollgeschwistern in der gleichen Umgebung durchgeführt.

Mindestens sechs Ferkel eines Wurfes erhielten 2 ml Booster, appliziert mittels eines Dispensers innerhalb von 6 Stunden p.n., die anderen Ferkel des Wurfs erhielten Wasser als Placebo. Insgesamt gingen 1394 Ferkel in 11 Durchgängen in die Datenauswertung ein.

Über alle Betriebe und Würfe gemittelt betrug das Geburtsgewicht der Ferkel 1,39 kg und die durchschnittlichen Tageszunahmen während der 21 bis 26 tägigen Säugeperiode lagen bei 230 g. Von den Ferkeln erreichten 89,7 % das Ende der Aufzuchtperiode. Die Geburts- und Absetzgewichte differierten betriebsbezogen nicht signifikant zwischen den Ferkeln eines Durchgangs, gleiches galt für die Tageszunahmen. Die Höhe der Verluste differierte ebenfalls nicht gerichtet zwischen Versuchs- und Kontrollgruppe. In fünf Durchgängen waren die Verlustraten der Versuchsgruppe geringer als die der Kontrollgruppe, in sechs Durchgängen verzeichnete die Kontrollgruppe geringere Ausfallraten. Es konnte kein protektiver Effekt der Supplementierung auf die Verluste der Ferkel in den ersten Lebenstagen ermittelt werden.

Insgesamt betrachtet zeigten sich deutliche Unterschiede zwischen den Betrieben. Ein Effekt des Boosters war nicht nachzuweisen, weder auf die durchschnittlichen Tageszunahmen aller Ferkel, noch bei denen mit geringen Geburtsgewichten. Ebenso führte die Applikation eines Ferkelboosters innerhalb der ersten sechs Lebensstunden nicht zu einer Verringerung der Ferkelverluste.

Freitag M., M. Bösing, A. Hummert, N. Krug, M. Schulte, 2012: Effekte einer frühzeitigen Beifütterung mit Ferkelbooster bzw. Ferkelmilch auf die Ferkelentwicklung und Verluste während der Säugezeit - Teil 2. Forum angewandte Forschung in der Rinder- und Schweinefütterung, Fulda, 14. – 15.3.2012, S. 140-143.

Klauenprobleme bei Zuchtsauen in der Ferkelerzeugung – Bonitierung, Behandlung und Präventionsmaßnahmen

Prof. Dr. Martin Ziron
Fachbereich Agrarwirtschaft
Fachhochschule Südwestfalen
Lübecker Ring 2
59494 Soest

& Erzeugerring Westfalen e.G.

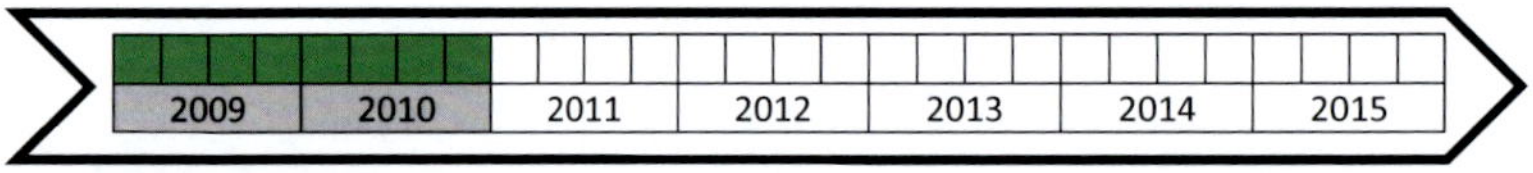

Handlungsfelder:

- Verbesserung der Beratung in der Bestandsbetreuung
- Verbesserung des Wohlbefindens des Tieres, des Gesundheits- und Hygienestatus von Betrieben

Klauenverletzungen oder –veränderungen bergen wirtschaftliche und gesundheitliche Risiken und haben verschiedene Ursachen. Mechanische Verletzungen durch fehlerhafte Stalleinrichtungen können zum Beispiel Ursachen für Klauenprobleme darstellen. Klauenprobleme haben massive Auswirkungen auf den allgemeinen Gesundheitszustand und daraus resultierend auf die biologischen Leistungen von Sauen, bis hin zum Abgang der Tiere.

Ziel dieses Projektes war es, anhand der Erfassung des Status Quo zur Klauenproblematik auf Praxisbetrieben in NRW mögliche Zusammenhänge der Aufstallung und dem Auftreten von Klauenproblemen herzuleiten.

In Zusammenarbeit mit dem Erzeugerring Westfalen wurden im Rahmen einer Praxiserhebung in NRW knapp 4000 Sauen auf Klauenveränderungen an den Hinterextremitäten untersucht. Auf die Vorderextremitäten wurde verzichtet, da Praxiserfahrungen zeigen, dass 90 % der Klauenerkrankungen an den Hinterbeinen auftreten. Insgesamt sind der Bereich Ballen, Wandhorn, Innen- und Außenklaue, „Weiße Linie“, Afterklaue und Kronsaum untersucht worden, mittels des vom SUS vorgestellten und bebilderten Boniturschemas. Die Ergebnisse der Erhebung dienten als Grundlage, um Beratungsempfehlungen für den Umgang mit der Klauengesundheit formulieren zu können.

Die Ergebnisse zeigten, dass besonders häufig schwere Klauenverletzungen am Ballen und am Wandhorn vorlagen, aber auch Afterklauen waren betroffen. Diese schweren Ballen- und Wandhornverletzungen traten öfter in der Gruppenhaltung auf. Extreme Anomalien waren in der Gruppenhaltung doppelt so häufig zu finden wie in der Einzelhaltung. Bereits ein Drittel der Jungsauen wiesen schwere Veränderungen am Ballenhorn auf.

Bisherige Untersuchungen verdeutlichen, dass den Klauenerkrankungen anscheinend zu wenig Beachtung geschenkt wird, obwohl die Wirtschaftlichkeit der Ferkelerzeugung und die Leistungsfähigkeit der Sauen stark mit dem Faktor Klauengesundheit korrelieren.

Die Klauenbonitur hat gezeigt, dass viele unterschiedliche Faktoren die Klauengesundheit beeinflussen können. Die Prävention ist oftmals günstiger und mit weniger Arbeit verbunden, als das in Kauf nehmen von Ausfällen bzw. Minderleistungen. Um die Klauengesundheit im Betrieb zu optimieren, sollte sich jeder Sauenhalter dazu verpflichtet fühlen, genauso wie er den täglichen Kontrollgang tätigt, einen regelmäßigen Klauencheck durchzuführen.

Ziron, M. (2011): Leitfaden zur Klauengesundheit, Fachhochschule Südwestfalen, Fachbereich Agrarwirtschaft Soest, PDF – Datei (http://www4.fh-swf.de/de/home/ueber_uns/standorte/so/fb_aw/doz_aw/profs_aw/ziron/forschung_70/index.php).

Ziron, M., Grohne, K., Fechler, C. (2013): Haltungsbedingte Einflüsse auf die Klauengesundheit bei Zuchtsauen, 11. Tagung Bau, Technik und Umwelt in der landwirtschaftlichen Nutztierhaltung, 24. – 26. September in Vechta, Kuratorium für Technik und Bauwesen in der Landwirtschaft e.V., S. 41-46.

Ziron, M. (2014): Klauengesundheit bei Zuchtsauen – Strategien für langlebige Tiere, DLG – Verlag GmbH, Frankfurt am Main.

Art der Förderung

Ministerium für Klimaschutz, Umwelt, Landwirtschaft, Natur- und Verbraucherschutz des Landes Nordrhein-Westfalen

Gesunde Tiere – gesunde Lebensmittel, Teilprojekt G: Einflussfaktoren auf das Schwanzbeißen bei Schweinen

Dr. Bernhard Schlindwein
Westfälisch – Lippischer Landwirtschaftsverband
Schorlemerstraße 15
48143 Münster

& Fachhochschule Südwestfalen
Erzeugerring Westfalen
Landwirtschaftskammer Nordrhein – Westfalen
Bestandsbetreuende Hoftierärzte

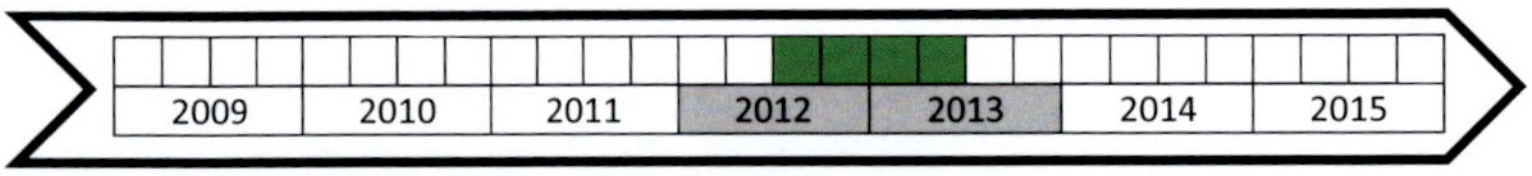

Handlungsfelder:

- Verzicht auf mit Schmerzen verbundene Eingriffe am Tier
- Verbesserung der Beratung in der Bestandsbetreuung
- Verbesserung des Wohlbefindens des Tieres, des Gesundheits- und Hygienestatus von Betrieben

Schwanzbeißen verursacht bei den betroffenen Tiere Schmerzen, gesundheitliche Schäden und verminderte Leistungen und kann für den Betrieb erhebliche ökonomische Folgen haben. Als beste Präventionsmaßnahme gegen das Schwanzbeißen wird das Kupieren von Schwänzen angesehen, tierschutzrechtlich ist diese Maßnahme jedoch als kritisch einzustufen. Somit ist das Ziel die Erforschung wesentlicher Einflussfaktoren auf das multifaktorielle Problem der Caudophagie in NRW, um durch verbessertes Haltungs-, Fütterungs- und Gesundheitsmanagement auf diese Maßnahme verzichten zu können.

Bei 128 betroffenen Betrieben (4 mit Sauenhaltung, 19 mit Ferkelaufzucht, 105 mit Mastschweinen) wurden anhand eines Fragebogens Informationen zur Häufigkeit des Auftretens, zum Gesundheitsstatus im Betrieb und den betroffenen Abteilen / Buchten, zur Genetik, zum Alter der Tiere beim Absetzen, bei der Einstallung im Betrieb und beim Auftreten von Caudophagie, zum aktuellen Gewicht, zu Aufstallungsart, Stallklima, Stressfaktoren und zur Futter- und Wasserversorgung erhoben. Des Weiteren wurden Futter- und Wasserproben untersucht, sowie ein großes Blutbild erstellt.

Mit Ausnahme von 3 Ferkelaufzuchtbetrieben und 4 Mastbetrieben waren bei allen Tieren während der Ferkelaufzucht die Schwänze kupiert worden. In der Haltungsform überwog die Aufstallung auf Spaltenboden, gefolgt von Teilspaltenboden und Stroh. Bei 114 Betrieben trat das Schwanzbeißen zum wiederholten Male auf, in 58 % waren mehrere Buchten gleichzeitig betroffen. Sauen (48 %) und Kastraten (52 %) waren in gleichem Umfang gebissen worden; wurde nur ein Geschlecht gebissen, waren es allerdings überwiegend Kastraten. Als Indikator für den Beginn eines Caudophagieausbruchs kann das dann erhöhte Unruhe- und Aggressionspotential der Schweine genutzt werden. Vielfach waren in den betroffenen Buchten Vorerkrankungen, wie Ohrrandnekrosen oder Husten, zu verzeichnen. Das Stallklima war in vielen Betrieben nicht optimal, so wurden bei 57 % der Betriebe Temperaturen zwischen 24 °C und 30 °C bei mäßiger bis schlechter Luftqualität gemessen. Im Bereich der Fütterung war in 20 von 57 Betrieben mit Flüssigfütterung (am Sensor oder ad libitum Fütterung am Breiautomat) ein unzureichender Trockenmassegehalt des Flüssigfutters von < 22 % festzustellen, so dass eine ausreichende Energieaufnahme nicht mehr gewährleistet war. Auf einer Reihe von Betrieben war die Anzahl der Fressplätze und der Tränkestellen nicht ausreichend. Knappheit bei den elementaren Ressourcen Futter und Wasser erhöht das Aggressionspotenzial von Schweinen und damit das Risiko für Schwanzbeißen.

In NRW kommen im Hinblick auf Caudophagie den Bereichen Fütterung, Wasserversorgung, Stallklima und Tiergesundheit die größte Bedeutung zu. Weiterer Forschungsbedarf besteht vor allem in den Bereichen Schmackhaftigkeit des Wassers und Eignung des eingesetzten Beschäftigungsmaterials.

Freitag M. (2015). Schwanzbeißen beim Schwein – eine blutige Angelegenheit mit vielen Ursachen. Erzeugerring Westfalen, Jahresbericht 2014, S. 18-20.

Freitag M. (2014). Schwanzbeißen bei Schweinen – ein altes Problem neu im Fokus. GfS aktuell 11, S. 48-51.

Freitag M, Freitag H. (2014). Einflussfaktoren auf das Schwanzbeißen beim Schwein. Forum angewandte Forschung in der Rinder- und Schweinefütterung, 01.-02.04., Fulda, S. 198-200.

Freitag M. (2014). Untersuchung zu Einflussfaktoren auf die Caudophagieinzidenz bei Schweinen in NRW. Nutztierpraxis aktuell, 14. Haupttagung der Agrar- und Veterinär-Akademie (AVA), Göttingen, 21.-23.3.2014, S. 40-41.

Freitag M., Freitag H. (2013). Beißereien gibt´s nicht nur in großen Beständen. top agrar 10, S. 22-25.

Art der Förderung

2014 EFRE.NRW
Investitionen in Wachstum
und Beschäftigung

Feldstudie zur Praktikabilität und Wirtschaftlichkeit der Jungebermast

Dr. Jens Ingwersen
Zentralverband der Deutschen
Schweineproduktion e.V. (ZDS)
Adenauerallee 174
53113 Bonn

& Fachhochschule Südwestfalen
B & C Tönnies Fleischwerk GmbH
& Co. KG
Erzeugerring Westfalen
AGRAVIS Raiffeisen AG

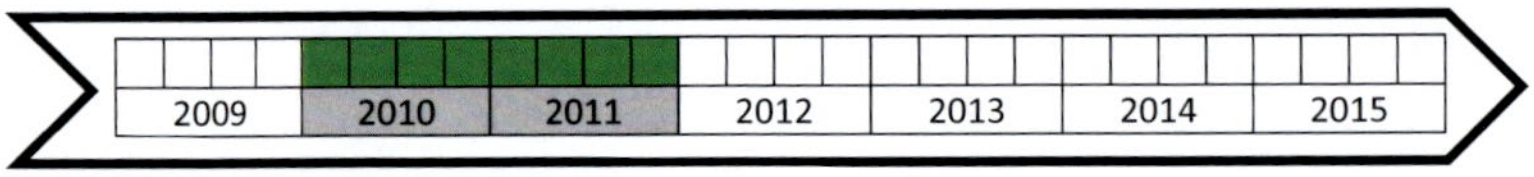

Handlungsfelder:

- Verzicht auf mit Schmerzen verbundene Eingriffe am Tier
- Konzeptvorschläge zur Erfassung von Tierwohl – Indikatoren und Zuchtmerkmalen

Als Alternative zur Kastration von Eberferkeln bietet sich die Mast männlicher Schweine an. Bei entsprechendem Nährstoffangebot erreichen Eber auch zum Ende der Mast nocheine hohe Wachstumsleistung, so dass die in einigen Untersuchungen beobachteten zu Mastbeginn geringeren Tageszunahmen kompensiert werden können und über den gesamten Mastverlauf betrachtet mit denjenigen der Kastraten vergleichbar sind oder sogar darüber liegen. Der Körperansatz besteht im Vergleich zu Kastraten zu einem höheren Anteil aus Protein, was einen höheren Aminosäure- (AS) Gehalt im Futter erfordert. Ziel der vorliegenden Untersuchung war die Überprüfung der Praktikabilität der Ebermast für landwirtschaftliche Betriebe unter Praxisbedingungen, wobei neben der Mast- und Schlachtleistung auch Wirtschaftlichkeit und Tierverluste berücksichtigt wurden.

In zwei Durchgängen gingen 1339 Schweine der Genetik Topigs 20 in den Versuch ein, wobei alle Tiere eines Durchganges aus einem Erzeugerbetrieb und einer Wurfwoche stammten. Die Aufstallung erfolgte getrennt nach Geschlechtern (9-15 Tiere / Bucht, Vollspalten) und die Fütterung Sensor gesteuert ad libitum. Der Versuch erstreckte sich über die Mastperiode ab 32 kg im ersten Durchgang (DG 1) und ab 25 kg im zweiten Durchgang (DG 2).

Die Ebergruppen 1 hatten in beiden Durchgängen in der Anfangsmast, der Endmast und in der gesamten Mast höhere Tageszunahmen (TZ), als die Sauen, während dies für die Ebergruppen 2 nur im DG 1 und auch nicht in der Anfangsmast zutraf. Die beiden Ebergruppen unterschieden sich in den TZ nicht signifikant voneinander, sodass eine höhere Aminosäureausstattung die Mastleistung nicht verbessern konnte. Eine Erhöhung der Aminosäure – Versorgung für die Eber führte jedoch nicht zu einer Steigerung der Futteraufnahme.

Insgesamt hatten die Ebergruppen ein geringeres Speck- und Fleischmaß als die Sauen bei höheren Schulteranteilen und höherem Muskelfleischanteil im Bauch. Die Ebergruppe 2 erzielte höhere Indexpunkte, welche jedoch die höheren Futterkosten nicht kompensierten. Somit waren die Eber aus Gruppe 1 wirtschaftlich überlegen. 5,4 % der Eber wurde aussortiert aufgrund einer Geruchsbelastung.

Die Mast der Eber ist wirtschaftlich interessant, da Eber trotz gleicher Schlachtkörperqualität höhere TZ und einen geringeren Futteraufwand im Vergleich zu Sauen aufweisen. Keinen finanziellen Vorteil bringt eine Erhöhung der Aminosäure – Konzentration über die Empfehlungen der DLG (2010) hinaus, obwohl nominell höhere Indexpunkte pro kg Schlachtkörpergewicht bei der Ebergruppe 2 nachgewiesen werden können.

Das vorliegende Projekt zeigt, dass mit einem Futter mit von der DLG 2010 für Eber empfohlenem Aminogramm bei erhöhter Energiekonzentration sehr gute Mastleistungen erzielt werden können.

Freitag, M., Freisfeld, G., Walgern, B., Meierfrankenfeld, U., Ziron, M. (2013): Jungebermast: Mastleistung, Schlachtleistung und Wirtschaftlichkeit in der kommerziellen Schweinehaltung, Züchtungskunde 86, S. 390 – 399.

Freitag M., Meierfrankenfeld U., Freisfeld G., Walgern B., Ziron M. (2013): Feldstudie zur Praktikabilität der Jungebermast. Kongressband 125. VDLUFA Kongress, Berlin, S. 713-719.

Freitag M, Meierfrankenfeld U., Freisfeld G., Walgern B., Ziron M. (2014): Ebermast: Aspekte zur Fütterung und Wirtschaftlichkeit. Forum angewandte Forschung in der Rinder- und Schweinefütterung, 01.-02.04., Fulda, S. 127-130.

Freitag, M. (2014): Rohprotein und Aminosäure angepasste Fütterung in der Jungebermast - Möglichkeiten und Grenzen. Ebermast - Stand und Perspektiven, KTBL-Tagung vom 2. bis 3. Juli 2014 in Hannover, KTBL-Schrift 504, KTBL, Darmstadt, S. 63 – 70.

Art der Förderung

rentenbank

Ländervergleich Deutschland – Schweiz: Schweinehaltung im Hinblick auf Caudophagie

Prof. Dr. Mechthild Freitag
Professur für Tierproduktion
Fachhochschule Südwestfalen
Fachbereich Agrarwirtschaft
Lübecker Ring 2
59494 Soest

& Landwirtschaftskammer NRW
Erzeugerring Westfalen e.G.

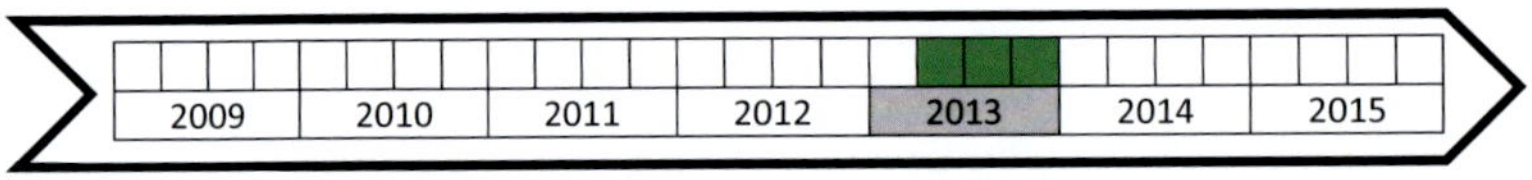

Handlungsfelder:

- Verzicht auf mit Schmerzen verbundene Eingriffe am Tier

In der Schweiz verfügen die schweinehaltenden Betriebe über eine langjährige Erfahrung im Umgang mit Tieren mit unkupierten Schwänzen, da dort das Kupieren der Schweineschwänze seit 2008 verboten ist. Bereits seit 2001 war es nur unter Betäubung erlaubt und wurde damit faktisch nicht mehr durchgeführt. Um von den Schweizer Erfahrungen profitieren zu können, hat ein Team aus Fachleuten schweinehaltende Betriebe besichtigt und mit TierärztInnen und BeraterInnen die aktuelle Situation der Caudophagie in der Schweiz diskutiert.

In die Untersuchung einbezogen wurden ausschließlich die regionalen Schweinezentren der Ost- und Zentralschweiz, um eine Vergleichbarkeit mit Deutschland zu gewährleisten. Insgesamt wurden 12 Betriebe (10 Mastbetriebe, 2 mit Sauenhaltung und Ferkelaufzucht) besichtigt. Analysiert wurden jeweils die Haltung, das Management und die Erfahrungen in Bezug auf Caudophagie. Die Haltung der Schweine erfolgte auf Teil- sowie auf Vollspaltenboden, ein Betrieb hielt Läufer auf Tiefstroh.

Schwanzbeißen tritt auch auf Schweizer Betrieben auf, wird aber von den TierhalterInnen nicht als gravierendes Problem empfunden. Beim Ausbruch der Verhaltensanomalie werden die entzündeten Schwänze antibiotisch behandelt, die gebissenen Tiere isoliert und zusätzliche Futtermittel (z.B. Salz) gefüttert. Auffälligste Unterschiede der schweizerischen Haltungsformen zum deutschen System sind:

- Deutlich höherer Gesundheitsstatus der Tiere, Freiheit von bedeutenden Krankheitserregern
- Beschäftigungsmaterialien variantenreicher
- Auffällig gutes Stallklima (besonders die Schadgaskonzentration) durch direkte Zuluftführung
- Platzangebot pro Tier etwas größer, die Schweine werden jedoch in Kleinbuchten mit 10 - 12 Tieren gehalten, so dass das Platzangebot augenscheinlich mit der Situation in Deutschland vergleichbar ist
- Vorsprung in der Tierbeobachtung

Aus den langjährigen Erfahrungen der Schweizer mit unkupierten Schwänzen ergeben sich folgende Ansatzpunkte zur Verbesserung der Schweinehaltung in Deutschland:

- Tierbeobachtung: beim Erkennen von Caudophagie schnelle Reaktion
- Beschäftigungsmaterial: Art, Menge und Wechsel
- Luftqualität: Kühlung bei hohen Temperaturen und Verringerung der Schadgaskonzentration
- Gesundheitsstatus: Tiergesundheit muss verbessert werden

Aus Tierschutzgründen wird empfohlen, das Kupieren der Schwänze in Deutschland zunächst beizubehalten, bis die Haltungsbedingungen in den Betrieben optimiert sind, dass Caudophagie bei gekürzten Schwänzen nur noch selten auftritt.

Freitag M., Sicken S., Freitag H., Lehmenkühler M. (2013): Ländervergleich Deutschland – Schweiz im Hinblick auf Caudophagie, Forschungsbericht der Fachhochschule Südwestfalen, Selbstverlag, ISBN 978 – 3 – 940956 – 24 – 8, SS. 103.

Art der Förderung

Ministerium für Klimaschutz, Umwelt, Landwirtschaft, Natur- und Verbraucherschutz des Landes Nordrhein-Westfalen

Managementstrategien zur Aufzucht von Ferkeln mit unkupierten Schwänzen

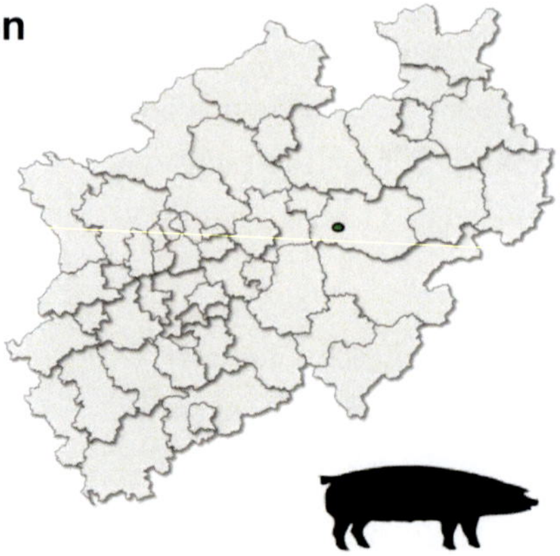

Tobias Scholz
Versuchs- und Bildungszentrum Haus Düsse
Ostinghausen
59505 Bad Sassendorf

& Veterinäramt des Kreises Soest
Big Dutchman AG
Ministerium für Klimaschutz, Umwelt, Landwirtschaft, Natur- und Verbraucherschutz NRW

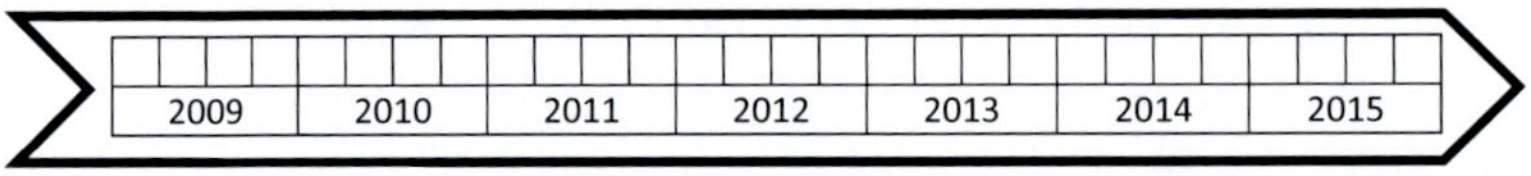

Handlungsfelder:

- Verzicht auf mit Schmerzen verbundene Eingriffe am Tier
- Verbesserung des Wohlbefindens des Tieres, des Gesundheits- und Hygienestatus von Betrieben

In diesem und folgenden Erprobungen und Versuchen soll die Aufzucht von Ferkeln mit unkupierten Schwänzen erprobt werden. Dazu sind in der eigenen Ferkelproduktion bei Saugferkeln die Schwänze nicht kupiert worden. Anschließend sind diese Tiere in unterschiedliche Haltungsvarianten in der Ferkelaufzucht aufgestallt und zusätzliche Maßnahmen zur Verhinderung von Caudophagie erprobt worden. Dazu wurden unterschiedliche Beschäftigungsobjekte und Materialien, Futterzusätze und Tränketechniken eingesetzt. Abschließende Ergebnisse könne noch nicht gefasst werden. Allgemeingültige und einzelne Maßnahmen werden zur Verminderung des Problems nicht ausreichen. Die ersten Beobachtungen und Zwischenergebnisse lassen einen Fortschritt erkennen, es bedarf aber noch intensiver weiterer Forschung um dem Ziel näher zu kommen.

PigGs – Neue Beiträge zur Optimierung der Schweinefleischproduktion

Dr. Bianca Lind
Förderverein Bioökonomieforschung e.V.
Adenauerallee 174
53113 Bonn

& Universität Bonn
Universität Göttingen
Genossenschaft zur Förderung der Schweinehaltung e.G.
Bundeshybridzuchtprogramm

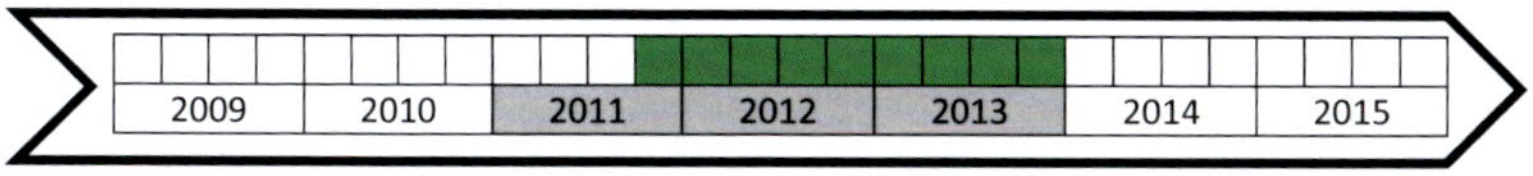

Handlungsfelder:

- Verbesserung des Wohlbefindens des Tieres, des Gesundheits- und Hygienestatus von Betrieben
- Konzeptvorschläge zur Erfassung von Tierwohl-Indikatoren und Zuchtmerkmalen

Das Projekt hat zum Ziel, eine genomische Selektion für die Mutterrassen in der Deutschen Schweinezucht zu entwickeln. Neben phänotypischen können auch genetische Informationen der Tiere berücksichtigt werden, da die genomische Selektion auf einer neuen Methode der Zuchtwertschätzung basiert. So können Merkmale der Fruchtbarkeit, Gesundheit, Fitness, Lebensdauer und nachhaltiger Produktion gezielter als bisher im Zuchtziel berücksichtigt werden.

Genau geschätzte konventionelle Zuchtwerte von den beprobten Tieren müssen vorliegen, um das vorgegebene Ziel erreichen zu können. Aus entnommenen Gewebeproben der Tiere wird die DNA mit Hilfe eines SNP – Chips untersucht. Im Anschluss werden die Informationen aus der konventionellen Zuchtwertschätzung und die genomische Informationen aus der DNA miteinander kombiniert. Dadurch ist es möglich, genaue Zuchtwerte für junge Tiere zu schätzen, für die noch keine Eigen-, Geschwister- oder Nachkommeninformation vorliegt. Somit kann eine exaktere Selektion vorgenommen werden. Mit der genomischen Selektion können besonders Merkmale berücksichtigt werden, die eine geringe Erblichkeit besitzen, aber einen hohen Einfluss auf das Wohlbefinden und die Gesundheit der Tiere haben.

Art der Förderung

EFRE.NRW
Investitionen in Wachstum und Beschäftigung

Multimethodische Bewertung von Schweinehaltungsverfahren durch Verbraucher anhand von Videos aus realen Schweineställen

Prof. Dr. Marcus Mergenthaler,
Prof. Dr. Martin Ziron
Fachbereich Agrarwirtschaft
Fachhochschule Südwestfalen
Lübecker Ring 2
59494 Soest

Prof. Dr. Monika Hartmann,
Dr. Johannes Simons
Rheinische Friedrich-Wilhelms-Universität Bonn
Institut für Lebensmittel- und
Ressourcenökonomik
Professur für Marktforschung der Agrar- und
Ernährungswirtschaft
Nußallee 21
53115 Bonn

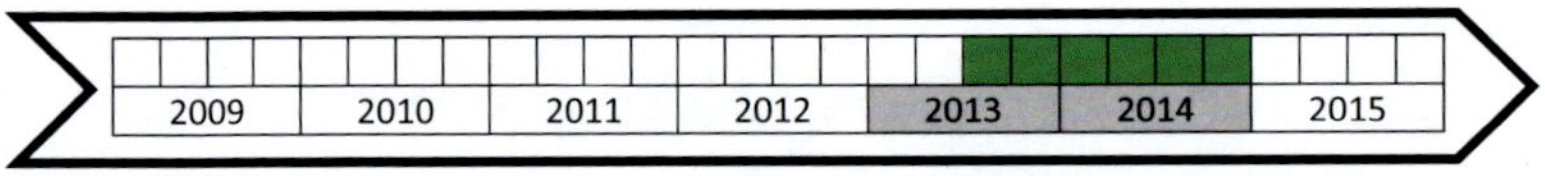

Handlungsfelder:

- Verbesserung des Wohlbefindens des Tieres, des Gesundheits- und Hygienestatus von Betrieben

Das gemeinschaftliche Projekt im Rahmen des Forschungsnetzwerkes NRW Agrar zielte darauf ab, Verbrauchern Einblick in reale, aktuelle Schweinehaltungsverfahren zu bieten und diese Verfahren bewerten zu lassen. Denn aktuelle Diskussionen um die Nutztierhaltung in Deutschland zeigen, dass sich die Diskrepanz zwischen landwirtschaftlicher Realität und gesellschaftlichen Wünschen in Bezug auf die Haltungsverfahren in den letzten Jahren eher vergrößert als reduziert haben.

In einem ersten Ansatz kommen als qualitative Erhebungsmethode Gruppendiskussionen mit Verbrauchern zum Einsatz, in denen Videos aus fünf realen Schweineställen (Stall A: Vollspaltenboden mit 63 Tieren / Bucht; Stall B: Vollspaltenboden mit 25 Tieren /Bucht; Stall C: Vollspaltenboden mit 35 Tieren / Bucht; Stall D: Tiefstreu mit 60 Tieren / Bucht; Stall E: Vollspaltenboden mit 25 Tieren / Bucht) gezeigt werden.
Es wurden zwei unterschiedliche Methoden verwendet. Zum einen wurden die Gesprächsinhalte aufgezeichnet, transkribiert und mittels einer qualitativen Datenanalyse ausgewertet.

Dabei wurden Bewertungskriterien und Begründungszusammenhänge ermittelt, die mittels Means-End-Chain-Ansatz eingeordnet wurden. Außerdem wurden nach der Methode der morphologischen Wirkungsphysiologie über die Erfassung der Meinungsebene hinausgehend unbewusste Bestimmungsfaktoren für die Akzeptanzbildung bezüglich Tierhaltungsverfahren bei den Verbrauchern identifiziert.

Im Sinne des Tierwohls betonen die Verbraucher vorrangig folgende Kriterien:

- Platzangebot: Aus Sicht der Verbraucher ist ein höheres Platzangebot für Schweine das entscheidende Kriterium, da es Vorteile für das Tier bietet.
- Bodenbeschaffenheit: Spaltenböden stoßen auf Ablehnung, Stroheinstreu wird mit Idylle und Bauerhofatmosphäre verbunden.
- Lichtverhältnisse: Verbraucher bevorzugen Helligkeit, natürliches Tageslicht und einen natürlichen Rhythmus
- Auslauf: Haltungsverfahren, mit Zugang zu frischer Luft und mehr Bewegungsfreiheit, entsprechen den Idealvorstellungen der Verbraucher
- Beschäftigungsmaterial: wichtiges Kriterium zur Bewertung des Tierwohls, die scheinbare Notwendigkeit an sich wird jedoch als Defizit betrachtet
- Sauberkeit & Hygiene: Die Einstellung gegenüber Sauberkeit und Verschmutzung ist eher ambivalent, da die Verbraucher nicht abschätzen können, wieviel Sauberkeit und Hygiene ein Schwein benötigt.
- Umweltbedingungen: Verbraucher setzen sich mit den Umweltbedingungen der Tiere auseinander und legen Wert darauf, dass für die Tiere keine Belastungen durch Stallklima, Geruch und Geräusche entstehen.

Wildraut, C., Plesch, G., Härlen, I., Simons, J., Hartmann, M., Ziron, M. und Mergenthaler, M. (2015): Multimethodische Bewertung von Schweinehaltungsverfahren durch Verbraucher anhand von Videos aus realen Schweineställen. Forschungsberichte des Fachbereichs Agrarwirtschaft Soest, Nr. 36.

Wildraut, C., Mergenthaler, M. (2015): Untersuchung zur Akzeptanz von Schweinehaltungsverfahren: Eine Analyse der Wahrnehmung und der Bewertungskriterien von Verbrauchern. In: Gieseke, D., Busch, G., Ikinger, C., Kühl, S. u. Pirsch, W. (2015): Tierhaltung im Spannungsfeld von Tierwohl, Ökonomie und Gesellschaft. Tagungsband zur Tierwohltagung 2015 in Göttingen.

Art der Förderung

Ministerium für Klimaschutz, Umwelt, Landwirtschaft, Natur- und Verbraucherschutz des Landes Nordrhein-Westfalen

Etablierung und Betreuung von Pilotbetrieben im Rahmen der Umsetzung der gemeinsamen NRW – Erklärung zum Verzicht auf das „routinemäßige“ Kürzen des Schwanzes bei Schweinen (Projektteil des WLV)

Westfälisch – Lippischer
Landwirtschaftsverband e.V.
Schorlemerstraße 15
48143 Münster

& Landwirtschaftskammer NRW
Rheinischer
Landwirtschaftsverband e.V.

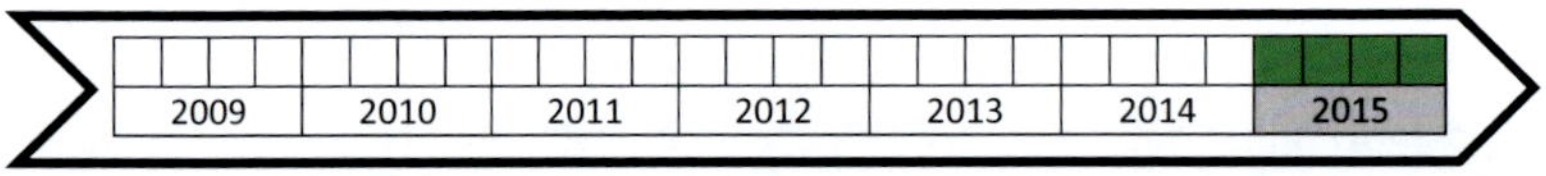

Handlungsfelder:

- ❖ Verzicht auf mit Schmerzen verbundene Eingriffe am Tier

Den meisten Ferkeln in der konventionellen Tierhaltung werden in den ersten vier Lebenstagen die Schwänze kupiert, um das Auftreten von Schwanzbeißen bei Schweinen zu verhindern. Diese Maßnahme ist jedoch nach den EU – rechtlichen Vorschriften und den Vorgaben des deutschen Tierschutzgesetzes nicht zulässig.

Es bedarf Lösungsmöglichkeiten, um auf das routinemäßige Kupieren von Ferkeln zeitnah verzichten zu können, denn Schwanzbeißen stellt oftmals ein tierschutzrelevantes Problem dar, verbunden mit wirtschaftlichen Nachteilen für den schweinehaltenden Betrieb.

In Nordrhein – Westfalen wurde im Februar 2014 eine gemeinsame Erklärung zwischen dem Landwirtschaftsminister Johannes Remmel und den Präsidenten der beiden Landwirtschaftsverbände unterzeichnet, um den Ausstieg aus dem routinemäßigen Kupieren der Ferkelschwänze gemeinsam einzuleiten.

Die gemeinsame Erklärung enthält einen konkreten Maßnahmeplan und gliedert sich in insgesamt drei Phasen. Die erste Phase begann 2014 mit einer Beratungs- und Informationsoffensive für schweinehaltende Betriebe und Tierärzte. In der zweiten Phase ab dem Jahr 2015 ist die Erstellung betriebsindividueller Maßnahmenpläne einschließlich erster Umstellungsschritte auf den landwirtschaftlichen Betrieben vorgesehen. Es sollen bis zu 15 Praxisbetriebe ausgewählt werden, die als „Pilotbetriebe" definierte Tiergruppen unkupiert belassen und Maßnahmen zur Aufzucht und Haltung dieser Tiere anwenden, um das Risiko für Schwanzbeißen zu reduzieren. Ziel ist es einerseits, bereits erarbeitete Maßnahmen in der Praxis intensiver zu erproben und andererseits, diese Betriebe als Multiplikatoren in Bezug auf die Haltung unkupierter Schweine zur Information und Schulung weiterer Betriebe zu nutzen.

Das Projektvorhaben „Pilotbetriebe" unterteilt sich in die Etablierung der Pilotbetriebe (Maßnahmen: SchwIP – Anwendung, Tiergesundheitscheck, Klimacheck, Tränkwassercheck, Futtercheck), die anzuwendenden Maßnahmen auf den Betrieben (Tränken, organisches Beschäftigungsmaterial / Strukturfutter), die fachliche Begleitung und Evaluierung vor Ort auf den Betrieben (Betreuung durch externe/r Tierarzt / Tierärztin, Hoftierarzt / Hoftierärztin, Schweinegesundheitsdienst, Amtstierarzt / Amtstierärztin), die Bonitierung der Tiere, die Organisation und Durchführung von Schulungs- und Informationsmöglichkeiten weiterer Betriebe sowie einen Schadensausgleich für mögliche Probleme innerhalb der unkupierten Tiergruppe.

Art der Förderung

Ministerium für Klimaschutz, Umwelt, Landwirtschaft, Natur- und Verbraucherschutz des Landes Nordrhein-Westfalen

Überprüfung pathologischer Erscheinungen bei Nieren von intensiv und extensiv gehaltenen Hausschweinen durch vergleichende Organuntersuchungen

Prof. Dr. Mechthild Freitag
Professur für Tierproduktion
Fachhochschule Südwestfalen
Fachbereich Agrarwirtschaft
Lübecker Ring 2
59494 Soest

& Tierärztliche Hochschule Hannover
Ministerium für Klimaschutz, Umwelt, Landwirtschaft, Natur- und Verbraucherschutz des Landes Nordrhein – Westfalen

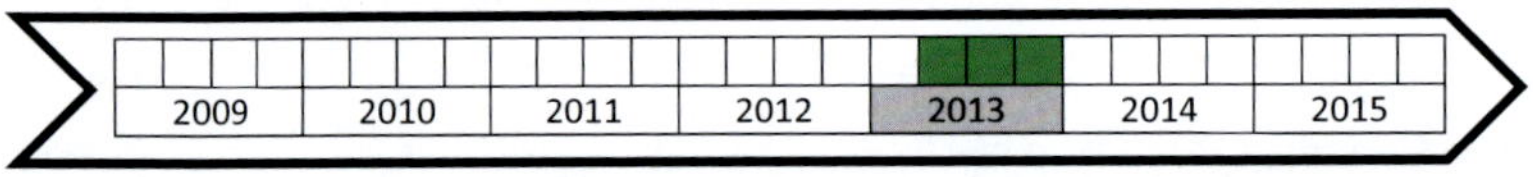

Handlungsfelder:

- Verbesserung des Wohlbefindens des Tieres, des Gesundheits- und Hygienestatus von Betrieben

Als interstitielle Nephritis wird ein pathologisches Geschehen bezeichnet, bei dem die entzündlichen Prozesse vor allem im Bereich des Nierenstromas lokalisiert sind. Beim Hausschwein tritt sie mit zum Teil sehr hoher Prävalenz auf, kann generell jedoch bei allen Haussäugetieren in unterschiedlichen Ausprägungsgeraden auftreten und kommt auch beim Wildschwein vor. In der Literatur ist die interstitielle Nephritis des Schweins ein häufig beschriebenes Phänomen, bei welchem bakterielle, virale, toxische und parasitäre Ätiologien diskutiert werden, insbesondere Infektionen mit Leptospiren und dem procinen Circovirus Typ 2 (PCV – 2).

Ziel des Projektes war es, die Prävalenz der interstitiellen Nephritis in der Haus- und Wildschweinpopulation zu untersuchen und den in der Literatur diskutierten Zusammenhang zu einer PCV – 2 – Infektion zu analysieren.

Aus insgesamt sieben Betrieben wurden von 169 Schweinen Proben gezogen. Es handelte sich um drei Biobetriebe (jeweils 17 Nieren/Betrieb) und um vier Betriebe mit konventioneller Haltung, von denen zwei als seronegativ gegen PCV – 2 (jeweils 30 Nieren/Betrieb), sowie zwei zuvor als seropositiv gegen PCV – 2 getestet waren (28 bzw. 30 Nieren). Zum Vergleich wurden Nieren von fünf frisch geschossenen Wildschweinen (eins aus Niedersachsen, vier aus Brandenburg) untersucht, um abzuklären, ob eventuell auftretende Nierenveränderungen weniger von Haltungsbedingungen abhängen sondern vielmehr für Schweine typisch sind.

Die Untersuchung ergab, dass in allen Schweinenieren Anzeichen einer interstitiellen Entzündungsreaktion zu finden waren. Somit scheint es sich beim Auftreten der interstitiellen Nephritis um ein weit verbreitetes Geschehen bei Schweinen zu handeln. Die Häufigkeit des Auftretens (100 % aller untersuchten Nieren von sieben landwirtschaftlichen Betrieben und fünf Wildschweinen aus zwei räumlich getrennten Wildschweinpopulationen) überschreitet jedoch die in der Literatur angegebenen Zahlen deutlich. Die am Entzündungsgeschehen beteiligte nachgewiesene Zellpopulation ist relativ homogen. In den meisten Fällen handelt es sich um Lymphozyten, Plasmazellen und Histiozyten. Nur eine Niere wies eine PCV – 2 – Infektion auf.

Zusammenfassend kann gesagt werden, dass die vorliegende Untersuchung ein sehr häufiges Auftreten der interstitiellen Nephritis beim Haus- und Wildschwein bestätigt. Eine PCV – 2 Infektion als Hauptursache kann nach dieser Untersuchung ausgeschlossen werden. Um die Ätiologie einzugrenzen sind jedoch weitere Untersuchungen erforderlich.

Blacha, I., Jaeger, F., Freitag, M. (2013): Interstitielle Nephritis bei Mast- und Wildschweinen. Forschungsbericht der Fachhochschule Südwestfalen, Selbstverlag, SS. 58.

Art der Förderung

Ministerium für Klimaschutz, Umwelt, Landwirtschaft, Natur- und Verbraucherschutz des Landes Nordrhein-Westfalen

Schwanzbeißen beim Schwein, ein multifaktorielles Problem

Prof. Dr. Mechthild Freitag
Professur für Tierproduktion
Fachhochschule Südwestfalen
Fachbereich Agrarwirtschaft
Lübecker Ring 2
59494 Soest

& Fachhochschule Südwestfalen
Ministerium für Klimaschutz,
Umwelt, Landwirtschaft, Natur- und
Verbraucherschutz des Landes
Nordrhein – Westfalen

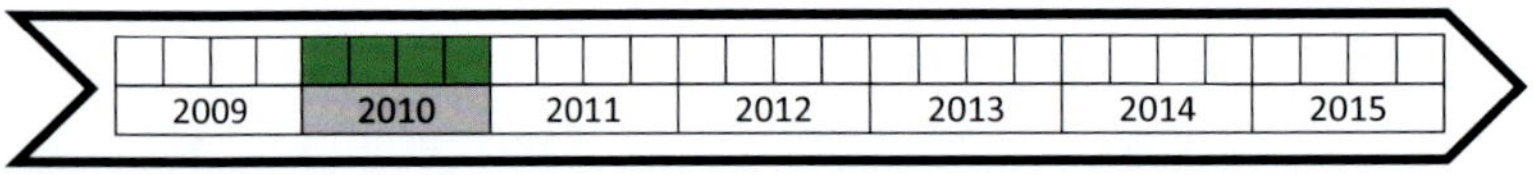

Handlungsfelder:

- Verzicht auf mit Schmerzen verbundene Eingriffe am Tier

Die Vielzahl der möglichen ursächlichen Faktoren ist das Problem beim Schwanzbeißen. Diese Faktoren werden auch in der Literatur gegensätzlich diskutiert. Bisher wurden jedoch keine eindeutig auslösenden Faktoren erkannt. Es wird immer deutlicher, dass das Schwanzbeißen ein multifaktorielles Problem darstellt.

Zur Evaluation möglicher auslösender Faktoren wurden Studien und Publikationen zum Thema Schwanzbeißen ausgewertet. Folgende Faktoren wurden im Einzelnen betrachtet: Genetik, Geschlecht und Gruppenzusammensetzung, Alter und Gewicht, Gesundheitsstatus, Beschäftigung, Stallklima, Platzangebot und Gruppengröße, Bodengestaltung, Fütterung und Absetzalter.

Ein genetischer Einfluss kann nicht ausgeschlossen werden. Stressanfällige Rassen mit hohem Muskelfleischanteil und geringer Rückenspeckdicke sind eher betroffen. Somit scheinen Landrasse – Schweine häufiger betroffen zu sein als beispielsweise Hampshire. Die aktiveren Beißer sind offensichtlich die Sauen. Die Kastraten werden eher gebissen als Sauen und Eber.

Die Wahrscheinlichkeit gebissen zu werden ist in einer gleichgeschlechtlichen Gruppe höher. Ganz unterschiedliche Betrachtungen wurden bezüglich des Alters und Gewichts gemacht. Schwanzbeißen wurde bereits mit 40 Lebenstagen beobachtet, ebenso jedoch auch ein geringes Niveau im Alter von 10 – 20 Wochen. In mehreren Untersuchungen wurde beobachtet, dass mit höherem Alter auch das Schwanzbeißen vermehrt auftritt. Schwanzbeißen ist ein Anzeichen für reduziertes Wohlbefinden, möglicherweise ausgelöst durch Erkrankungen, Langeweile/Stress oder schlechtes Stallklima in Bezug auf Belüftung, Luftqualität und Jahreszeit. Als Präventionsmaßnahmen gegen Stress sind veränderbare Materialien (Stroh oder Erde) gut geeignet. Der Belegdichte pro Bucht kommt ebenfalls eine Bedeutung zu. So treten mit steigender Besatzdichte und Gruppengröße vermehrt aggressive Verhaltensweisen auf. Im Bereich der Fütterung wirken sich sehr hohe Energiegehalte, zu geringe Rohfasergehalte und Imbalancen in der Rohprotein- bzw. Aminosäureversorgung negativ auf das Verhalten der Schweine aus, ebenso ein weites Tier – Fressplatz – Verhältnis.

Die Literaturauswertung zeigt, dass das Schwanzbeißen ein multifaktorielles Problem darstellt. Offensichtlich wird ab einem bestimmten Punkt eine tierindividuelle Schwelle überschritten, an dem das Tier sein eingeschränktes Wohlbefinden nicht mehr kompensieren kann. In der Folge nutzt es das Schwanzbeißen als stressabbauendes Ventil.

Freitag M., Böhmer K., Jaeger F. (2012): Kaudophagie beim Schwein – ein multifaktorielles Problem, Nutztierpraxis aktuell, 11. Haupttagung der Agrar- und Veterinärakademie, S. 104 – 105.

Freitag M., Böhmer K., Jaeger F. (2010): Kannibalismus – woran liegt es? SUS 1, S. 36 – 37.

Freitag M., Böhmer K., Jaeger F. (2010): Schwanzbeißen beim Schwein – ein multifaktorielles Problem, Forschungsbericht, Selbstverlag, ISBN 978 – 3 – 00 – 033377 – 4.

Art der Förderung

Ministerium für Klimaschutz, Umwelt, Landwirtschaft, Natur- und Verbraucherschutz des Landes Nordrhein-Westfalen

„Ringelschwanzprojekt“ Untersuchungen zur Entwicklung und Validierung von praxistauglichen Maßnahmen, die den Verzicht des routinemäßigen Schwänzekupierens beim Schwein unter den gegebenen strukturellen Bedingungen der konventionellen Schweinehaltung in Nordrhein-Westfalen ermöglichen

Prof. Dr. Thomas Blaha,
Sarah Pütz
Stiftung Tierärztliche Hochschule Hannover
Außenstelle für Epidemiologie
Büscheler Str. 9
49456 Bakum

& EGO Georgsmarienhütte GmbH & Co. KG
Tönnies Lebensmittel GmbH & Co. KG
Westfleisch e.G.

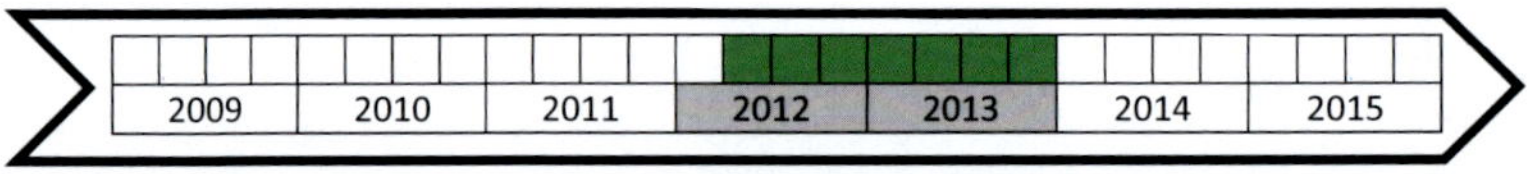

Handlungsfelder:

- Verzicht auf mit Schmerzen verbundene Eingriffe am Tier

Um das Auftreten von Schwanzbeißen bei Schweinen zu verhindern oder zumindest das Risiko hierfür zu minimieren, werden den meisten Ferkeln in der konventionellen Haltung die Schwänze kupiert, obwohl die routinemäßige Anwendung dieses Eingriffs nach Tierschutzrecht nicht zulässig ist.

Das Ziel der Arbeit war es, Ursachen des Schwanzbeißens bei Schweinen weiter einzugrenzen, intensiver zu erforschen und tierschutzgerechte Lösungsstrategien für die Praxis zu entwickeln. Bei einer definierten Tierzahl wurde auf Praxisbetrieben in mehreren Durchgängen auf das Kupieren der Ferkelschwänze verzichtet und verschiedene Präventivmaßnahmen zur Reduzierung des Schwanzbeißrisikos angewendet.

- vorwiegendes Problem in der Aufzucht (Mastbeginn: 65,2 % der unkupierten Schweine mit Teilverlust am Schwanz);
- bei der überwiegenden Anzahl der Tiere trat ein Teilverlust am Schwanz von bis zu 1/3 auf;
- es besteht Verbesserungsbedarf vor allem im Aufzuchtbereich beim Zugang zu Wasser in ausreichender Qualität und Menge;
- das regelmäßige bis dauerhafte Angebot von Strukturfutter scheint das Risiko für Schwanzbeißen in der Aufzucht wie auch in der Mast deutlich reduzieren zu können;
- bereits im frühen Ferkelalter können Nekrosen an den Schwanzspitzen auftreten. Bei einer Tiergruppe mit 51 unkupierten Ferkeln wurden bereits am 2. Tag nach dem Absetzen bei etwa 32% der Ferkel Schwanzspitzennekrosen festgestellt. Bis zum 8. Tag stieg diese Anzahl auf ca. 75%. Parallel hierzu entwickelten sich Teilverluste an den Schwänzen wovon nach 14 Tagen nach dem Absetzen 88% der Tiere betroffen waren.

Die Projektergebnisse zeigen, dass es folgende grundlegende Anknüpfungspunkte gibt, die wesentlich dazu beitragen, die Problematik des Schwanzbeißens abzumildern:

- Futter- und Wasserversorgung,
- Ferkelvitalität und die Tiergesundheit im Allgemeinen sowie
- Beschäftigungsmöglichkeiten.

Zusätzlich erscheint eine intensive Tierbeobachtung durch sensibilisierte Landwirte unabdingbar.

Pütz, S., Blaha, T. (2014): Untersuchungen zur Entwicklung und Validierung von praxistauglichen Maßnahmen, die den Verzicht des routinemäßigen Schwänzekupierens beim Schwein unter den gegebenen strukturellen Bedingungen der konventionellen Schweinehaltung in Nordrhein-Westfalen ermöglichen („Ringelschwanzprojekt"). Bericht zum Forschungsprojekt des Landes LRW, 30. Juni 2014.

Art der Förderung

Ministerium für Klimaschutz, Umwelt, Landwirtschaft, Natur- und Verbraucherschutz des Landes Nordrhein-Westfalen

Forum für Tiergesundheit und Tierwohl in NRW

Westfälisch – Lippischer
Landwirtschaftsverband e.V.
Schorlemerstraße 15
48143 Münster

& Erzeugerring Westfalen eG
Fachhochschule Südwestfalen
Interessensgemeinschaft der Schweinehalter Deutschlands
IQ – Agrar Service GmbH
Landwirtschaftskammer Nordrhein – Westfalen
Tierärztekammer Westfalen – Lippe
Rheinische Erzeugerringe für Mastschweine und Qualitätsferkel
Tierärztekammer Nordrhein
Rheinischer Landwirtschaftsverband e.V.

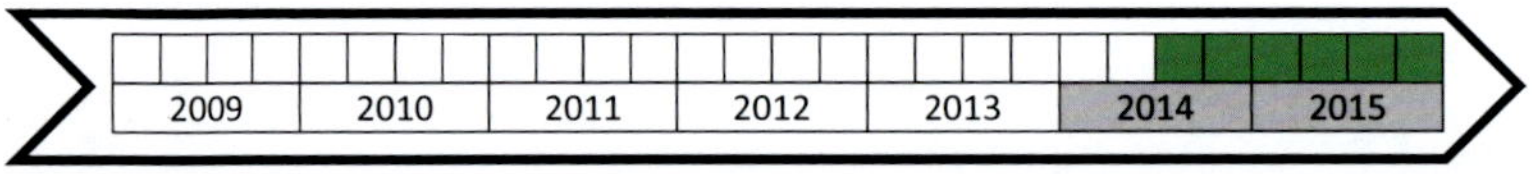

Handlungsfelder:

- Verzicht auf mit Schmerzen verbundene Eingriffe am Tier
- Verbesserung des Wohlbefindens des Tieres, des Gesundheits- und Hygienestatus von Betrieben
- Verbesserung der Beratung in der Bestandsbetreuung
- Reduktion des Arzneimitteleinsatzes und Verbesserung der Fütterung

Berufsständische Organisationen haben ein Forum zur Verbesserung von Tiergesundheit und Tierwohl gegründet, um die Tierhaltung in der Nachhaltigkeit und Wettbewerbsfähigkeit zu stärken. Mit diesem Forum soll eine enge Zusammenarbeit aller Fachleute aus dem Bereich der Schweinehaltung erreicht und Lösungsansätze für aktuelle Fragen rund um die Themen Tiergesundheit und Tierwohl entwickelt werden.

Folgende Aufzählungen sind Schwerpunkte der Arbeit des Forums für Tiergesundheit und Tierwohl:

- Aufbau einer innovativen Gesundheitsberatung
- Umsetzung präventiver Hygienemaßnahmen zur Reduzierung von Antibiotikabehandlungen
- Weiterentwicklung eines Beratungskonzeptes zur Vermeidung von Caudophagie

Insgesamt betrachtet, geht es um die Stärkung der heimischen Schweinehaltung. Mit dem Forum als konstruktive Lösung, sucht man nun nach praxistauglichen Umsetzungen. Unnötige Doppelarbeiten der beteiligten Organisationen sollen vermieden werden und sich stattdessen ergänzen.

Mit diesem gemeinsamen Auftritt macht die Branche deutlich, dass sie die Wünsche der Gesellschaft ernst nimmt und konstruktiv an Lösungen arbeitet.

Deter, A. (2014): Forum für Tiergesundheit und Tierwohl in NRW gegründet, top agrar, top News online, 29.08.2014 (http://www.topagrar.com/news/Home-top-News-Forum-fuer-Tiergesundheit-und-Tierwohl-in-NRW-gegruendet-1524575.html).

Westfälische – Lippischer Landwirtschaftsverband (2014): Forum für Tiergesundheit und Tierwohl, WLV im Fokus, 22.08.2014 (http://www.wlv.de/im_fokus/berichte/2014/08/Forum_Tierwohl_Schweinehaltung_gegruendet.php).

Gesunde Tiere – gesunde Lebensmittel

Westfälisch – Lippischer
Landwirtschaftsverband e.V.
Schorlemerstraße 15
48143 Münster

&
Tierärztliche Hochschule Hannover
Erzeugerring Westfalen eG
Fachhochschule Südwestfalen
IQ – Agrar Service GmbH
Georg – August – Universität Göttingen
Landwirtschaftskammer NRW
Schweinegesundheitsdienst der Landwirtschaftskammer NRW
Tönnies Lebensmittel GmbH & Co. KG
Westfälisch – Lippischer Landwirtschaftsverband
Westfleisch SCE

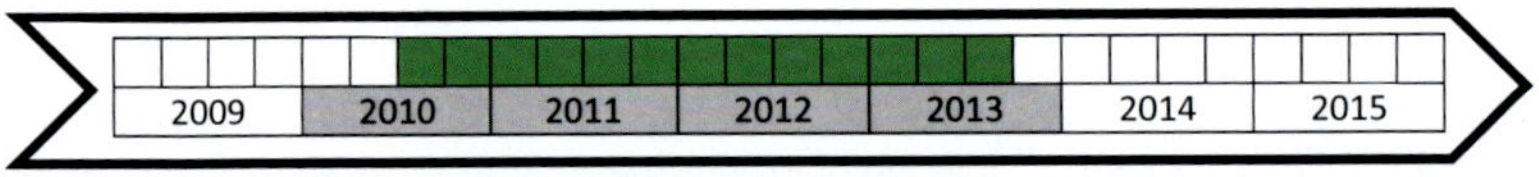

Handlungsfelder:

- Verbesserung des Wohlbefindens des Tieres, des Gesundheits- und Hygienestatus von Betrieben
- Verbesserung der Beratung in der Bestandsbetreuung
- Reduktion des Arzneimitteleinsatzes und Verbesserung der Fütterung

Im Vordergrund des NRW – Cluster Projekts „Gesunde Tiere – gesunde Lebensmittel“ steht die Sicherung und Verbesserung der Qualität des Lebensmittels Schweinefleisch auf allen Erzeugungs- und Verarbeitungsstufen. Etabliert werden soll ein Beratungssystem in der Schweinehaltung, um die Tiergesundheit zu verbessern, den Medikamenteneinsatz zu reduzieren und die Lebensmittelsicherheit zu erhöhen. Unterstützt wird das Beratungssystem durch datenbankgestützte Vernetzung stufenübergreifender Informationen und durch die Entwicklung eines Marketingkonzeptes.

Interessierte Betriebe sollten möglichst Mitglied im Erzeugerring Westfalen, erfolgreich und zukunftsorientiert sein. An dem Projekt beteiligten sich 43 Landwirte, davon 23 Ferkelerzeuger, sowie 18 Tierarztpraxen. Das Projekt gliedert sich in folgende Abschnitte: Hygienecheck, Screening, Sektion, Befundnahme, Klimamessungen, Datenmanagement und Marketingkonzept.

Hygienecheck: Neben einem Hygiene – Workshop für Schweinehalter, wurden die teilnehmenden Betriebe anhand ihres Hygienestatus in Kategorien eingestuft, um individuelle Verbesserungsvorschläge entwickeln zu können. Screening: Eine Diagnose der Tiergesundheit auf den beteiligten Betrieben erfolgten durch den Schweinegesundheitsdienst und dem Erzeugerring Westfalen. Kot- und Blutproben wurden untersucht auf Salmonellen, Campylobaker, PRRS, Circovirus, PIA, APP und / oder Illeitis. Sektion: Tiere mit ungeklärter Krankheits- und Todesursache wurden seziert. In Verbindung mit Sektionen wurden eine bakteriologische Untersuchung und ein Antikörperresistenztest durchgeführt. Befundnahme: Klimamessungen: Der Erzeugerring Westfalen misst die Luftgeschwindigkeit, die Luftverteilung im Abteil und die Langzeitklimadaten Temperatur, Luftfeuchtigkeit, NH3 und CO2. Datenmanagement: Damit der Landwirt schnell und einfach erkennen kann, wo seine Probleme liegen, laufen die erhobenen Daten zusammen in eine Datenbank. Marketingkonzept: In diesem Konzept soll sowohl auf den Lebensmitteleinzelhandel wie auch auf die Verbraucher eingegangen werden. Inhaltlich stehen die Kompetenz der heimischen Schweinehalter und die Tiergesundheit im Fokus.

Mit diesem Projekt wurde modellhaft ein innovatives Beratungskonzept entwickelt. Ergebnisse der engen Zusammenarbeit von Ferkelerzeugern, Mästern, Hoftierärzten, dem Schweinegesundheitsdienst und den Beratern des Erzeugerrings Westfalen sind die nachhaltige Verbesserung der Tiergesundheit auf den teilnehmenden Betrieben und die Reduzierung des Antibiotikaeinsatzes. Das weiterführende Ziel ist es, dieses Beratungssystem zu einem breit aufgestellten Tiergesundheitssystem zu entwickeln.

Wildraut, C., Schlindwein, B., Mergenthaler, M., 2014: Marketingkonzeption für das Verbundprojekt „Gesunde Tiere – gesunde Lebensmittel“, Forschungsberichte des Fachbereichs Agrarwirtschaft Soest Nr. 32, PDF – Datei 07.07.2014 (http://www.projekt-gesundetiere.de/download.php).

Steinmann, T., Meemken, D., Blaha, T., 2013: Objektivierung von Entscheidungskriterien in der risikoorientierten Fleischuntersuchung, Vorschläge für eine Präzisierung der Anlage 3 AVV LmH, Präsentation beim Schweinetag 2013 in Güstrow, PDF – Datei 23.10.2013 (http://www.projekt-gesundetiere.de/download.php).

Schulze – Horsel, T., Sudendey, C., Hillmers, S., Meierfrankenfeld, U., Stelthove, M., Schwaer, P., Freitag, M., Freitag, H., Engeland, N., Mergenthaler, M. (2013): Vorträge der Abschlussveranstaltung, alle Vorträge in einer Datei, Abschlussveranstaltung auf Gut Havichhorst, PDF – Datei 10.07.2013 (http://www.projekt-gesundetiere.de/download.php).

Mergenthaler, M., Wildraut, C., Wittmann, M., 2011: Healthy Animals – Healthy Food, Englischsprachige Vorstellung des Projekts, PDF – Datei 13.10.2012 (http://www.projekt-gesundetiere.de/download.php).

Art der Förderung

EFRE.NRW
Investitionen in Wachstum und Beschäftigung

Reduzierung von Schwanzbeißen bei Mastschweinen: Verbreitung einer Management-Hilfe durch Schulungen und Interventionsstudie auf Praxisbetrieben (M-SchwIP)

Dr. Sabine Dippel,
Dr. Lars Schrader
Institut für Tierschutz und Tierhaltung
Friedrich – Löffler – Institut
Dörnbergstraße 25 / 27
29223 Celle

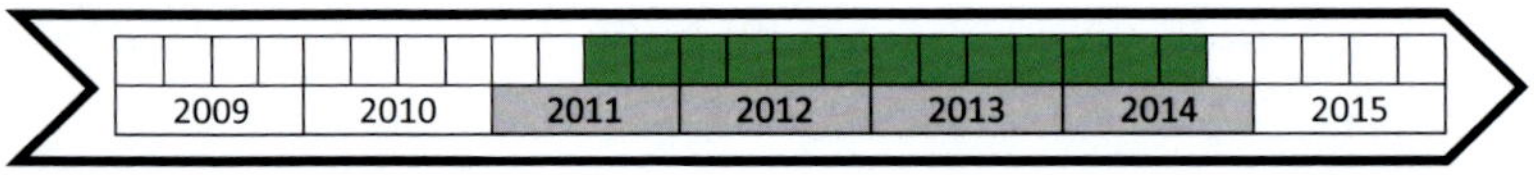

Handlungsfelder:

- Verzicht auf mit Schmerzen verbundene Eingriffe am Tier
- Verbesserung der Beratung in der Bestandsbetreuung
- Verbesserung des Wohlbefindens des Tieres, des Gesundheits- und Hygienestatus von Betrieben

In der Mastschweinehaltung ist Schwanzbeißen ein häufig auftretendes Problem. Es gibt viele mögliche Einflussfaktoren. Somit bedarf es betriebsindividueller Ansätze, um das Problem lösen zu können. Ziel dieses Projektes ist die Einführung, Evaluation und Verbreitung einer betriebsspezifischen Management–Hilfe zur Reduzierung von Schwanzbeißen auf deutschen Mastschweinebetrieben.

Die Software gestützte Management–Hilfe basiert auf einer in Großbritannien entwickelten Management-Hilfe. Sie wurde an deutsche Verhältnisse angepasst und in der Praxis in zwei Studien erprobt.

Die SchwIP – Analyse (Futterration, bauliche Verhältnisse, Ausstattung der Buchten, Bonitierung von Ohren und Schwänzen, Stallklima, Durchflussraten der Tränken) wurde auf 213 Mastschweinebetrieben (71 von einer Tierärztin der SchwIP –Arbeitsgruppe, 142 von Beratern) zweimal im Abstand eines Jahres angewendet. Dabei erfolgte jeweils gemeinsam mit dem / der Betriebsleiter / in die Erstellung eines Maßnahmeplans. Landwirte, Berater und Tierärzte wurden in der praktischen Anwendung des SchwIP geschult. Diese geschulten Personen wendeten die Management – Hilfe an und übermittelten die Ergebnisse der Anwendung an das Institut für Tierschutz und Tierhaltung in Celle.

Als Grundlage für die Programmierung wurde eine Expertenbefragung verwendet, welche folgende Faktoren am höchsten gewichteten: Mangel an ausreichendem Platz für Ruheliegeverhalten, Vorhandensein von Ohrbeißen, Zugluft im Liegebereich, hohe Gehalte an Ammoniak und/oder Staub in der Stallluft, < 3% Rohfasergehalt in der Futterration, verdorbenes Futter, Abwesenheit von Beschäftigungsmaterial und weitere. Aus diesen Faktoren wurden 56 gewichtete Risikofaktoren auf jedem Probebetrieb erhoben. Um das Schwanzbeiß – Risiko auf den Problembetrieben widerspiegeln zu können, wurden die Risikofaktoren in 5 Kategorien Stress, Tiergesundheit, Beschäftigung, Futter und Wasser und Komfort eingeteilt. Das SchwIP generiert auf dieser Basis einen betriebsspezifischen Risikobericht. Eine Evaluation aller Problembetriebe zeigte, dass eine große Variation zwischen den Betrieben hinsichtlich des Gesamtrisikos für Schwanzbeißen bestand.

Die Anwendung des SchwIP war effektiv, denn nur 7 Landwirte beschlossen nach der ersten Erhebungsrunde keine Verbesserungsmaßnahmen. Dafür wurden 78 % der Maßnahmen vollständig oder teilweise implementiert. 2013 wurden signifikant weniger Schwanz- und Ohrläsionen gefunden und auch am Schlachthof sank die Prävalenz von Schwanzverletzungen im Verlauf eines Jahres. Das Software – basierte Schwanzbeiß – Interventionstool SchwIP kann helfen die Hintergründe von Schwanzbeißen besser zu erfassen und zu verstehen.

Madey, D., Brocke, A. vom, Dippel, S., Schrader, L.. (2011): Schwanzbeissen bei Mastschweinen. Jahresbericht 2011. Friedrich-Loeffler-Institut, Bundesforschungsinstitut für Tiergesundheit, Greifswald - Insel Riems, 2011, 49-52.

Brocke, A. vom, Madey, D., Dippel, S., Schrader, L.. (2012): Schwanzbeißen und Schwanzkupieren beim Schwein. Amtstierärztlicher Dienst 1.Quartal/2012, 31-32.

Schulte, M. (2012): Schwanzbeißen stoppen: Berater machen sich fit. SUS 5, 62-65.

Madey, D. (2013): Management-Hilfe zur Erhebung von Risikofaktoren für Schwanzbeißen bei Mastschweinen. Beitrag während der 53. Fortbildung für Schweinekrankheiten, TiHo, erschienen in Tierärztlicher Umschau 11/2013 Teil 1, S. 496.

Bergmann, R., (2014): Alternativen zum Anbeißen bieten. LAND & Forst Nr. 7, 13.02.2014, 36-37.

Närmann-Bockholt, C. (2015): Den Blick für den Betrieb schärfen. LZ Rheinland, Ausgabe 20 vom 15. Mai 2015, 38,63-6.

Art der Förderung

Niedersachsen

FRIEDRICH-LOEFFLER-INSTITUT FLI Bundesforschungsinstitut für Tiergesundheit Federal Research Institute for Animal Health

TÖNNIES FORSCHUNG

Projekt EN – Z – MA: Elektronische Nase – Zucht – Ebermast

PD DR. Peter Boeker
Rheinische Friedrich-Wilhelms-Universität Bonn
Institut für Landtechnik
Nußallee 5
53115 Bonn

Dr. Ernst Tholen
Rheinische Friedrich-Wilhelms-Universität Bonn
Institut für Tierwissenschaften
Haustiergenetik
Endenicher Allee 15
53115 Bonn

&

Genossenschaft zur Förderung der Schweinehaltung eG
German Genetic
Besamungsverein Neustadt an der Aisch e.V.
Landwirtschaftskammer Nordrhein – Westfalen
Universität Bonn

Landesanstalt für Schweinezucht Boxberg
Lehr-, Versuchs- und Fachzentrum Schwarzenau
Versuchsstation Grub
Fraunhofer – Institut

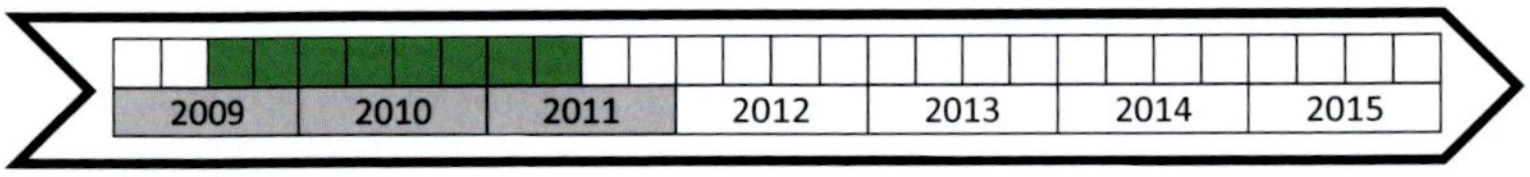

Handlungsfelder:

- Verzicht auf mit Schmerzen verbundene Eingriffe am Tier
- Konzeptvorschläge zur Erfassung von Tierwohl – Indikatoren und Zuchtmerkmalen

Die operative Ferkelkastration ohne Anästhesie soll bis 2018 in der Europäischen Union verboten werden. Die Ebermast ist, neben der Immunokastration und der Kastration unter Betäubung, eine attraktive Alternative. Diese Alternative ist jedoch aufgrund des Ebergeruchs, der maßgeblich durch das Pheromon Androstenon und das Bakterienabbauprodukt Skatol verursacht wird, problematisch. Ziele dieses Projektes sind den Anteil an Ebern mit Ebergeruch in der aktuellen Schweinepopulation zu quantifizieren und die züchterischen Möglichkeiten zur Reduktion des Anteils an geruchsbelasteten Eber zu untersuchen. Weiterhin wird eine elektronische Nase entwickelt, die als Schnellmessmethode des Ebergeruchs automatisiert werden soll.

In fünf deutschen Prüfstationen wurden 1601 Tiere (1054 Eber, 440 Sauen, 107 Börgen) geprüft. Neben Verhaltensbeobachtungen wurden Daten zur Haltung, Saison und Mast- und Schlachtleistung erhoben.

Mit einem Gehalt von 250 ng Skatol bzw. 500 ng Androstenon oder 150 ng Skatol bzw. 2000 ng Androstenon je g Fett wurden die Eber einer Gruppe mit erhöhtem Risiko für Ebergeruch zugeordnet. So wurden 48,1 bzw. 39,6 % der Eber in die Risikogruppe eingestuft. Wie die Ergebnisse der eigenen Untersuchung zeigen, ist die Zucht gegen Ebergeruch erfolgsversprechend, da beide Leitkomponenten einen hohen Erblichkeitsgrad (Androstenon 0,6 und Skatol 0,4) aufweisen. Die zu erwartende unerwünschte Beziehung des Androstenons zu den Merkmalen der maternalen Fruchtbarkeit stellt jedoch ein spezifisches Problem bei der Zucht gegen Androstenon dar. Allerdings war dieser Antagonismus in der untersuchten Piétrain – Population, mit Ausnahme der unerwünschten Korrelation von Androstenon zu Erstferkelalter (rg = - 0,44), nur schwach nachweisbar. Somit erscheint die Selektion gegen Androstenon nur in Vaterlinien realisierbar. Außerdem wurde zur Quantifizierung von Androstenon und Skatol eine GC/MS – ToF Messkette entwickelt, die das Hormon und das Bakterienabbauprodukt direkt im Gasraum der Proben misst. In Kombination mit deuterierten Referenzstoffen kann der direkte Bezug auch zu den Gehalten im Substrat exakt hergestellt werden. Die Leitkomponenten des Ebergeruchs können automatisiert mit hoher Genauigkeit erfasst werden.

Frieden, L. (2013): Züchterische Möglichkeiten zur Reduktion von geschlechtsbedingten Geruchsabweichungen am Schlachtkörper von männlichen unkastrierten Mastschweinen. Dissertation Universität Bonn.

Art der Förderung

Bundesministerium
für Ernährung
und Landwirtschaft

Strategien zur Vermeidung von Geruchsabweichungen bei der Mast unkastrierter männlicher Schweine (Strat – E – GER – Projekt)

Prof. Dr. Christian Looft
Rheinische Friedrich-Wilhelms-Universität Bonn
Institut für Tierwissenschaften
Abt. Haustiergenetik
Endenicher Allee 15
53115 Bonn

&
Universität Göttingen
NH DyeAGNOSTICS GmbH
Genossenschaft zur Förderung der Schweinehaltung e.G.
Schweinezuchtverband Baden – Württemberg e. V.
Besamungsverein Neustadt an der Aisch e. V.
B. und C. Tönnies Fleischwerk GmbH & Co. KG
Vion Food Group

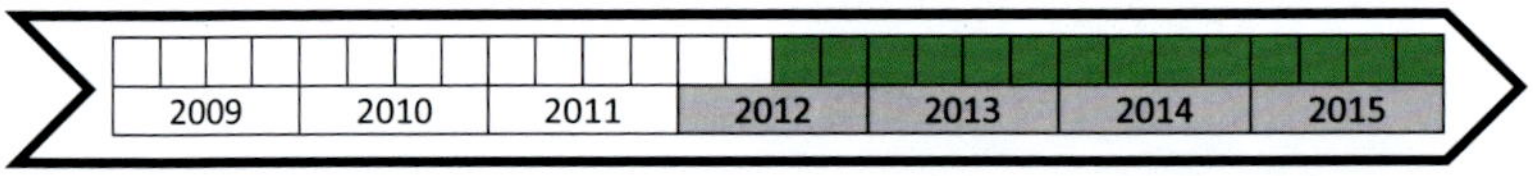

Handlungsfelder:

- Verzicht auf mit Schmerzen verbundene Eingriffe am Tier

Die Substanzen Androstenon und Skatol können im Fleisch unkastrierter Eber einen Geruch und Geschmack verursachen, der von Verbrauchern als störend wahrgenommen wird. Zur Vermeidung dieser, als Ebergeruch bezeichneten Geruchsabweichung, werden die Eberferkel überwiegend ohne Betäubung operativ kastriert. Dieses Verfahren verursacht Schmerzen und ist daher aus Tierschutzgründen wiederholt Gegenstand öffentlicher kontroverser Diskussionen.

Voraussetzung einer erfolgreichen Etablierung der Ebermast ist die zuverlässige Erfassung des Ebergeruchs und eine Reduktion des Anteils von Eberschlachtkörpern mit Geruchsabweichungen. Die messtechnische Erfassung des Ebergeruchs über die Leitkomponenten Skatol und Androstenon ist bisher nur mit einem hohen analytischen und finanziellen Aufwand möglich.

Neben der aktuell diskutierten Möglichkeit der Immunokastration von Ebern lässt sich das Merkmal Ebergeruch züchterisch bearbeiten und minimieren. Vorläufige Ergebnisse des EN – Z – EMA Projektes zeigen, dass bei einer klassischen Selektionsstrategie auf der Basis phänotypischer Androstenon- und Skatolmessungen mindestens 3 – 4 Generationen notwendig sind, um den Anteil Tiere mit Ebergeruch von 20 % auf weniger als 5 % zu reduzieren. Um diesen vergleichsweise langen Zeitraum zu reduzieren, bietet sich das Instrument der genomischen Selektion auf der Basis von SNP – Chips an.

1. Ziel: Etablierung der genomischen Selektion für das Merkmal Ebergeruch in deutschen Zuchtpopulationen. Hierfür müssen DNA – Varianten für die Variation der Skatol- und Androstenonkonzentration im Fleisch von Ebern identifiziert werden, was die Voraussetzung für die genetisch bedingte Verminderung der Geruchs- und Geschmacksproblematik im Schweinefleisch darstellt. Die Selektion erfolgt dann ausschließlich anhand der identifizierten DNA – Varianten.

Die im Rahmen des EN – Z – EMA Projektes entwickelten automatischen Messsyteme sind in der Lage, die Leitkomponenten des Ebergeruchs zu erfassen. Allerdings reicht die Geschwindigkeit und Robustheit der verwendeten Messmethodik bisher noch nicht aus, um den Anforderungen eines kommerziellen Schlachthofes mit hoher Bandgeschwindigkeit zu erfüllen. Aus diesem Grund haben Verfahren der Humansensorik in kommerziellen Schlachthöfen an Bedeutung gewonnen, sind jedoch nur wenig standardisiert.

2. Ziel: Ableitung von Handlungsempfehlungen zur humansensorischen Beurteilung von Geruchsabweichungen. Anhand von Stichproben sollen die Korrelationen zu den Leitkomponenten des Ebergeruchs Androstenon und Skatol, zur Fettsäurezusammensetzung und Proteinexpression untersucht werden. Die verlässliche Identifizierung der Schlachtkörper mit negativer Geruchsabweichung ist eine wesentliche Voraussetzung für die Akzeptanz der Jungebermast als das Verfahren der Wahl zum vollständigen Kastrationsverzicht.

Art der Förderung

Bundesministerium
für Ernährung
und Landwirtschaft

Genomische Zuchtwertschätzung bei der Vaterrasse „German Piétrain“

Albrecht Weber
German Genetic
Im Wolfer 10
70599 Stuttgart – Plieningen

Dr. Meike Friedrichs
Genossenschaft zur Förderung der Schweinehaltung e.G.
Zum Pöpping 29
59387 Ascheberg

& Landesanstalt für Schweinezucht Boxberg
Universität Hohenheim
FBN Dummerstorf
Universität Bonn

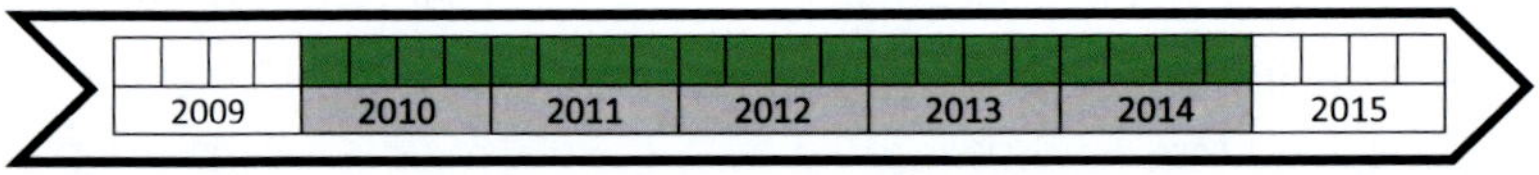

Handlungsfelder:

- Konzeptvorschläge zur Erfassung von Tierwohl-Indikatoren und Zuchtmerkmalen

Ziel ist die Entwicklung und Etablierung der genomischen Zuchtwertschätzung für die Vaterrasse German Piétrain. So soll eine routinemäßige Vorselektion der Eber ermöglicht werden. Durch diese Vorselektion kann die Sicherheit der Zuchtwerte gesteigert und ein schnellerer Zuchtfortschritt realisiert werden, besonders bei Merkmalen mit einer niedrigen Heritabilität, wie Langlebigkeit und Fitnessmerkmale. Die genetischen Leistungsveranlagungen der Tiere sollen bereits zu einem frühen Lebensabschnitt sicherer einschätzbar sein.

Bei der Genomselektion werden sogenannte SNP´s (Single Nucleotide Polymorphism) als Informationsquellen genutzt, die sich als Marker über das gesamte Erbgut eines Individuums verteilen. Das genetische Potential eines Tieres entspricht der Summe der SNP – Effekte für die einzelnen Merkmale. Als Basis für die Abschätzung dieser Markereffekte dient eine umfangreiche Referenzpopulation aus Tieren, die neben der SNP – Genotypisierung auch über sehr sicher geschätzte Zuchtwerte verfügen. Aus dieser bekannten Tiergruppe werden dann die Effekte aller Marker mit statistischen Modellen geschätzt.

Die erste Referenzpopulation bildeten etwa 1.000 nachkommengeprüfte KB – Eber, die mit dem Schweine – SNP – Chip mit circa 60.000 SNP´s genotypisiert wurden. Um das Verfahren der Genomselektion im Zuchtfortschritt weiter zu etablieren, werden den neugeborenen Eberferkeln auf zertifizierten Zuchtbetrieben Gewebeproben genommen und eingelagert. Zur Eigenleistungsprüfung um den 160. Tag wird die Entscheidung über die LD – Typisierung getroffen. Diese Typisierung erfolgt bei etwa 2500 Tieren pro Jahr. Die Genom – Ergebnisse werden zur Zuchtwertschätzung an die Landesanstalt für Schweinezucht in Boxberg übermittelt. Zum Abschluss erfolgt die Selektion der Jungeber anhand genomisch optimierter Zuchtwerte, wobei nur die absolute Leistungsspitze für den Einsatz in der künstlichen Besamung vorgesehen ist.

Das System der genomischen Zuchtwertschätzung kann für das German Piétrain – Zuchtprogramm als Meilenstein bezeichnet werden. Es konnte sich in der Praxis etablieren und steht dem Züchter als innovatives zukunftsorientiertes „Zuchtwerkzeug“ zur Verfügung. Höhere Zuchtwertsicherheiten, verkürzte Generationsintervalle und optimierte Selektionsstratgien führen zu gesteigerten Zuchtfortschritten. Außerdem lassen sich weitere züchterische Herausforderungen, besonders die Merkmale Ebergeruch oder Vitalität, mit der Genomselektion zielgerichtet bearbeiten.

German Genetic / SZV – ZEG (2014): German Piétrain Gold ... mit Sicherheit besser, PDF – Datei (http://www.hattinggermany.de/Admin/Public/Download.aspx?file=Files%2FFiler%2FNORT%2FGerman-pietrain-2014+gold.pdf).

Art der Förderung

Baden-Württemberg

Präventive Hygieneberatung: Ansatzpunkte zur Umsetzung von Hygienemaßnahmen zur Verbesserung der Tiergesundheit und zur Prävention von Tierseuchen in schweinehaltenden Betrieben in NRW

Prof. Dr. Marc Boelhauve,
Prof. Dr. Marcus Mergenthaler
Fachbereich Agrarwirtschaft
Fachhochschule Südwestfalen
Lübecker Ring 2
59494 Soest

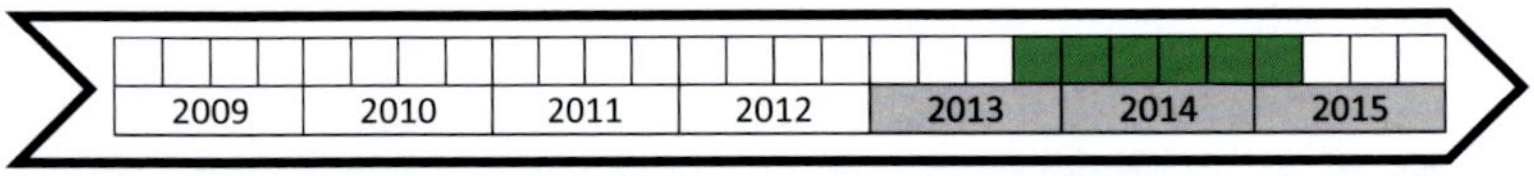

Handlungsfelder:

- Verbesserung des Wohlbefindens des Tieres, des Gesundheits- und Hygienestatus von Betrieben
- Verbesserung der Beratung in der Bestandsbetreuung

Ziel des Projektes war es, die Tiergesundheit in der NRW – Schweinehaltung durch die Umsetzung geeigneter Hygienemaßnahmen weiter zu verbessern.

Zuerst erfolgte eine Zusammenstellung und Bewertung von Hygienemaßnahmen, die zu der Zeit in der landwirtschaftlichen Schweinehaltung angewendet wurden. Zeitgleich wurde eine Untersuchung des Status-Quo in der Beratung zur Verbesserung der Hygiene in der Tierhaltung durchgeführt. Im Anschluss an die „Voruntersuchungen“ fanden regionale Workshops in NRW zur Einbindung interessierter Betriebsleiter statt.

Einbezogen wurden vorzugsweise Betriebe aus dem Clusterprojekt „Gesunde Tiere – gesunde Lebensmittel“ und zusätzlich Betriebe aus dem Rheinland. Innerhalb von zwei Jahren erfolgten mindestens halbjährlich Hygieneuntersuchungen auf den Betrieben. Parallel wurde eine Akzeptanzuntersuchung bei den Landwirten zum Einsatz von Hygienemaßnahmen und zur Nutzung von Hygieneberatung durchgeführt.

Mittels persönlicher Interviews wurden fördernde und hemmende Faktoren der Anwendung der verschiedenen Hygienemaßnahmen aus Sicht der Landwirte ermittelt und sinnvolle Anreizsysteme zur Nutzung von Hygieneberatung eruiert. Durch ergänzende Workshops mit den Landwirten und leitfadengestützte Gespräche mit Branchenexperten wurden erste Empfehlungen für die landwirtschaftliche Praxis, für die Beratung und für die Politik abgeleitet.

Insgesamt betrachtet verfolgte das Projekt einen innovativen und zeitgemäßen Ansatz, der neben der Landwirtschaft auch die Beratung fokussierte. Die Gesamtkonstruktion des Forschungsprojektes war so ausgelegt, dass für einen zügigen und optimalen Transfer von Forschungsergebnissen in die landwirtschaftliche Praxis gesorgt wurde.

Durch das Darstellen von Optimierungsmöglichkeiten bei Hygienemaßnahmen wurden Ansatzpunkte zur Verbesserung der Tiergesundheit und zur Tierseuchenprävention erarbeitet.

Art der Förderung

Landwirtschaftskammer Nordrhein-Westfalen

Demonstrationsvorhaben zur Sanierung Ia – MRSA – positiver Schweinebestände zum Schutz der Landwirte, Mitarbeiter und Verbraucher

Prof. Dr. Marc Boelhauve
Fachbereich Agrarwirtschaft
Fachhochschule Südwestfalen
Lübecker Ring 2
59494 Soest

& Universitätsklinikum Münster

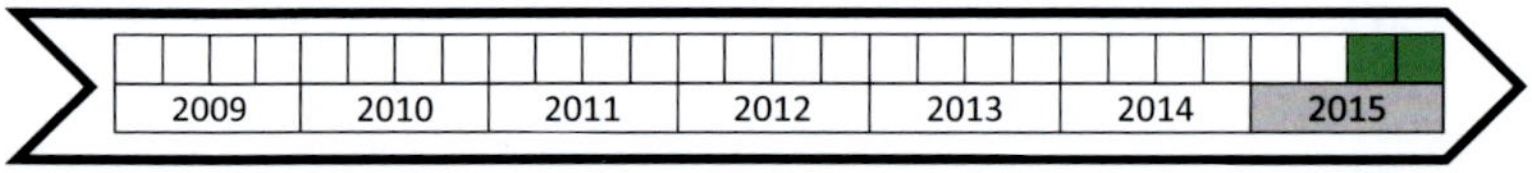

Handlungsfelder:

- Verbesserung des Wohlbefindens des Tieres, des Gesundheits- und Hygienestatus von Betrieben

Eine Strategie zur aktiven Reduzierung von MRSA wurde bisher noch nicht erstellt und experimentell belegt. Somit besteht weiterhin die Gefahr, dass über weitere Antibiotikagaben die Prävalenz multiresistenter Erreger zunehmen kann. Das in diesem Projekt vorliegende Demonstrationsvorhaben soll erstmalig die Möglichkeit eröffnen, aktiv die Existenz und Ausbreitung bzw. Weiterentwicklung von multiresistenten Keimen zu reduzieren.

Eine Möglichkeit zur Reduktion multiresistenter Keime stellt die Elimination dieser Erreger dar. Im Fall von MRSA kann dies über Dekolonisationstherapien beim Menschen, der Umgebungsbehandlung und im Fall der tierhaltenden Betriebe über die Dekolonisation der MRSA – Trägertiere erfolgen. Bisher waren die Versuche zur Dekolonisation MRSA – positiver Personen, die in schweinehaltenden Betrieben hauptsächlich arbeiten, nicht erfolgreich, da diese Personen über positive MRSA – Trägertiere bzw. die Stallumgebung laufend neu besiedelt werden.

Wissenschaftlich – strategisch sind zwei Hauptschritte denkbar:

- Zuerst sollte eine MRSA – Dekontamination der Stallungen inklusive aller Gerätschaften erfolgen, damit sich neu einzustallende MRSA – negativen Tiere nicht besiedeln lassen; in diesem Schritt erfolgt ebenso die Dekolonisation MRSA – positiver humaner Träger
- Im zweiten Schritt wird eine Dekolonisation MRSA – positiver Trägertiere vorgenommen

Zur Verbesserung der umwelt- und standortgerechten Tierhaltung in NRW soll in diesem Demonstrationsvorhaben die Umsetzung des ersten Schrittes in Praxisbetrieben vollzogen werden. Übergeordnetes Ziel ist es, ein Verfahren aufzuzeigen, mit dem sich Stallungen und Gerätschaften dekontaminieren lassen, sodass sich MRSA – negative Personen und neu einzustallende Tiere nicht mit MRSA besiedeln lassen können.

Art der Förderung

Ministerium für Klimaschutz, Umwelt, Landwirtschaft, Natur- und Verbraucherschutz des Landes Nordrhein-Westfalen

TGS Schweinehaltung: Implementierung eines Tiergesundheitssystems in der Schweinehaltung

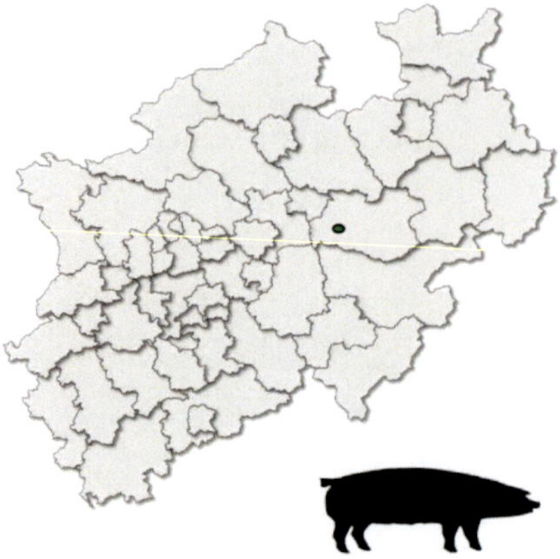

Prof. Dr. Marc Boelhauve,
Prof. Dr. Marcus Mergenthaler
Fachhochschule Südwestfalen
Fachbereich Agrarwirtschaft
Lübecker Ring 2
59494 Soest

& Westfälisch – Lippischer Landwirtschaftsverband
Erzeugerring Westfalen e.G.
Schweinegesundheitsdienst der Landwirtschaftskammer NRW
IQ – Agrar Service GmbH
Hoftierärzte als Unterauftragnehmer der Fachhochschule Südwestfalen

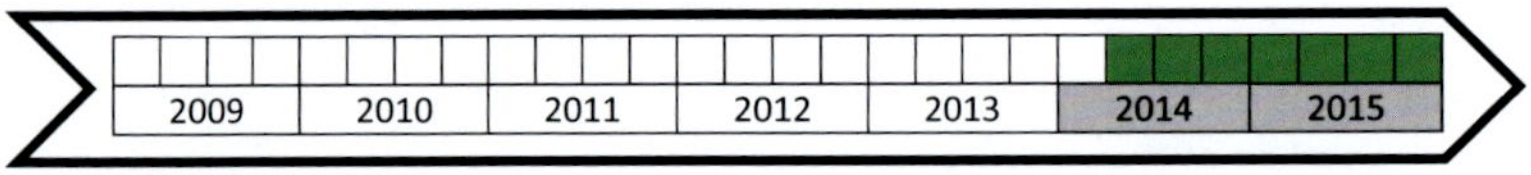

Handlungsfelder:

- Verbesserung der Beratung in der Bestandsbetreuung
- Verbesserung des Wohlbefindens des Tieres, des Gesundheits- und Hygienestatus von Betrieben

Die beteiligten Organisationen dieses Projektes hatten bereits im Clusterprojekt „Gesunde Tiere – gesunde Lebensmittel“ erfolgreich zusammengearbeitet und ein Modell eines Tiergesundheitssystems für die landwirtschaftliche Schweinehaltung entwickelt. An dieses Modell, mit seinen Arbeiten und Ergebnissen, knüpft das aktuelle Vorhaben an.

Ziel des Projektes „TGS Schweinehaltung“ ist die Weiterentwicklung des im Clusterprojekt geschaffenen Tiergesundheitssystems zur Praxisreife, um hinsichtlich der Tiergesundheit eine Verbesserung der Bestandsbetreuung schweinehaltender Betriebe zu erreichen.

Folgende Aufzählungen zählen zum Arbeitsprogramm des Projektes:

- Weiterentwicklung der im NRW – Clusterprojekt „Gesunde Tiere – gesunde Lebensmittel" erstellten Tiergesundheitsdatenbank
- Praxistaugliche Optimierung von aussagekräftigen Gesundheitsscreenings bei Schweinen an betriebsindividuellen Bedingungen
- Überprüfung, Erprobung und Etablierung von Beratungspaketen mit dem Ziel einer verbesserten Tiergesundheit
- Strategische Außendarstellung (Kommunikation und Marketing) in der Fachpresse und auf Branchenveranstaltungen

Zusätzlich erfolgt eine detaillierte Evaluierung der Zahlungs- und Kooperationsbereitschaften für verschiedene Leistungspakete des Gesundheitsscreenings und der Beratung bei internen und externen Zielgruppen.

Allen entwicklungsfähigen Betrieben im nordwestdeutschen Veredlungsduster soll zukünftig mit diesem Vorhaben ein Tiergesundheitssystem zur verbesserten Bestandsbetreuung angeboten werden. So soll ein Beratungssystem geschaffen werden, das Einzug in die landwirtschaftliche Praxis hält und nach Abschluss des Projektes von den beteiligten Projektpartnern inhaltlich und finanziell getragen werden kann.

Art der Förderung

---

rentenbank

Umsetzung von Maßnahmen zur Verbesserung der Tierhygiene und zur Prävention von Tierseuchen in schweinehaltenden Betrieben in NRW

Prof. Dr. Marc Boelhauve,
Prof. Dr. Marcus Mergenthaler
Fachbereich Agrarwirtschaft
Fachhochschule Südwestfalen
Lübecker Ring 2
59494 Soest

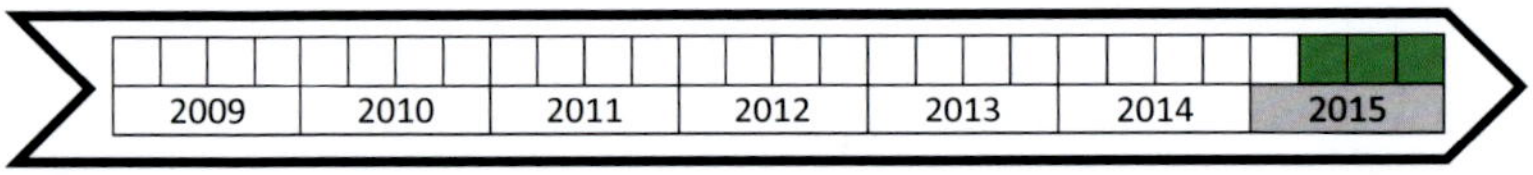

Handlungsfelder:

- Verbesserung des Wohlbefindens des Tieres, des Gesundheits- und Hygienestatus von Betrieben
- Verbesserung der Beratung in der Bestandsbetreuung

Das Forschungsprojekt knüpft unmittelbar an den Ergebnissen des Pilotprojektes „Präventive Hygieneberatung“ an. In diesem Pilotprojekt wurden bereits diverse punktuelle und kontinuierliche Hygienemaßnahmen in der landwirtschaftlichen Schweinehaltung, deren Auswirkungen auf Leistungen und die Tiergesundheit und die Akzeptanz der Landwirte für diese Maßnahmen untersucht.

Ziel ist es, die Tiergesundheit in der NRW-Schweinehaltung durch die Umsetzung geeigneter Hygienemaßnahmen weiter zu verbessern. Die mögliche Ausbreitung von Tierseuchen soll durch frühzeitige Erkennung und bereits im Vorfeld etablierte Hygienebarrieren auf landwirtschaftlichen Betrieben verringert werden.

Das Projekt setzt sich aus fünf Arbeitspaketen zusammen. Zum Beispiel soll die Übertragung der Ergebnisse und Erkenntnisse aus den Pilotbetrieben auf Betrieben außerhalb der Projektgruppe vorgenommen werden. Die Weiterführung und Entwicklung von Workshops zu spezifischen Hygieneschwerpunkten soll Anreize zur eigenverantwortlichen Umsetzung ausgewählter Hygienemaßnahmen schaffen. Weiterhin sollen allgemeingültige und umfassende Ableitungen beschrieben werden, die die Erfolgsfaktoren für Inhalt und Ablauf von Beratungsprozessen beschreiben sowie Anreizsysteme zur dauerhaften Umsetzung von Hygienemaßnahmen bieten.

Neben der Landwirtschaft wird auch die Beratung fokussiert. Die Gesamtkonstruktion des Projektes erlaubt einen zügigen und optimalen Transfer von Forschungsergebnissen in die landwirtschaftliche Praxis und trägt somit mittelbar zur Tierseuchenprävention und zur Verbesserung der Tiergesundheit bei.

Zusätzlich ist geplant, im Rahmen des Forschungsprojektes die Weichenstellung für ein Hygienekompetenzzentrum für Schweinehalter in NRW zu prüfen und ggf. mit Ablauf des Projektes zu etablieren.

Art der Förderung

Landwirtschaftskammer
Nordrhein-Westfalen

5.3 Projekte mit Bezug Rind

Monitoring des Bewegungsverhaltens von Rindern

Jan Behmann,
Lutz Plümer
Rheinische Friedrich-Wilhelms-Universität Bonn
Institut für Geodäsie und Geoinformation
Meckenheimer Allee 172
53115 Bonn

& Universität Bonn

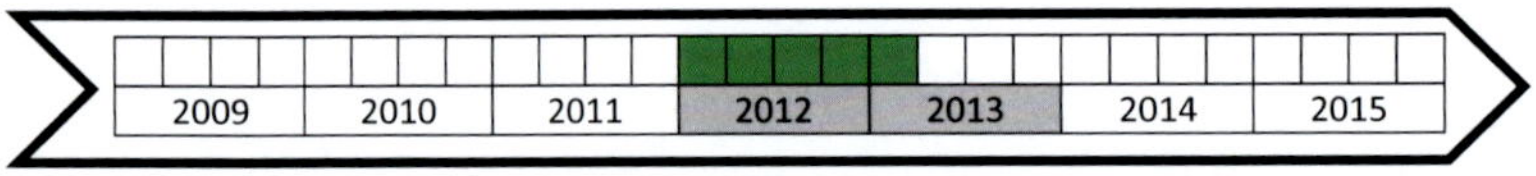

Handlungsfelder:

- Konzeptvorschläge zur Erfassung von Tierwohl – Indikatoren und Zuchtmerkmalen
- Verbesserung des Wohlbefindens des Tieres, des Gesundheits- und Hygienestatus von Betrieben

Die Überwachung von Milchkühen ist in der modernen Milchwirtschaft von großem Interesse. Einerseits ermöglicht dies Langzeitaussagen über den gesundheitlichen Zustand von Milchkühen und andererseits auch die frühzeitige Aufdeckung von Krankheiten und Verletzungen. In jüngster Zeit tritt das Thema des Tierschutzes immer mehr in den Vordergrund und verlangt nach belegbaren Werten für das Wohlbefinden von Kühen in einer definierten Umgebung. Als Sensoren stehen ein Indoor-Positionierungssystem und ein System zur Überwachung der Herzfrequenz und ihrer Variabilität zur Verfügung. Basierend auf diesen Daten soll zeitlich hochgenau auf den Bewegungszustand, beispielsweise Stehen, Liegen, Fressen und Wiederkäuen geschlossen werden. Methodisch wird zu diesem Zweck ein zweistufiges Verfahren verwendet, wobei im ersten Schritt durch eine Support-Vektor-Maschine (SVM) mit Platt-Scaling Zugehörigkeitswahrscheinlichkeiten für die verschiedenen Zustände einzelner Zeitpunkte ermittelt werden. In einem zweiten Schritt wird dann mit einem Graphischen Modell der den Beobachtungen zugrunde liegende Prozess als Markov-Prozess modelliert. Dieses Hidden Markov Model (HMM) kann dann zur besseren Integration von Kontextwissen zu einem Hidden Semi-Markov Model (HSMM) transformiert werden.

Eine auf diese Weise bestimmte Zeitreihe der Zustände der Kuh kann dann beispielsweise zur Detektion vergleichbarer Ruhezeitpunkte in verschiedenen Zeitreihen verwendet werden. Dies ermöglicht den Vergleich von Ruhepuls und weiteren Herzvariabilitätsparametern und somit Rückschlüsse über die Entwicklung des Gesamtzustands der Kuh. Auch können Änderungen im Verhalten, die auf Krankheiten oder Verletzungen hindeuten automatisch und frühzeitig detektiert werden, wodurch eine angemessene Reaktion des Landwirts erst ermöglicht wird.

Behmann, J., Hendriksen, K., Müller, U., Walzog, S., Büscher, W., Plümer, L. (2014): Recognition of Activity States in Dairy Cows with SVMs and Graphical Models. In: Clasen, M., Hamer, M., Lehnert, S., Petersen, B., Theuvsen, B. (Hg.): Referate der 34. GIL-Jahrestagung (IT-Standards in der Agrar- und Ernährungswirtschaft). Bonn 2014, S. 220-224.

Qualität von Gärfutter – Komparativer Vergleich mittels chemischer Analyse, Chemosensor-Systemen

Prof. Dr. Wolfgang Büscher
Rheinische Friedrich-Wilhelms-Universität Bonn
Institut für Landtechnik
Nußallee 5
53115 Bonn

& Universität Bonn

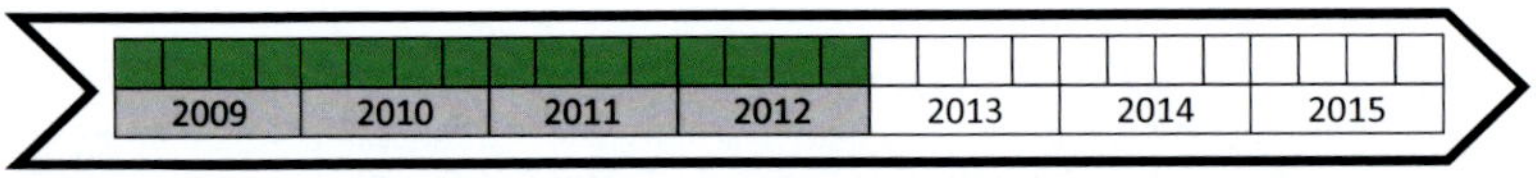

Handlungsfelder:

- Verbesserung des Wohlbefindens des Tieres, des Gesundheits- und Hygienestatus von Betrieben
- Reduktion des Arzneimitteleinsatzes und Verbesserung der Fütterung

In einer aufwendigen Studie sollte die Silagequalität mit Hilfe einer „elektronischen Nase" (Chemosensor-Array) mit anderen sensorischen Eigenschaften der Silage und mit dem Futteraufnahmeverhalten von Ziegen vergleichend bewertet werden. Hierzu fanden unter kontrollierten Bedingungen Labor- und Fütterungsversuche in den beteiligten Einrichtungen mit unterschiedlich aufbereiteter Mais- und Grassilage statt. Bei den Versuchen mit der elektronischen Nase wurden im Labor Geruchsmusteranalysen durchgeführt. Die Fütterungsversuche mit den Ziegen fanden im Versuchsstall des Instituts statt, wobei die Silagequalität und ihr Verderbszustand mit nass-chemischen Untersuchungsmethoden, anhand von physikalischen Parametern und nach dem DLG-Sinnenschlüssel erfasst wurden.

Gerlach, K., Roß, F., Weiß, K., Büscher, W., Südekum, K.-H. (2013): Changes in maize silage fermentation products during aerobic deterioration and effects on dry matter intake by goats. Agricultural and Food Science, 22: 168-181.

Gerlach, K.; Roß, F., Weiß K., Büscher, W., Südekum, K.-H. (2014): Aerobic exposure of grass silages and its impact on dry matter intake and preference by goats. Small Ruminant Research, 117 (2 – 3): 131 – 141.

Art der Förderung

DFG Deutsche Forschungsgemeinschaft

Blauzungenkrankheit bei Rind und Schaf: Art und Umfang der entstehenden Verluste in der Produktion anhand von Beispielbetrieben in NRW sowie Monitoring der Impferfolge

Dr. Ute Müller,
Prof. Dr. Dr. Helga Sauerwein
Rheinische Friedrich-Wilhelms-Universität Bonn
Institut für Tierwissenschaften
Abteilung Physiologie und Hygiene
Katzenburgweg 7-9
53115 Bonn

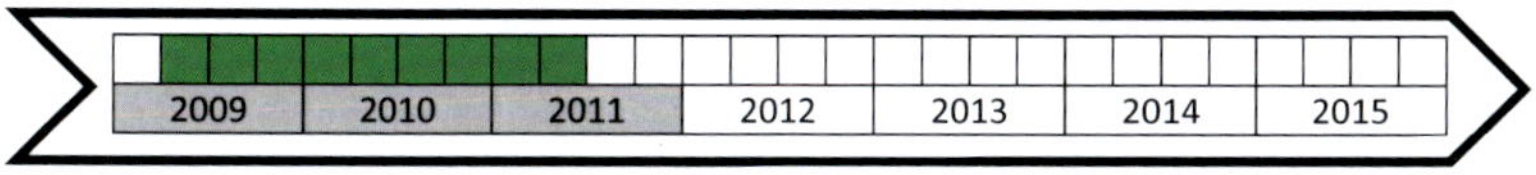

Handlungsfelder:

- ❖ Verbesserung des Wohlbefindens des Tieres, des Gesundheits- und Hygienestatus von Betrieben

Ziele des Forschungsvorhabens waren zum einen die Quantifizierung der Produktionseinbußen in Beispielbetrieben. Diese waren eine Besamungsstation, vier Milchviehbetriebe und vier Schafbetriebe. Zum anderen erfolgte das Monitoring der serologischen Veränderungen im Zusammenhang mit den 2008 und 2009 erfolgten BTV-8-Impfungen. Das Gesamtprojekt gliederte sich in die Teilprojekte Blauzungeninfektionen bei nicht-geimpften Bullen: Einfluss auf Spermaqualität und Blauzungeninfektionen bei Milchkühen und Schafen: Einfluss auf die Leistungs- und Gesundheitsdaten.

Müller U., Kemmerling K., Straet D., Janowitz U., Sauerwein H. (2010): Effects of bluetongue virus infection on sperm quality in bulls: a preliminary report. The Veterinary Journal, 186, 402-403.

Art der Förderung

USL

Hämorrhagische Diathese bei Kälbern

Dr. Ute Müller
Rheinische Friedrich-Wilhelms-Universität Bonn
Institut für Tierwissenschaften
Abteilung Physiologie und Hygiene
Katzenburgweg 7-9
53115 Bonn

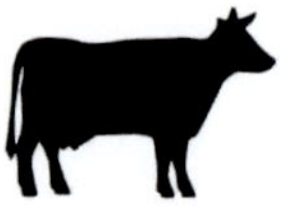

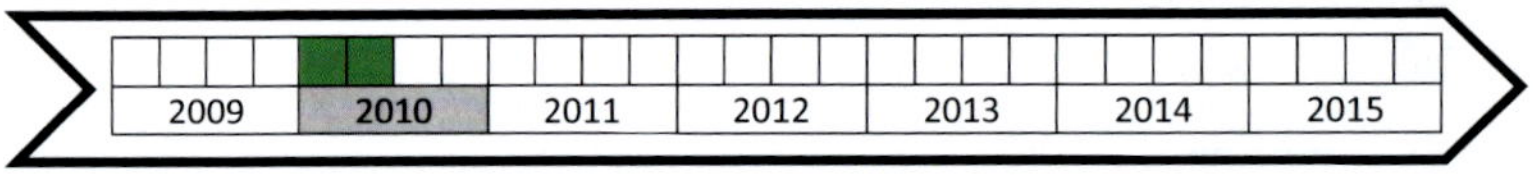

Handlungsfelder:

- Verbesserung des Wohlbefindens des Tieres, des Gesundheits- und Hygienestatus von Betrieben
- Konzeptvorschläge zur Erfassung von Tierwohl – Indikatoren und Zuchtmerkmalen

Bei den Symptomen der Hämorrhagischen Diathese (HD) bei Kälbern (oder Bovinen neonatalen Panzytopenie (BNP)) handelte es sich Ende 2009 um ein in diesem Ausmaß unbekanntes Krankheitsbild, dessen Ursachen zu dem Zeitpunkt noch nicht bekannt waren. Für das Krankheitsbild charakteristisch sind Hautblutungen, blutiger Kot, Petechien, Fieber, Thrombozytopenie, Leukozytopenie und Panmyelophthise. Dieses Forschungsprojekt hatte, mit Unterstützung des Ministeriums für Klimaschutz, Umwelt, Landwirtschaft, Natur- und Verbraucherschutz NRW, die Ermittlung der räumlichen und zeitlichen Verteilung der HD-Fälle und die Beurteilung der vermuteten Risikofaktoren für das Auftreten der Symptomatik zum Ziel. Hierfür wurden in dem 1. Teilprojekt 22 Tierarztpraxen, die insgesamt mehr als 1700 Rinderhaltende Betriebe betreuten, von denen 65 insgesamt 200 klinisch erkrankte Kälber gemeldet wurden, sowie 13 Rinderhalter in Nordrhein-Westfalen mit vorgegebenen Fragebögen befragt. Die Befragung umfasste insgesamt Daten über Management, Haltung, Fütterung, Abstammung, Impfungen und Medikamente.

Je nach befragter Gruppe wurden diese Parameter auf Betriebs- oder Einzeltierebene erhoben. In dem 2. Teilprojekt wurden auf den 13 Betrieben bei 50 Kälbern die Thrombozyten- und Leukozytenwerte im Blut analysiert. Alle erhobenen Daten der beiden Teilprojekte wiesen als gemeinsames Merkmal auf, dass die Muttertiere der klinischen BNP-Kälber und der Kälber mit erhöhten Thrombozytenwerten mit dem BVD-Impfstoff Pregsure® BVD geimpft worden waren, was sich dann auch in weiteren Forschungsprojekten von anderen Institutionen bestätigt hatte. Das beschriebene, sechsmonatige Projekt trug für das Ministerium maßgeblich zu der Aufklärung der HD-Ursache bei.

Art der Förderung

Ministerium für Klimaschutz, Umwelt, Landwirtschaft, Natur- und Verbraucherschutz des Landes Nordrhein-Westfalen

SileBAT: (Sicherstellung der Lebensmittelversorgung der Bevölkerung für den Fall von bio- und agroterroristischen (BAT-) Schadenslagen)

Prof. Bernd Appel
Bundesinstitut für Risikobewertung (BfR)
Abteilung Biologische Sicherheit
Diedersdorfer Weg 1
12277 Berlin

& Universität Bonn
VDI Technologiezentrum

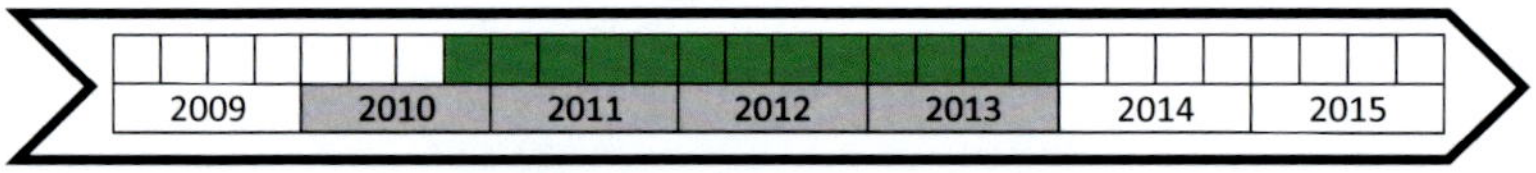

Handlungsfelder:

- Verbesserung des Wohlbefindens des Tieres, des Gesundheits- und Hygienestatus von Betrieben
- Verbesserung der Beratung in der Bestandsbetreuung

Als exemplarisches Szenario wird ein Angriff auf die „Warenkette Rind“ betrachtet. Die „Warenkette Rind“ beginnt beim Import von Futtermittelkomponenten und führt über die Herstellung von Futtermitteln, die Aufzucht der Tiere, die Schlachtung und Verarbeitung bis zum Vertrieb fertiger Fleisch- und Milchprodukte im Einzelhandel. Im Falle eines bio- oder agroterroristischen Anschlags auf diese Warenkette wäre es notwendig, alle Bereiche der Warenkette in die Schadensanalysen und die Entwicklung von Handlungsoptionen einzubeziehen. Effektives und abgestimmtes Handeln der am Krisenmanagement Beteiligten ist dabei nur bei der gesicherten Verfügbarkeit von umfassenden und validen Fachinformationen möglich. Deshalb ist die Strukturierung und Bereitstellung von Fachinformationen ein wesentlicher Bestandteil des vom Verbund entwickelten Lösungsansatzes. Dies bezieht sich u. a. auf die Themenbereiche: Epidemiologie und Tenazität von Agenzien, Verfügbarkeit und Effektivität der Nachweisverfahren, Nachweisgrenzen, Probenaufbereitungsverfahren, Dekontaminationsverfahren, Umgangsvorschriften, Handlungsempfehlungen etc..

Darüber hinaus werden computer-basierte Verfahren zur Analyse von Warenströmen und zur Bewertung von Risiken und Krisenmanagementoptionen entwickelt (Kosten-Nutzen-Analysen). Fachinformationen, die nicht oder nur unvollständig vorliegen, werden innerhalb des Projektes erarbeitet bzw. aktualisiert. Ziel ist es zudem, eine Lösung zu erarbeiten, die alle im Projekt entwickelten und freigegebenen Ressourcen den Akteuren im Bedarfsfall über eine speziell konzipierte, gesicherte und erweiterbare Informationsplattform zugänglich macht. Parallel wird ein Übungs- und Schulungskonzept erarbeitet und exemplarisch umgesetzt.

Um die Anwendbarkeit der Forschungsergebnisse zu garantieren und die Bedürfnisse der betroffenen Akteure zu berücksichtigen, sind Vertreter von Wirtschaftsverbänden, Wirtschaftsunternehmen sowie Länder- und Bundesbehörden eng in das Projekt eingebunden.

Mit dem Forschungsprojekt SiLeBAT sollen innovative Lösungen für die Prävention und Schadensbegrenzung für den Fall einer Bio- oder Agro-Terroristischen (BAT-)Schadenslage entwickelt werden.

Pinior, B. (2013): Application of Models for Safeguarding the Milk Supply Chain. Dissertation Universität Bonn.

Wilke, T., Raab V., Breuer O., Hamer M., Petersen B. (2013). Lebensmittelsicherheit und die Entwicklung von Public-Private Partnership Strukturen. Zeitschrift für Außen- und Sicherheitspolitik 6:23-33.

Art der Förderung

Bundesministerium
für Bildung
und Forschung

Zierkulierende miRNAs als diagnostische Hilfsmittel in Milchkühen mit subklinischer Endometritis

Prof. Dr. Karl Schellander
Rheinische Friedrich-Wilhelms-Universität Bonn
Institut für Tierwissenschaften
Abteilung Tierzucht und Tierhaltung
Endenicher Allee 15
53115 Bonn

& Universität Bonn

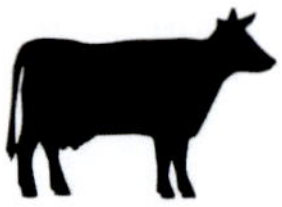

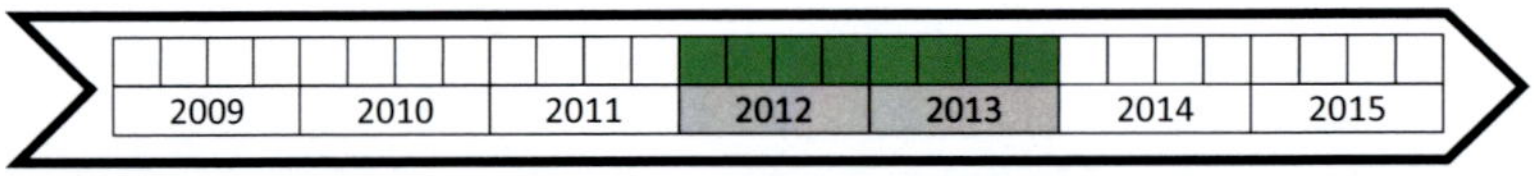

Handlungsfelder:

- Verbesserung des Wohlbefindens des Tieres, des Gesundheits- und Hygienestatus von Betrieben

Während die Mehrheit der miRNAs intrazellulär entdeckt wird, wurde auch eine bedeutende Anzahl an miRNAs, bekannt als zirkulierende oder extrazelluläre miRNA, auch außerhalb der Zellen festgestellt. Anders als bei zellulärer mRNA und miRNA weist die zirkulierende miRNA bemerkenswerte Stabilität und Resistenz gegenüber einer Degradierung durch Aktivität der endogenen RNase auf. Diese Veranlagung der zirkulierenden miRNA erregte ein Interesse an der Verwendung dieser miRNA als Diagnostik-Werkzeug bezüglich verschiedener Krankheitsbedingungen. Mikro-RNA Analysen in betroffenen Geweben zeigen bedeutende Unterschiede in den Expressionsprofilen dieser regulierenden miRNAs im Vergleich zu normalen Geweben, was für eine Verwendung in der klinischen Diagnostik nützlich sein könnte. In dem Projekt wurde die Hypothese aufgestellt, dass im Blut zirkulierende miRNAs als diagnostische Marker für subklinische Endometritis verwendet werden können. Das Projekt wurde durchgeführt mit dem Ziel, die Expression der zirkulierenden miRNAs in Serum von gesunden Kühen und Kühen mit klinischer oder subklinischer Endometritis zu profilieren, um zirkulierende miRNA als bezeichnend für das Vorhandensein einer klinischen oder subklinischen Endometritis zu identifizieren.

Um die Dynamik der miRNA Expression in Verbindung mit der Schwere der Krankheit aufzudecken wurde das Expressionsmuster von 740 gut charakterisierten miRNAs an Tag 2, 6, 9, 14 und 21 nach der Infektion verglichen mit dem Expressionsmuster von miRNAs an Tag 0 (vor der Infektion). Insgesamt wurden von 27, 18, 34, 20 und 22 zirkulierende miRNAs an Tag 2, 6, 9, 14 und 21 als unterschiedlich ausgeprägt erfasst. Wohingegen let-7, miR-218, miR-628-3p, miR-23b, miR-425, miR-19b und miR-148b zu mehr als einem Zeitpunkt nach der Infektion als hochgeregelt aufgefasst wurden, zeigten sich miR-448, -936, -144, - 27b, -10b und -38b in mehr als zwei Zeitpunkten nach der Infektion als heruntergeregelt im Vergleich zu der Zeit vor der Infektion. Nachdem Proben von unabhängigen Populationen ausgewertet wurden ist festzustellen, dass es möglich sein kann, Kandidaten hervorzubringen, die potentiell als diagnostische Marker für eine klinische und subklinische Endometritis verwendet werden können.

Art der Förderung

zoetis Pfizer

Durchführung von Transkriptomanalysen in Endometriumzellen und preimplantativen Embryonen

Prof. Dr. Karl Schellander
Rheinische Friedrich-Wilhelms-Universität Bonn
Institut für Tierwissenschaften
Abteilung Tierzucht und Tierhaltung
Endenicher Allee 15
53115 Bonn

& Freie Universität Berlin

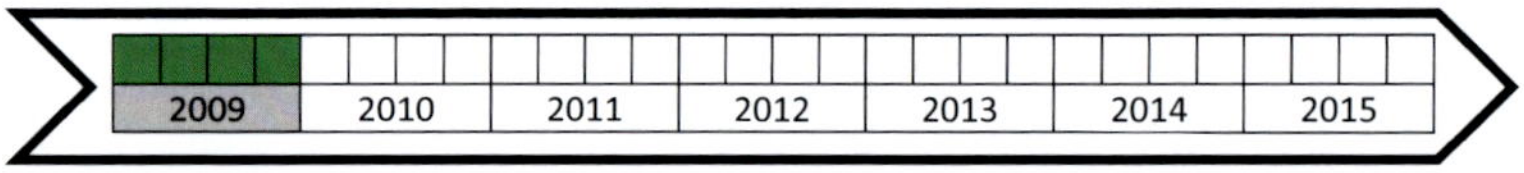

Handlungsfelder:

- Verbesserung des Wohlbefindens des Tieres, des Gesundheits- und Hygienestatus von Betrieben

Das übergreifende Ziel des Projektes ist, Einsicht in die Rolle von subklinischer Endometritis auf die Fruchtbarkeit von Zuchtkühen zu bekommen, was besonders die Auswirkungen auf die Mikroumwelt des Endometrium und daraus folgend die Entwicklungskompetenz des sich hier befindenden Embryos anbetrifft. Daraus ergeben sich die spezifischen Zielsetzungen: 1. Die Veränderungen im Transkriptionsprofil des Endometriums an Tag 7 und 16 nach der Besamung aufgrund von subklinischer Endometritis sollen festgestellt werden. Desweiteren soll die Auswirkung einer subklinischen Endometritis auf die Etablierung einer Schwangerschaft, speziell zu der Zeit der Embryo-maternalen Kommunikation, bestimmt werden. Eine Analyse des Effektes einer subklinischen Endometritis auf die resultierende Blastozystenqualität vor allem in Bezug auf Kryotoleranz, Auftreten von DNA-Fragmentation (Apoptose) und Zellnummer, soll folgen. Außerdem sollen die Veränderungen im Transkriptionsprofil von in vivo produzierten Blastozysten aus Kühen mit subklinischer Endometritis bewertet werden. 2. Ein Model zur Studie der Auswirkungen von subklinischer Endometritis auf die Fruchtbarkeit der Produktionsherde soll entwickelt werden.

Drillich M, Tesfaye D, Rings F, Schellander K, Heuwieser W, Hoelker M (2012): Effects of polymorphonuclear neutrophile infiltration into the endometrial environment on embryonic development in superovulated cows. Theriogenology 77: 570-578.

Hoelker M, Salilew-Wondim D, Drillich M, Grosse-Brinkhaus C, Ghanem N, Goetze L, Tesfaye D, Schellander K, Heuwieser W (2012): Transcriptional response of the bovine endometrium and embryo to endometrial polymorphonuclear neutrophil infiltration as an indicator of subclinical inflammation of the uterine environment. Reproduction, Fertilitiy and Development 24: 778-793.

Worku D, Hoelker M, Rings F, Drillich M, Heuwieser W, Cinar MU, Looft C, Tholen E, Schellander K, Tesfaye D (2010a): Detection of uterine miRNA and related molecular networks and pathways underlying bovine subclinical endometritis. Vortragstagung der Deutschen Gesellschaft für Züchtungskunde e.V. (DGfZ) und der Gesellschaft für Tierzuchtwissenschaften e.V. (GfT), Tagungsband, 15./16.9.2010, Kiel, Deutschland, C05 (Proc).

Worku D, Hoelker M, Rings F, Drillich M, Heuwieser W, Tholen E, Looft C, Schellander K, Tesfaye D (2010b): Altered expression of uterine miRNAs and related molecular pathways in the context of subclinical endometritis in bovine. Symposium der Deutschen Akademie der Naturforscher Leopoldina und der österreichischen Akademie der Wissenschaften (ÖAW) - Das "gläserne" Tier: Ein- und Ausblicke in Genome und Gene von Haustieren, 10.-12.3.2010, Wien, Österreich (Abstr).

Art der Förderung

Genexpressionsanalyse in Büffeloozyten und Embryonen

Prof. Dr. Karl Schellander
Rheinische Friedrich-Wilhelms-Universität Bonn
Institut für Tierwissenschaften
Abteilung Tierzucht und Tierhaltung
Endenicher Allee 15
53115 Bonn

& University of Cairo
Universität Bonn

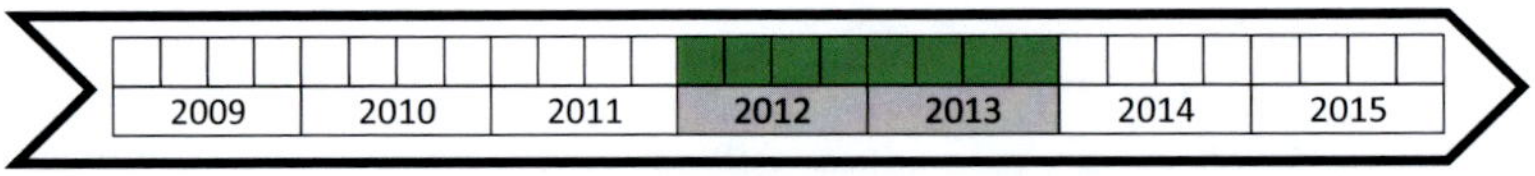

Handlungsfelder:

- Verbesserung des Wohlbefindens des Tieres, des Gesundheits- und Hygienestatus von Betrieben
- Konzeptvorschläge zur Erfassung von Tierwohl-Indikatoren und Zuchtmerkmalen

Büffel (Bubalus bubalis) sind Mehrzweck-Tiere mit großer Bedeutung in der Landwirtschaft und Produktion von Milch und Fleisch. Die totale Milchproduktion von Rindern und Büffeln beträgt 3,393 Millionen Tonnen, 51,6% davon werden von Büffeln produziert (Ministerium für Landwirtschaft und Landgewinnung, 2007). Auf der anderen Seite steuern Büffel 40% zu der totalen Fleischproduktion weltweit bei (FAO, 2010). Büffel reproduzieren sich zu einer sehr geringen Rate aufgrund von stiller Brunst und unregelmäßigem ovarialen Zyklus, sowie einer geringen Anzahl von Oozyten in ihren Eierstöcken (Nandi et al. 2002) und ungewöhnlicher follikularer Dynamik (Barkawi et al. 2008). Diese physiologischen Faktoren führen zu einer schwachen Reaktion auf eine Superovulation im Vergleich zu Rindern (Madan et al. 1996). Die Anwendung von biotechnologischen Reproduktionstechniken (z.B. in vitro Fertilisation (IVF) und Embryotransfer) ermöglichen es, eine große Anzahl an Nachkommen von genetisch überlegenen Tieren zu beziehen und die genetischen Verbesserungspläne zu unterstützen. Nach der Anwendung der IVF-Technik im ägyptischen Büffel liegt die Aufmerksamkeit jetzt auf der Forschung auf Basis der DNA um die zugrundeliegenden Mechanismen zu verstehen, die mit der abnehmenden Fruchtbarkeit und Produktivität zusammenhängen.

Mit dem Fortschritt genomischer Technologien ist es heutzutage möglich, tausende Gene zu gleicher Zeit zu analysieren um das Transkriptom junger Säugetieroozyten und –embryonen zu untersuchen. In einem Versuch die Büffelproduktivität durch Lösung der Fertilitätsprobleme zu erhöhen, besteht ein dringender Bedarf an Embryonenbanken von genetisch überlegenen Tieren (Fleisch und Milch) unter Verwendung biotechnologischer Techniken wie IVF und OPU. Eine effiziente Anwendung dieser technologischen Fortschritte erfordert das Verstehen der genetischen Kontrolle der Entwicklung von jungen Büffelembryonen. Aus diesem Grund ist das Ziel des Projektes die Investigation des Transkriptoms von Büffeloozyten und –embryonen unter Verwendung einer Mikroarray-Technik. Da es keine Büffel-spezifischen Array-Plattformen gibt, werden bovine Mikroarray-Plattformen verwendet werden, um die Phasen-spezifischen Trankskriptmengen in Büffeloozyten und Embryonen zu untersuchen. Das Ergebnis des aktuellen Projektes wird einen ersten Überblick über die Gene geben, die während der frühen Entwicklungsperiode aktiv sind und als potentielle Marker von früher Büffel-Embryogenese verwendet werden.

Art der Förderung

DAAD

Identifikation von Serum-/ Plasma-zirkulierenden miRNAs als diagnostische Marker von Trächtigkeit in Boviden

Prof. Dr. Karl Schellander
Rheinische Friedrich-Wilhelms-Universität Bonn
Institut für Tierwissenschaften
Abteilung Tierzucht und Tierhaltung
Endenicher Allee 15
53115 Bonn

& Universität Bonn

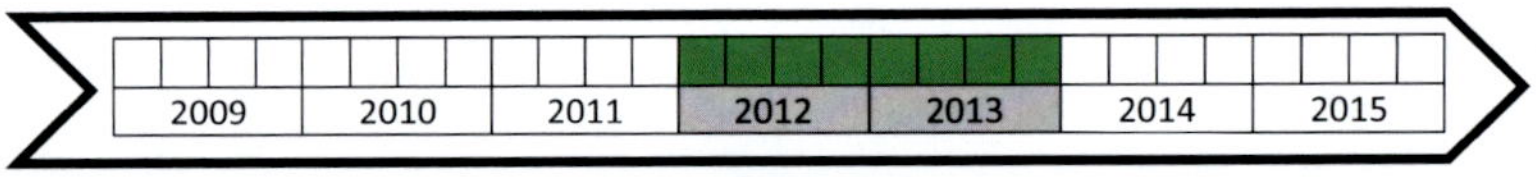

Handlungsfelder:

- Verbesserung des Wohlbefindens des Tieres, des Gesundheits- und Hygienestatus von Betrieben

Beweise häufen sich, dass zirkulierende miRNAs in Bio-Flüssigkeiten als Marker für verschiedene physiologische und pathologische Prozesse verwendet werden können. Studien der microRNA Expression in verschiedenen Organen haben gezeigt, dass die Expression der microRNA gewebespezifisch ist und dass einige microRNAs auch reichlich in der Plazenta exprimiert werden. Die Expression verschiedener Klassen von miRNAs wurden ebenfalls reichlich in der menschlichen Blutzirkulation während einer Schwangerschaft festgestellt, sie verschwand jedoch nach der Geburt. Dies deutet darauf hin, dass zirkulierende miRNAs im Blut von Säugetieren das Potential haben, als diagnostische Marker für eine Trächtigkeitsdiagnose verwendet werden können. Aus diesem Grund wurde das vorliegende Projekt mit den folgenden Zielen durchgeführt: 1. Die Expression von zirkulierenden miRNAs in gepoolten Serumproben von trächtigen und nicht-trächtigen Kühen in frühen Konzeptionsstadien zu profilieren. 2. Vielversprechende Kandidaten-miRNAs auszuwählen um die Serumproben von individuellen trächtigen und nicht-trächtigen Kühen zu bewerten unter Verwendung von PCR Reihen.

Hierzu wurden Blutproben von Kühen zu verschiedenen Zeitpunkten entnommen, nämlich zum Zeitpunkt der künstlichen Besamung (Tag 0), Tag 19, 24 und 35 nach der Besamung. Die folgenden Erkenntnisse wurden gezogen: - mehr zirkulierende miRNAs wurden an Tag 24 als an Tag 19 in trächtigen Kühen festgestellt; - eine Trächtigkeit indizierte die Expression von miRNAs zu späteren Zeitpunkten der Trächtigkeit; - die Mehrheit der aufgefundenen miRNAs waren vorhanden in einem geringeren Level des Blutserums; - nur 8 miRNAs wurden unterschiedlich exprimiert von trächtigen und nicht-trächtigen Kühen an Tag 19 der Trächtigkeit; - eine hohe Anzahl von miRNAs wurde unterschiedlich exprimiert von trächtigen und nicht-trächtigen Kühen an Tag 24 der Trächtigkeit; - die Mehrheit der miRNAs wurde hochreguliert als Ergebnis der Trächtigkeit an Tag 24.

Art der Förderung

Pfizer zoetis

MiRNA- und mRNA-Transkriptome des bovinen Endometriums mit klinischer oder subklinischer Endometritis

Prof. Dr. Karl Schellander
Rheinische Friedrich-Wilhelms-Universität Bonn
Institut für Tierwissenschaften
Abteilung Tierzucht und Tierhaltung
Endenicher Allee 15
53115 Bonn

& Universität Bonn

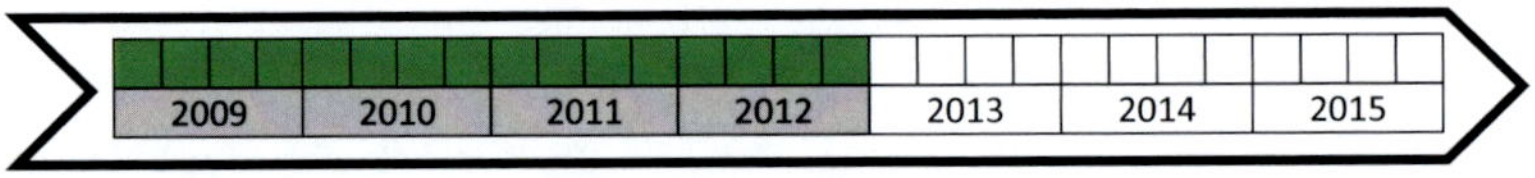

Handlungsfelder:

- Verbesserung des Wohlbefindens des Tieres, des Gesundheits- und Hygienestatus von Betrieben

Im Vergleich zu der Identifikation von Kühen mit klinischer Endometritis, die durch das Auftreten von eitrigem uterinen Ausfluss in der Vagina und/oder Zervix festgestellt werden kann, ist die Identifikation von Kühe mit subklinischer Endometritis schwierig. Da eine subklinische Endometritis durch eine uterine Entzündung ohne klinische Anzeichen charakterisiert wird, wird die Kombination von traditioneller Histologie mit molekularer Analyse des Endometriums ein akkurates Bild des Krankheitsstatus der Kuh nach der Geburt ermöglichen. Das Hauptziel dieses Experiments war die Profilierung von Expressionsunterschieden von mRNA und miRNA von endometrischen Biopsieproben von Kühen mit klinischer (KE) und subklinischer (SE) Endometritis und gesunden (GE) Kühen. Dafür wurde das menschliche miRCURY LNA™ Universal RT microRNA PCR Array System (Exiqon) verwendet, um die miRNA Expression nach der Isolierung der gesamten RNA von den Proben zu profilieren. Um die Auswirkungen einer Endometritis auf die endometrische Genexpression zu verstehen, wurde die gleiche gesamte RNA, die für das miRNA Expressionsprofil verwendet wurde, auch für eine globale Genexpressionsanalyse mit dem GeneChip® Bovine Genome Array (Affymetrix, CA, USA) verwendet. Nach der Datenanalyse wurde eine vergleichende Präsentation von unterschiedlichen miRNA und mRNA Transkripten durchgeführt und von der Liste der anders ausgedrückten Gene wurden potentielle Ziele der Kandidaten miRNAs identifiziert.

Die Daten der miRNA Expression demonstrierten insgesamt 35 unterschiedlich ausgedrückte miRNAs von KE und GE Tieren. Von diesen waren 9 bedeutend überexprimiert und 27 unterexprimiert in KE Kühen im Vergleich mit den GE Gruppen. Auf der anderen Seite waren insgesamt 105 miRNAs unterschiedlich exprimiert bei SE und GE Tieren, davon waren 12 miRNAs überexprimiert und 93 miRNAs unterexprimiert in SE Gruppen.

Zusätzlich dazu waren die let-7-miRNA Familien herunterreguliert in SE Kühen im Vergleich zu den gesunden Tieren. Parallel zu der miRNA zeigten die Genexpressionsdaten eine ähnliche Tendenz zwischen KE und SE im Vergleich zu den GE Tieren. Gene, die in KE Tieren herunterreguliert waren, wurden auch in SE Tieren als reduziert festgestellt. Ebenso waren auch die angehäuften Gene in KE Tieren auch in SE Gruppen erhöht. Alle in SE Tieren unterschiedlich exprimierten Gene repräsentieren eine Teilmenge der in KE Tieren unterschiedlich exprimierten Gene im Vergleich zu den GE Tieren. Letztendlich wurden potentielle Ziele der Kandidaten-miRNAs in der Liste der unterschiedlich exprimierten Gene gesucht und ein Expressions-Netzwerk wurde zwischen den miRNAs und den korrespondierenden Zielgenen etabliert.

Hailemariam D, Ibrahim S, Hoelker M, Drillich M, Heuwieser W, Looft C, Cinar M U, Tholen E, Schellander K, Tesfaye D (2013): MicroRNA-regulated molecular mechanism underlying bovine subclinical endometritis. Reprod Fertil Dev 26 (6): 898-913.

Worku D, Hoelker M, Rings F, Drillich M, Heuwieser W, Tholen E, Looft C, Schellander K, Tesfaye D (2012): Altered expression of uterine miRNAs and related molecular pathways in the context of subclinical endometritis in bovine. Symposium: Das "gläserne" Tier: Ein- und Ausblicke in Genome und Gene von Haustieren, 10.-12.3.2010, Wien, Österreich. Nova Acta Leopoldina 113: 341 (Abstr).

Ibrahim S, Salilew-Wondim D, Rings F, Hoelker M, Neuhoff C, Tholen E, Looft C, Schellander K, Tesfaye D (2014): Expression profiling of inflammatory response mRNAs and their potential regulatory miRNAs in bovine oviduct after lipopolysaccharide challenge and its implication on early embryonic development. DGfZ/GfT-Gemeinschaftstagung, 17./18.9.2014, Dummerstorf, Deutschland, Tagungsband: A23 (Abstr).

Hailemariam D, Hoelker M, Rings F, Drillich M, Heuwieser W, Schellander K, Tesfaye D (2010): Detection of uterine miRNA and related molecular networks and pathways underlying bovine subclinical endometritis. 8th International Ruminant Reproduction Symposium, Proc, 3.-7.9.2010, Anchorage, Alaska, USA, 162.

Art der Förderung

Piloterprobung des Geburtssensors iVET® bei Milchkühen (Geburtsüberwachung)

Dr. Susanne Plattes
CIDRe
Meckenheimer Allee 172
53115 Bonn

& iVET®

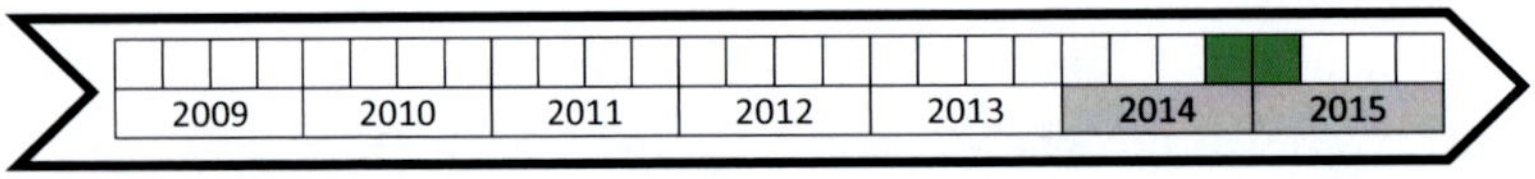

Handlungsfelder:

- Verbesserung des Wohlbefindens des Tieres, des Gesundheits- und Hygienestatus von Betrieben
- Vermeidung der Tötung von Feten, Jungtieren und gesunden Tieren außer zur Schlachtung

Für den Milcherzeuger stellt die Geburt eines lebenden Kalbes die Basis der Rentabilität seines Betriebs dar. Die Reproduktionsleistung kann dabei durch geeignete Maßnahmen im Rahmen der Geburtsüberwachung gesteigert werden. Auch aus Sicht des Tierschutzes ist eine Minimierung der Totgeburtenrate unabdingbar. Vor dem Hintergrund immer größer werdender Betriebe und gleichzeitigem Arbeitskräftemangel können hier Geburtsüberwachungssensoren ein sinnvolles und hilfreiches Tool sein, um Verlusten von Kuh und Kalb im perinatalen Zeitraum entgegen zu wirken.

Im Rahmen einer Bachelorarbeit wurde ein solcher Geburtssensor auf seine Praxistauglichkeit und seine Eignung zur Geburts- und Gesundheitsüberwachung überprüft. Es konnte festgehalten werden, dass der untersuchte Geburtssensor grundsätzlich eine gute Managementhilfe sein kann.

Art der Förderung

Wirtschaftsförderung

Die Auswirkung einer subklinischen Endometritis auf das Transkriptionsprofil des Endometriums und Embryos und die nachfolgende Beeinflussung der Embryonenqualität

Dr. Dawit Tesfaye
Rheinische Friedrich-Wilhelms-Universität Bonn
Institut für Tierwissenschaften
Abteilung Tierzucht und Tierhaltung
Endenicher Allee 15
53115 Bonn

&
Pfizer Inc.
TH Hannover
LMU München
Swansea University
Universität Bonn

Utrecht University
University College Dublin
University of Missouri

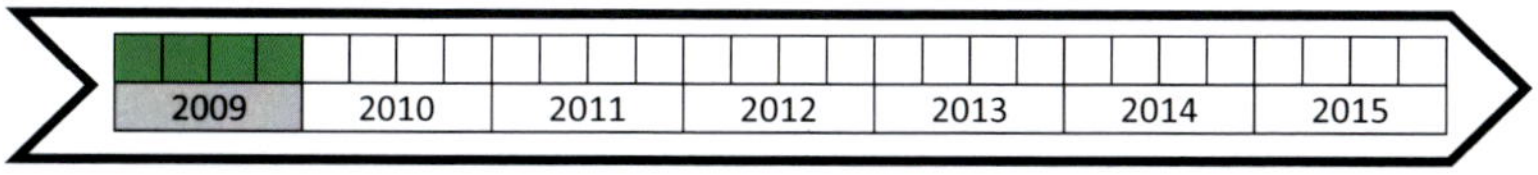

Handlungsfelder:

- Verbesserung des Wohlbefindens des Tieres, des Gesundheits- und Hygienestatus von Betrieben

Das Ziel dieses Teils der Studie war es, detaillierte Informationen über die Effekte von Veränderungen im Endometrium (subklinische Endometritis) auf Entwicklung und Qualität des Embryos zu sammeln. Im Rahmen der Studie wurden weitere 15 bis 20 Kühe für eine Superovulation synchronisiert und wie in dem ersten Teil der Studie behandelt. Zusätzlich wurden die Expressionsmuster endometrischer Transkripte für verschiedene Versuchsgruppen untersucht um zu überprüfen, ob diese Kühe Embryonen von hoher Qualität produzierten und die Konnektivität von endometrischen Genexpressionsprofilen und Embryoqualität bestand.

Art der Förderung

Pfizer

Verbundprojekt: Entwicklung einer Dienstleistung zur Verbesserung der Klauengesundheit von Milchkühen durch Vernetzung und Verdichtung von Daten für das Tiergesundheitsmanagement (KlauenFitnet)

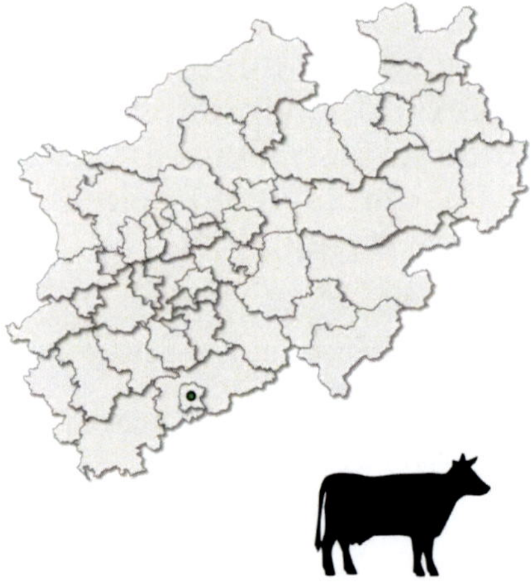

Dr. Susanne Plattes
CIDRe
Meckenheimer Allee 172
53115 Bonn

Dr. Folkert Onken
DLQ
Adenauerallee 174
53113 Bonn

& Freie Universität Berlin
Tierarztpraxis Andrea Fiedler
Universität Bonn
Data Service Paretz GmbH
Lemmer-Fullwood GmbH
RDV EDV-Entwicklungs- und Vertriebs GmbH (RDV)
Vereinigte Informationssysteme Tierhaltung w.V.
DLQ

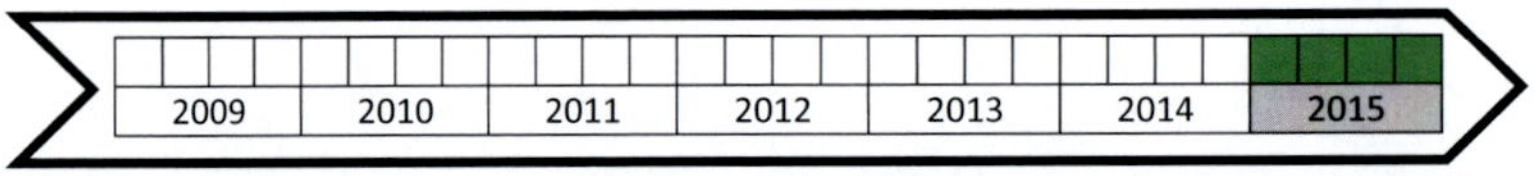

Handlungsfelder:

- Konzeptvorschläge zur Erfassung von Tierwohl – Indikatoren und Zuchtmerkmalen
- Verbesserung des Wohlbefindens des Tieres, des Gesundheits- und Hygienestatus von Betrieben

Deutschlandweit stellen Lahmheiten neben Reproduktions- und Eutergesundheitsstörungen den dritthäufigsten Abgangsgrund in Milchviehherden dar. Lahmheit ist ein Symptom, dem in aller Regel eine schmerzhafte Erkrankung der Gliedmaßen zugrunde liegt.

Das Erkennen und Bewerten von Lahmheiten erfolgt derzeit auf den Betrieben durch Beobachten der Tiere. Mit steigenden Herdengrößen werden die Betriebsleiter vor die Herausforderung gestellt, diese Diagnostik weiterhin gewissenhaft auszuführen, wobei diese Aufgabe einen enormen Zeitaufwand erfordert.

In der Regel wird ein lahmes Tier erst dann erkannt und einem Tierarzt vorgestellt, wenn es sich bereits in einem fortgeschrittenen Stadium der Krankheit befindet. Doch schon bevor die Lahmheit sichtbar wird, sind Einkommenseinbußen durch beispielsweise verringerte Milchleistung und verlängerte Zwischenkalbezeiten entstanden.

Ziel des Projektes ist die Entwicklung eines überbetrieblichen Support-Tools zur Überwachung und Verbesserung der Klauengesundheit auf milchviehhaltenden Betrieben im Sinne eines Früherkennungssystems. Dabei sollen Daten aus dem Herdenmanagementsystem (Aktivitätsmuster der Tiere, Temperature-Humidity-Index (Hitze-Stress-Index), Klauenschnittbefunde, MLP-Daten) miteinander verknüpft, interpretiert und verdichtet werden. Somit kann der Entstehung von Klauenerkrankungen schon frühzeitig begegnet und das Wohlbefinden der Kühe gesteigert werden.

Stock, K.F., Fiedler A., Müller K.E., Plattes S., Behr, B. (2015): Vortragstagung der DGfZ und GfT am 16./17. September 2015 in Berlin, Entwicklungen zur systematischen Erfassung und Nutzung von Klauendaten beim Rind.

Art der Förderung

Bundesanstalt für Landwirtschaft und Ernährung

rentenbank

Transkriptomprofilierung von Embryo- und Endometriumsbiopsien basierend auf dem Trächtigkeitserfolg nach Transfer von in vitro und in vivo produzierten bovinen Embryonen

Dr. Dawit Tesfaye
Rheinische Friedrich-Wilhelms-Universität Bonn
Institut für Tierwissenschaften
Abteilung Tierzucht und Tierhaltung
Endenicher Allee 15
53115 Bonn

& FBN-Dummerstorf

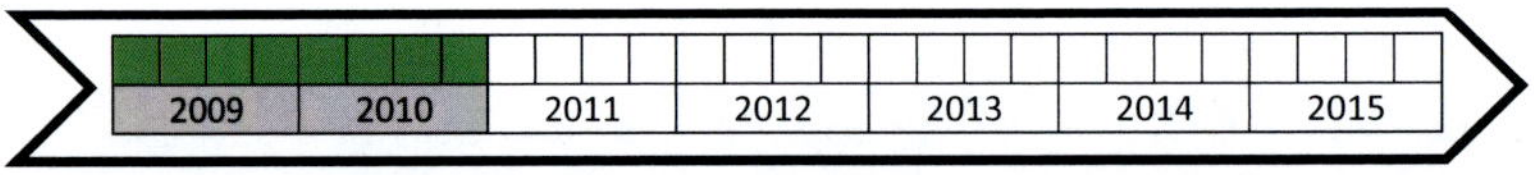

Handlungsfelder:

❖ Verbesserung des Wohlbefindens des Tieres, des Gesundheits- und Hygienestatus von Betrieben

Embryonalsterblichkeit bildet den größten Anteil an Reproduktionsverlusten in der Rinderzucht. Das Hauptziel dieses Projektes ist es, Transkriptionsprofile boviner Embryonen und Endometrien in einer frühen Entwicklungsphase in Relation zum Trächtigkeitserfolg nach einem Transfer von in vitro oder in vivo Blastozysten zu bestimmen. Zu diesem Zweck werden durch Biopsie identifizierte Embryonen an Tag 7 nach Östrus in synchronisierte Empfängertiere übertragen. Die Blutplasmakonzentrationen werden bis zu Tag 24 gemessen und der Trächtigkeitsstatus der Empfängertiere bestimmt. Die Tiere werden den Kategorien 'trächtig' (mit schneller Zunahme des Plasmalevels) und 'nicht trächtig' (mit langsamer Zunahme des Plasmalevels) zugeordnet. Sechs Tiere jeder Gruppe werden an Tag 16 geschlachtet und Embryo- sowie Endometriumproben werden für weitere Analysen gesammelt.

Tiere mit einer schnellen Zunahme der Plasmaprogesteronkonzentration werden weiter untersucht, an Tag 28 werden ultraschallgeführte Trächtigkeitsuntersuchungen durchgeführt. Sechs der trächtigen und nicht trächtigen Tiere werden geschlachtet und die Embryonen weiteren Untersuchungen unterzogen. Transkriptionsprofile von vor dem Transfer durchgeführten Embryobiopsien werden auf Basis des Trächtigkeitserfolgs bestimmt.

Desweiteren wird eine komparative Transkriptionsanalyse von in vivo und in vitro Embryonen an Tag 16 und 28 der Gestation unter Verwendung des bovinen Affymetrix Array (22000 ESTs) durchgeführt. Auch die vor dem Transfer durchgeführte endometrische Biopsie wird für die transkriptionale und proteomische Analyse auf Basis des Trächtigkeitserfolges nach dem Transfer verwendet. So ist es möglich, das Expressionsprofil von Embryonen zum Zeitpunkt des Transfers und während der Trächtigkeit (Tag 16 und 28). Eine komparative Analyse dieser Expressionsanalyse wird es ermöglichen, Kandidatengene zu identifizieren und Rückschlüsse auf das Embryoüberleben nach dem Transfer zu ziehen. Desweiteren werden funktionale Rollen einiger Kandidatengene in der frühen Embryonalentwicklung sowie Polymorphismen untersucht.

Ponsuksili S, Murani E, Schwerin M, Schellander K, Tesfaye D, Wimmers K (2012): Gene expression and DNA-Methylation of bovine pretransfer endometrium depending on its receptivity after in vitro-produced embryo transfer. PLoS One 7: e42402.

Salilew-Wondim D, Schellander K, Hölker M, Tesfaye D (2012): Oviductal, endometrial and embryonic gene expression patterns as molecular clues for pregnancy establishment. Animal Reproduction Science 134: 9-18.

Ghanem N, Salilew-Wondim D, Gad A, Tesfaye D, Phatsara C, Tholen E, Looft C, Schellander K, Hoelker M. (2011): Bovine blastocysts with developmental competence to term share similar expression of developmentally important genes although derived from different culture environments. Reproduction. Oct;142(4):551-64.

Art der Förderung

DFG Deutsche Forschungsgemeinschaft

Analyse des Prüfparameters β – Hydroxybutyrat in Milch in der Frühlaktation: Entwicklung einer Strategie zur Verbesserung des Herdenmanagements mittels Data – Mining

Dr. Ute Müller,
Prof. Dr. Dr. Helga Sauerwein
Rheinische Friedrich-Wilhelms-Universität Bonn
Institut für Tierwissenschaften
Abteilung Physiologie und Hygiene
Katzenburgweg 7-9
53115 Bonn

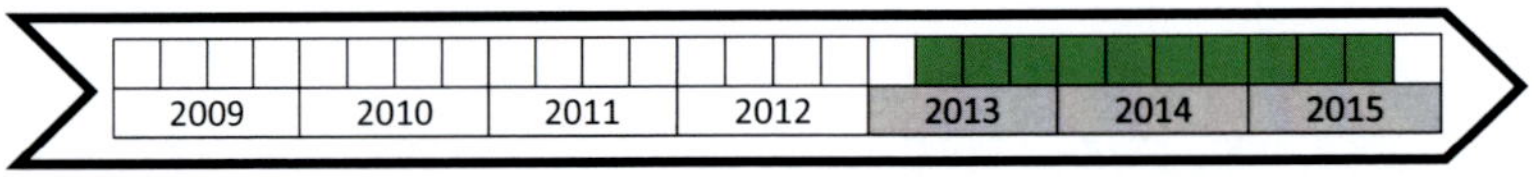

Handlungsfelder:

- Konzeptvorschläge zur Erfassung von Tierwohl-Indikatoren und Zuchtmerkmalen
- Verbesserung des Wohlbefindens des Tieres, des Gesundheits- und Hygienestatus von Betrieben

In der Milcherzeugung erweitert sich das Angebot an automatischen Analyse- und Untersuchungsmöglichkeiten rund um die Kuh zur Vorhersage von Gesundheitsstörungen (online-Messungen der Milch im Melksystem, Sensoren zur Messung des Liegeverhaltens (zusätzlich zur Aktivität), der Wiederkauaktivität etc.). Einige Landeskontrollverbände (u.a. auch der LKV NRW e.V., Krefeld, sowie der LKV RLP e.V., Bad Kreuznach) haben aus diesem Grund seit einiger Zeit das Analysesystem der Firma FOSS (Dänemark) um die Fourier Transform-Infrarot (FTIR)-Spektroskopie (Milkoscan FT+) erweitert. Dieses Verfahren ermöglicht unter anderem die Analyse von ß-Hydroxybutyrat (BHB) in Milch. In der Literatur finden sich entsprechende Vorarbeiten, in welchen geprüft wird, die Analyse von BHB in Milch mittels FTIR-Spektroskopie, bei der im mittleren Infrarot-Bereich (MIR) gemessen wird, mit in das Untersuchungsprogramm der Landeskontrollverbände aufzunehmen. Durch die FTIR-Methode wäre eine kontinuierliche Messung der BHB-Werte im Rahmen der Milchleistungsprüfung möglich. Darauf aufbauend ist zu überprüfen, in wie weit ein entsprechender Informationsgewinn diese Anschaffung seitens der Landeskontrollverbände rechtfertigt und ob in dem Zusammenhang in der Zeit nach der Kalbung eine monatliche Probenahme und Analyse ausreicht.

Mit Hilfe von BHB kann auf das nach der Kalbung auftretende Energiedefizit, welches aufgrund der Diskrepanz zwischen der in den ersten 4-5 Wochen post partum (p.p.) ansteigenden Milchleistung und der dem nicht entsprechenden Energieaufnahmefähigkeit entsteht, geschlossen werden. Zu dem Thema Vorhersage einer Stoffwechselbelastung mittels BHB-Analysen in Blut und/oder Milch liegen bereits in der Literatur umfassende Ergebnisse mit unterschiedlichen Schlussfolgerungen vor. Um strategische Vorhersagemodelle und Schlussfolgerungen aus einer kontinuierlichen Analyse des Prüfparameters BHB in Milch entwickeln zu können, bedarf es eines entsprechenden Datensatzes, welcher aufgrund der Konzeption des Versuchsmilchviehstalls der Lehr- und Forschungsstation Frankenforst aufgebaut werden kann.

Im Rahmen des Vorhabens soll die Frage geklärt werden, ob BHB in der Milch im postpartalen Zeitraum als mit Hilfe der FTIR-Spektroskopie kontinuierlich messbarer Prüfparameter zur präventiven Stoffwechselüberwachung für das Herdenmanagementsystem eines Milchviehbetriebes geeignet ist. Dafür werden zur BHB-Analyse in den ersten 9 Wochen nach der Kalbung wöchentlich von den Kühen der Milchviehversuchsställe des Lehr- und Forschungsstation Frankenforst (n = 65) Milchproben und Blutproben genommen sowie wöchentlich eine Milchleistungsprüfung durchgeführt. Aufgrund der Gegebenheiten in der Versuchseinheit ist es möglich, die BHB-Ergebnisse mit verschiedenen tierindividuellen Daten zu verrechnen. Nach Erstellung des beschriebenen Datensatzes soll mit Hilfe von Methoden des Data-Mining (Klassifikationsanalysen, Regressionsanalysen etc.) geprüft werden, ob ein Modell aus den genannten Parametern eine optimale (mit hoher Sensitivität) und rechtzeitige Vorhersage einer Stoffwechselbelastung in der Frühlaktation ermöglicht, woraus eine entsprechende Herdenmanagementstrategie für den Betriebsleiter abgeleitet werden soll.

Art der Förderung

USL

Metabolische und endokrine Reaktionen von Fettgeweben und Immunfunktionen in der peripartalen Milchkuh beeinflusst durch Nahrungsenergie und Niacin

Prof. Dr. Dr. Helga Sauerwein
Rheinische Friedrich-Wilhelms-Universität Bonn
Institut für Tierwissenschaften
Abteilung Physiologie und Hygiene
Katzenburgweg 7-9
53115 Bonn

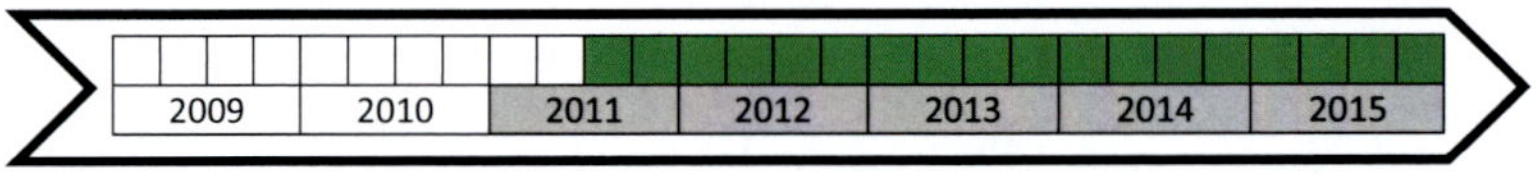

Handlungsfelder:

- Konzeptvorschläge zur Erfassung von Tierwohl – Indikatoren und Zuchtmerkmalen
- Verbesserung des Wohlbefindens des Tieres, des Gesundheits- und Hygienestatus von Betrieben

Dieses Projekt soll der Klärung des Zusammenhanges zwischen Mobilisation von Körperfett, Leberstoffwechsel und Immunsystem bei Milchkühen im Übergang von Gravidität zur Laktation dienen. Die peripartale Phase von Milchkühen wird durch fundamentale Veränderungen der metabolischen, endokrinen und immunen Funktionen charakterisiert. Die Aktivität von fetthaltigen Geweben hat starke Auswirkungen auf das Abgleichen von metabolischen Bedürfnissen während dieser Phase der negativen Energiebilanz. Obwohl die Lipolyse zur Energieversorgung beisteuert, können jedoch die metabolischen, endokrinen und immunen Konsequenzen dieses Prozesses zu einer schwerwiegenden Dysbalance in der peripartalen Milchkuh führen. Deshalb ist es das Hauptziel dieses kooperativen Projektes die metabolischen und endokrinen Funktionen von Fettgeweben während der peripartalen Periode anhand des Ausmaßes von Konzentratfutter und der Supplementation von antilipolytischem Niacin zu bestimmen. In Blut- und Biopsieproben von subkutanen und viszeralen Fettgeweben, die während der peripartalen Periode gesammelt wurden, soll die Regulation der Lipolyse und Lipogenese und der endokrinen Funktion von Fettgeweben bestimmt werden.

Des Weiteren soll der Immunstatus der Kühe anhand untersuchter Komponenten des angeborenen Immunsystems charakterisiert werden. Außerdem werden die periphere Insulinsensitivität und der hepatische Stoffwechsel untersucht. Eine Evaluation der Ergebnisse wird ein umfassenderes Verständnis des Netzwerks von Fettstoffwechsel, endokriner Aktivität, Insulinaktivität, hepatischem Stoffwechsel und Immunsystem in der peripartalen Milchkuh ermöglichen.

Tienken, R., et al. (2015): Effects of an energy-dense diet and nicotinic acid supplementation on production and metabolic variables of primiparous or multiparous cows in periparturient period. Archives of animal nutrition 69(5): 319-339.

Friedrichs, P., et al. (2014): Energy and metabolic sensing G protein–coupled receptors during lactation-induced changes in energy balance. Domestic animal endocrinology 48: 33-41.

Art der Förderung

DFG Deutsche Forschungsgemeinschaft

CLA-Wirkungen auf die Körperfettdepots der Milchkuh: adipogene und inflammatorische Signale

Prof. Dr. Dr. Helga Sauerwein
Rheinische Friedrich-Wilhelms-Universität Bonn
Institut für Tierwissenschaften
Abteilung Physiologie und Hygiene
Katzenburgweg 7-9
53115 Bonn

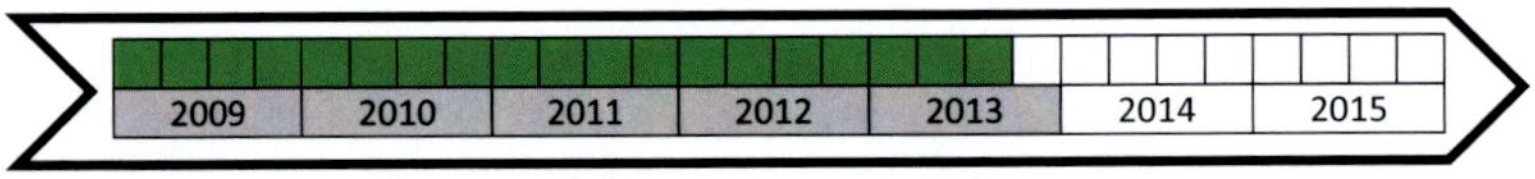

Handlungsfelder:

- Verbesserung des Wohlbefindens des Tieres, des Gesundheits- und Hygienestatus von Betrieben
- Reduktion des Arzneimitteleinsatzes und Verbesserung der Fütterung

Im Fokus des Teilprojekts steht die Bildung und Sekretion von Adipokinen aus dem Fettgewebe, welches durch CLA-Gabe indirekt durch die Nährstoffumverteilung und direkt durch Wirkungen auf die Adipocyten betroffen ist. Adipokine sind Cytokine, die im Fettgewebe gebildet werden; sie üben im gesamten Organismus wichtige metabolische, endokrine und immunologische Wirkungen aus und entfalten im Fettgewebe auto- bzw. parakrine Wirkungen. Die Genexpression verschiedener Adipokine und Rezeptoren wird hinsichtlich der CLA-Effekte aber auch mit Blick auf die Veränderungen im Laktationsverlauf untersucht. Weil das Fettgewebe nicht als ein funktionell homogenes Gewebe betrachtet werden kann, werden Biopsien des subkutanen Fetts und Proben aus zwei weiteren visceralen Depots analysiert. Zwei Adipokine (Leptin und Adiponectin), die in engem Zusammenhang mit der Insulinsensitivität stehen, werden auf Proteinebene im Blut erfasst. Sowohl für die o.g. Studien als auch für das Phänomen der Makrophageninfiltration in das Fettgewebe sind beim Wiederkäuer keine Daten verfügbar, weshalb zudem histologische Untersuchungen an den verschiedenen Fettdepots vorgesehen sind.

Um einzelne Adipokine auch auf Ebene des Proteins zu untersuchen und deren Lokalisation den einzelnen, im Fettgewebe vorhandenen Zelltypen zuordnen zu können, werden diese immunhistochemisch in den genannten Fettdepots erfasst. Die Ergebnisse tragen zu einer verbesserten Einschätzung und umfassenden Beurteilung der CLA-Effekte hinsichtlich der Tiergesundheit gerade bei langfristiger Applikation an Milchkühe bei und schaffen zudem Grundlagen zur regulatorischen Bedeutung des Fettgewebes beim Wiederkäuer.

Art der Förderung

DFG Deutsche Forschungsgemeinschaft

Anabole und katabole Veränderungen im Fettgewebe von Milchkühen während der Laktation: physiologische Vorgänge und durch konjugierte Linolsäuren

Dr. Susanne Häußler
Rheinische Friedrich-Wilhelms-Universität Bonn
Institut für Tierwissenschaften
Abteilung Physiologie und Hygiene
Katzenburgweg 7-9
53115 Bonn

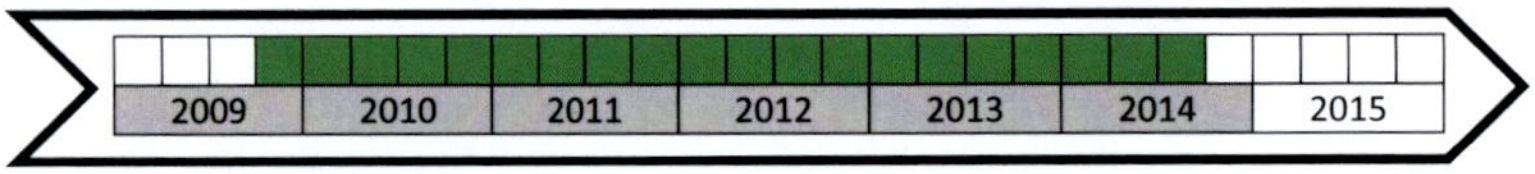

Handlungsfelder:

- Verbesserung des Wohlbefindens des Tieres, des Gesundheits- und Hygienestatus von Betrieben
- Reduktion des Arzneimitteleinsatzes und Verbesserung der Fütterung

Der erhöhte Energiebedarf zu Laktationsbeginn kann bei Milchkühen über die Futteraufnahme nicht vollständig ausgeglichen werden, daher werden Körperfettreserven mobilisiert; ob dabei viscerale oder subkutane Fettdepots gleichermaßen betroffen sind, ist noch offen. Während dieser Stoffwechselbelastung besteht ein erhöhtes Risiko für Gesundheitsstörungen. Der Stoffwechsel steht in enger Verbindung mit der Nebennierenrinde, die die Anpassung an verschiedene Stressoren vermittelt. Im Rahmen des anabolen-katabolen Gleichgewichts und den damit in Zusammenhang stehenden Mitose- und Apoptoseprozessen ist ein komplexes Regulationssystem wirksam, das u.a. durch Cortisol, einem Glucocorticoid aus der Nebennierenrinde, gesteuert wird. Cortisol ist insbesondere für die Zelldifferenzierung, deren Folge Apoptose ist, ausschlaggebend. Seine Bedeutung für das Fettgewebe, seine Mitose- und Apoptoseaktivität (auch ultrastrukturell-morphometrische Veränderungen) sowie die Aktivierung von Cortisol durch das Enzym 11b-Hydroxysteroid-Dehydrogenase 1 im Fettgewebe sind beim Rind bislang noch ungeklärt und sollen primär mit Hilfe immunhistochemischer Nachweise auf Rezeptor- und Enzymebene gezeigt und für verschiedene Fettdepots verglichen werden. Neben den physiologischen Veränderungen während der Laktation soll zudem die Wirkung von konjugierten Linolsäuren (CLA) untersucht werden.

Im Fokus des Projekts stand die Bedeutung der Glucocorticoide auf das Fettgewebe bei hochleistenden Milchkühen im Allgemeinen sowie hinsichtlich einer CLA-Supplementierung. Eine gewebespezifische Wirkung der Glucocorticoide wurde dabei über die relevanten Rezeptoren (Glucocorticoid- und Mineralocorticoidrezeptoren), sowie über das intrazelluläre Enzym 11βHSD1 nachgewiesen. Des Weiteren zielte das Projekt darauf, zelluläre Prozesse im Fettgewebe in der Frühlaktation zu untersuchen, eine Phase, in der es bedingt durch eine negative Energiebilanz bei Milchkühen, zu einer erhöhten Mobilisation des Fettgewebes kommt. Auf zellulärer Ebene wurden Variablen, die den Fettzellturnover charakterisieren, untersucht. Der Fokus auf histologische und immunhistochemische Methoden bot dabei den Vorteil, die heterogene Zusammensetzung des Fettgewebes zu berücksichtigen. Durch den Nachweis mitotischer und apoptotischer Zellen sowie der Präadipozyten in unterschiedlichen subkutanen und viszeralen Fettdepots konnte somit eine umfassende Charakterisierung der zellulären Dynamik in unterschiedlichen Fettdepots in der Frühlaktation bei hochleistenden Milchkühen erfolgen. Der Einfluss der CLA-Supplementierung auf die untersuchten Zielvariablen war dabei gering. Durch die Einbettung des Projektes in ein größeres Paket wurden Leistungsdaten, sowie zusätzliche Blutparameter in die Auswertungen mit einbezogen, wodurch die erhobenen Ergebnisse in einen größeren physiologischen Kontext gestellt werden konnten. Die hier untersuchten funktionalen Abläufe im Fettgewebe dienen als Basis für weitere Fragestellungen hinsichtlich der zellulären Energieversorgung sowie Alterungsprozesse, die in engem Zusammenhang mit der Nutzungsdauer von hochleistenden Milchkühen stehen.

Häussler S., Germeroth D., Friedauer K., Akter S.H., Dänicke S., Sauerwein H. (2013): Characterization of the dynamics of fat cell turnover in different bovine adipose tissue depots. Research in Veterinary Science, 95, 1142-1150.

Friedauer K., Dänicke S., Schulz K., Sauerwein H., Häussler S. (2014): Detection of 11 beta-hydroxysteroid dehydrogenase type 1, the glucocorticoid and mineralocorticoid receptor in various adipose tissue depots of dairy cows supplemented with conjugated linoleic acids. Animal Physiology and Animal Nutrition. Siehe online unter doi:10.111/jon.12268.

Art der Förderung

Deutsche Forschungsgemeinschaft

Einfluss der Laktation auf die zelluläre Energieversorgung sowie auf Alterungsprozesse bei Milchkühen

Dr. Susanne Häußler
Rheinische Friedrich-Wilhelms-Universität Bonn
Institut für Tierwissenschaften
Abteilung Physiologie und Hygiene
Katzenburgweg 7-9
53115 Bonn

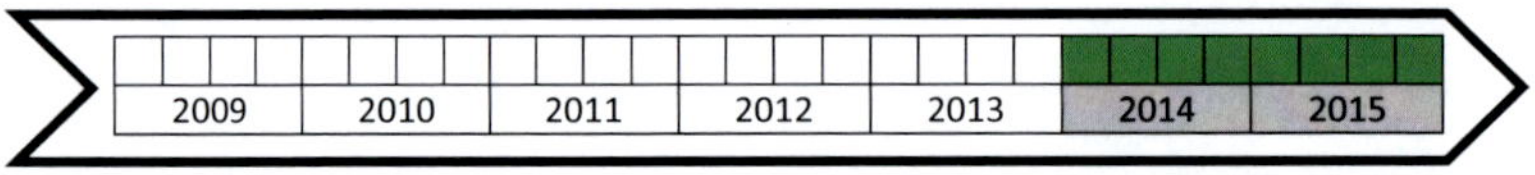

Handlungsfelder:

- Verbesserung des Wohlbefindens des Tieres, des Gesundheits- und Hygienestatus von Betrieben

Die hohe Milchleistung direkt nach der Kalbung führt bei Milchkühen zu gesteigerter Stoffwechselaktivität und bedingt die Mobilisation körpereigener Fettreserven. Der damit einhergehende metabolische Stress steht in Verbindung mit erhöhten Inzidenzen von Stoffwechsel- und Infektionskrankheiten sowie Fruchtbarkeitsstörungen. Für den anhaltenden Trend zu verkürzter Lebens- und Nutzungsdauer von Milchkühen spielt vermutlich der erhöhte Energieumsatz während der Frühlaktation, der auch Altersprozesse betrifft, eine Rolle. Durch die Fettmobilisierung in der Frühlaktation verändert sich die Gesamtmasse der Fettdepots, was zu einer Verkleinerung der Fettzellen, aber auch zu einem Rückgang der Zellzahl, dem programmierten Zelltod (Apoptose), führen kann. Ob nun primär die Zellalterung -gesteuert über epigenetische Vorgänge-, eine verringerte Energieverfügbarkeit oder aber eine Kombination aus beidem zur Apoptose der Fettzellen führt, ist nicht bekannt.

Bei hochleistenden Milchkühen sollen die unmittelbar an den Stoffwechsel- und Energievorgängen beteiligten Organe (Milchdrüse, Leber, Fettgewebe) hinsichtlich der zellulären Energieversorgung sowie ihrer epigenetischen Veränderungen (Alterung) untersucht werden. Durch den Vergleich von primiparen Tieren mit Tieren, die bereits mehrere Laktationen durchlaufen haben, soll der Einfluss der Hochleistung, die durch die Milchsynthese erbracht wird, bei Milchkühen mit zunehmender Nutzungsdauer und -intensität aufgezeigt werden.

Laubenthal L, Hoelker M, Frahm J, Dänicke S, Gerlach K, Südekum KH, Sauerwein H, Häussler S (2015): Mitochondrial DNA copy number and biogenesis in different tissues of early and late lactating dairy cows. Journal of Dairy Science (accepted).

Art der Förderung

DFG Deutsche Forschungsgemeinschaft

Cows and more – was die Kühe uns sagen

Andreas Pelzer
Landwirtschaftskammer NRW
Landwirtschaftszentrum Haus Düsse
59505 Bad Sassendorf

& Universität Bonn
Humboldt Universität Berlin

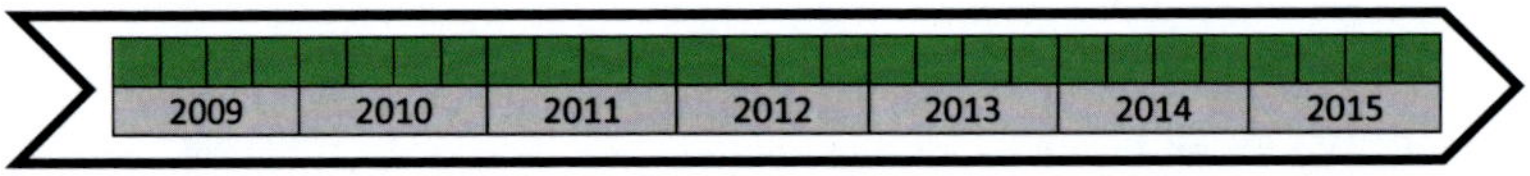

Handlungsfelder:

- Konzeptvorschläge zur Erfassung von Tierwohl – Indikatoren und Zuchtmerkmalen
- Verbesserung der Beratung in der Bestandsbetreuung
- Verbesserung des Wohlbefindens des Tieres, des Gesundheits- und Hygienestatus von Betrieben

Cows and more wurde von der Landwirtschaftskammer Nordrhein – Westfalen entwickelt und ist ein Beratungsinstrument, mit dem Haltung und Management in Milchviehbetrieben objektiv beurteilt werden können.

Mit dem Beratungsinstrument steht eine bedienerfreundliche, softwaregestützte und systematische Schwachstellenanalyse zur Verfügung. Da Tablet PC's genutzt werden, besteht die Möglichkeit Verhaltensmerkmale direkt im Stall zu dokumentieren und Bonituren in den Bereichen Tiersauberkeit, Technopathien und Integumentschäden digital durchzuführen. Boniturbereiche und Boniturstufen werden auf dem Bildschirm in leicht verständlichen Bildern angezeigt. Eine Bewertung kann durch Auswahl des entsprechenden Bildes vorgenommen werden. Der Speichervorgang und die automatisierte Auswertung erfolgen offline. Aufgrund der ausgeführten Analyse schlägt das Programm Maßnahmen zur Verbesserung vor. Unterstützt und erleichtert wird die Schwachstellenanalyse durch grafische Darstellungen.

Die Indikatoren von Cows and more sind:

- Aufenthaltsort: Aufenthaltsort der Kühe drei Stunden nach der Futtervorlage, ausgezählt wird die Anzahl der Tiere, die fressen, laufen, stehen oder liegen
- Liegeposition: Möglichkeit der Tiere verschiedene Liegepositionen einnehmen zu können, Bewertung von Verschmutzung und Einstreu der Liegeflächen
- Sauberkeit der Kühe: 20 % der Gruppe werden bonitiert, Hygienescore umfasst sieben Körperpartien und sechs Sauberkeitsstufen
- Technopathien: mindestens 20 Kühe werden auf Schäden hin untersucht in Bezug auf Gelenke, Widerrist oder Wirbelsäule
- Bewegungsverhalten: Laufverhalten im Stall sollte vergleichbar mit dem Laufverhalten auf der Wiese sein
- Typisches Bewegungsverhalten: Beobachtung der gesamten Herde auf bestimmte tiertypischen Bewegungen
- Abliegeverhalten: Kühe sollten sich innerhalb von 30 Sekunden nach Betreten der Liegefläche ablegen

Die Bewertungen der Ergebnisse erfolgt basieren auf festgelegten Ziel- und Grenzwerten, die in begleitenden wissenschaftlichen Arbeiten validiert wurden. Auch aus der externen Datenbank sollen Referenzwerte generiert werden. Zurzeit befindet sich das System in regionaler Erprobung. Da die Ergebnisse graphisch dargestellt werden, wird eine hohe Sensibilisierung der Betriebsleiter erreicht. Die Möglichkeit zum Betriebsvergleich dient der Motivation der Praktiker sich zu verbessern. Da eine Datenbank angelegt wird, können auch in Zukunft weitergehende Informationen zur Optimierung der Tierhaltung gewonnen werden.

Pelzer, A. (2014): Cows and more: Im Kuhstall erprobt, LZ Ausgabe 44, S. 25 – 27.

Art der Förderung

rentenbank

Einfluss hoher Laktationsleistungen auf die Fruchtbarkeit von Milchkühen

Prof. Dr. Mechthild Freitag
Professur für Tierproduktion
Fachbereich Agrarwirtschaft
Fachhochschule Südwestfalen
Lübecker Ring 2
59494 Soest

& Landeskontrollverband Nordrhein – Westfalen e. V.

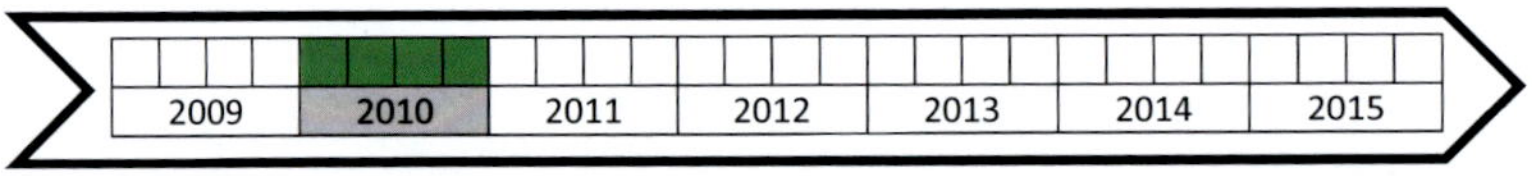

Handlungsfelder:

- Verbesserung des Wohlbefindens des Tieres, des Gesundheits- und Hygienestatus von Betrieben

In der Milchviehhaltung steigt die Laktationsleistung seit Jahrzehnten kontinuierlich an (LKV NRW 2009). Gleichzeitig wird beobachtet, dass die Fruchtbarkeitsleistung, ausgewiesen anhand des Parameters Zwischenkalbezeit, rückläufig ist. In der Literatur wird dieser Trend als Antagonismus zwischen hoher Milchleistung und Fruchtbarkeit bezeichnet. Die Einflussfaktoren auf die Fruchtbarkeitsleistung von Kühen sind jedoch vielfältig. Sie reichen von genetischen Aspekten, denen das Leistungspotenzial zuzuordnen ist, über Klima und Jahreszeit, Haltungsfaktoren, Fundamentstabilität, Erkrankungen inklusive gesundheitlicher Vorbelastungen und Aspekten der Nährstoffversorgung.

Um Zusammenhänge, Einflussfaktoren und Antagonismen zwischen Milchleistungsniveau und Reproduktionsgeschehen, Lebensleistung und Nutzungsdauer zu erkennen, wurden Informationen über 65.000 Kühe der Rasse Holstein Friesian, die nicht zur Zucht abgegangen sind, ausgewertet. Verwendet wurden Daten des LKV NRW, die routinemäßig im Zuge der Milchleistungsprüfung in den Jahren 2008/09 erfasst worden waren.

Als Leistungsparameter des Einzeltieres diente die Erstlaktationsleistung. Weiterhin wurden die Parameter Zwischenkalbezeit, Rastzeit, Nutzungsdauer, Lebensleistung sowie die Lebenseffektivität ausgewertet. Um betriebsindividuelle Einflussfaktoren aufgrund des Managementniveaus zu minimieren und so den tatsächlichen Einfluss der tierindividuellen Leistung besser erfassen zu können, wurden die Betriebe anhand der Erstlaktationsleistung in Leistungskategorien (BLK) eingeteilt (BLK 1: < 6.500 kg Milch, BLK 2: 6.500 - < 7.000 kg Milch, BLK 3: 7.500 - < 8.500 kg Milch, BLK 4: 8.500 - < 9.500 kg Milch, BLK 5: ≥ 9.500 kg Milch).

Innerhalb der BLK ließ sich beim Vergleich der Tiere zwar ein signifikanter Einfluss der Erstlaktationsleistung auf die Parameter Zwischenkalbezeit, Rastzeit, Nutzungsdauer, Lebensleistung und Lebenseffektivität erkennen, dieser war jedoch mit einem Bestimmtsheitsmaß von ≤ 0,05 sehr gering. Ein Vergleich zwischen den BLK ergab eine signifikante Reduzierung der ZKZ von 441 Tagen in BLK 1 auf 412 Tage in BLK 5. Somit verbesserten sich die Fruchtbarkeitsleistungen mit steigenden Erstlaktationsleistungen der Betriebe. Dieses Ergebnis ist wahrscheinlich auf eine bessere Brunstbeobachtung zurück zu führen, da sich die Rastzeit zwischen den BLK von 131 Tagen auf 99 Tage verkürzte. Die in der Tierzüchtung angestrebten Ziele einer ZKZ von < 420 Tagen wurden lediglich in Herden mit mehr als 9.500 kg Jahresleistung erreicht. In diesen Herden ist auch die Abgangsrate aufgrund von Unfruchtbarkeit am geringsten. Einhergehend damit erhöhten sich die Lebensleistung (36.909 kg) und die Lebenseffektivität (14,9 kg / Lebenstag), während die Nutzungsdauer zwischen den BLK 2 bis 5 trotz der steigenden Leistungen nicht signifikant differierte.

Für die Fruchtbarkeit einer Milchviehherde ist das Niveau des Betriebsmanagements von größerer Bedeutung als das der Milchleistung. Eine entscheidende Bedeutung kommt dabei der Tierfütterung zu (Reduzierung des postpartalen Energiedefizits).

Freitag M., Schulze Bernd P., Braunleder J. (2011): Hochleistung und Fruchtbarkeit – sind unsere Kühe krank? Nutztierpraxis aktuell, Sonderheft der 10. AVA Haupttagung, S. 66 – 68.

Erfahrungen bei der Haltung behornter Milchkühe

Versuchs- und Bildungszentrum
Landwirtschaft Haus Riswick, Ökobetrieb
Elsenpaß 5
47533 Kleve

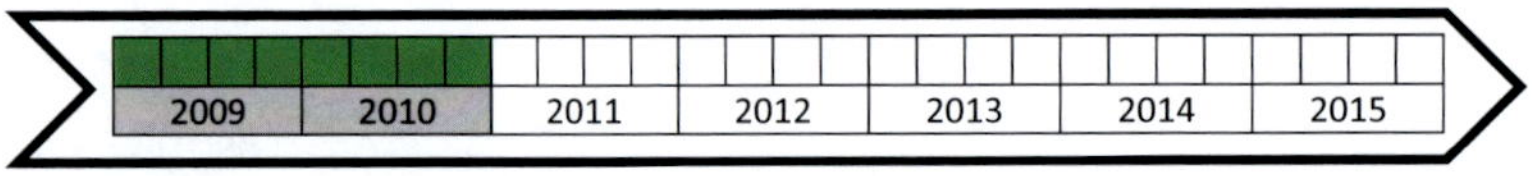

Handlungsfelder:

- Verbesserung des Wohlbefindens des Tieres, des Gesundheits- und Hygienestatus von Betrieben
- Verzicht auf mit Schmerzen verbundene Eingriffe am Tier

Im Öko – Kuhstall des Landwirtschaftszentrums Haus Riswick tragen inzwischen über 90 % der Milchkühe mit Nachzucht Hörner. Seit dem Jahr 2000 wird auf die Enthornung der Kälber verzichtet. Hörner haben in erster Linie eine Imponierfunktion und dienen nicht als Verletzungswaffe gegenüber anderen Lebewesen. Der Zeitraum der Stallperiode im Winter ist kritischer zu beurteilen und häufiger von hornbedingten Verletzungen begleitet als die Weideperioden mit dem großen Platzangebot. Häufig auftretende Verletzungen, bedingt durch Hörner, sind Hinweise auf Stress im Stall und auf ein problematisches Sozialverhalten innerhalb der Herde.

Jede Kuh hat einen für sie angenehmen persönlichen Raum, die sogenannte Individualdistanz, welche sie von anderen Kühen trennt. Bei Unterschreitung dieser Distanz wird jene versucht durch Bitten oder Drohen wiederzuerlangen, ggf. auch durch einen Kampf. In behornten Herden finden jedoch nachweislich weniger Rangkämpfe statt, bei einer stabileren Rangordnung.

Problemfaktoren bei hornbedingten Verletzungen:

- Herdenmanagement / Umgang mit der Herde
- Einzeltiere
- Bestandsergänzung zu hoch
- Futtervorlage und Tränken zu knapp
- Haltung – stallbauliche Voraussetzungen: Fressgitter, Liege- und Fressplätze, Sackgassen, Engpässe...
- Rasse und Zucht

Bei einer hörnertragenden Kuhherde erfordert das Management deutlich mehr Aufmerksamkeit, eine intensivere Betreuung und ist sogar entscheidender als die baulichen Voraussetzungen. Risikomomente sind besonders Umstall- bzw. Umtriebaktionen sowie stierige Tiere, so sollte das Eingliedern neuer Tiere möglichst bei ausreichendem Platzangebot oder in Verbindung mit einer erfahrenen ranghohen Kuh erfolgen. Kühe oder Jungrinder, die systematisch Unruhe stiften und andere Tiere in der Herde immer wieder drangsalieren, müssen abgesondert werden und nur mit Sicht- und Nasenkontakt erneut schrittweise in die Herde eingegliedert werden. Ein weiterer besonderer Einflussfaktor ist der horngerechte Boxenlaufstall. Jedes Tier sollte zu jeder Zeit Zugang zu Wasser, Liegeboxen und Futter haben. Stallattraktionen, wie Kraftfutter – Station, Tränken, Bürsten oder Leckschalen, sollten gleichmäßig im Stall verteilt sein, um den Kuhverkehr zu entzerren und Ausweichmöglichkeiten zu schaffen.

Im Stall führen Konkurrenzsituationen vermehrt zu Auseinandersetzungen zwischen behornten Tieren und sind möglichst zu vermeiden. Zu jeder Zeit sollten Futter, Wasser und Liegeplätze in genügender Menge und Anzahl vorhanden sein. Managementanforderungen sowie stallbauliche Voraussetzungen sollten bei dieser vorliegenden Thematik besonders berücksichtigt werden. Außerdem ist eine frühe, positive Gewöhnung und Erziehung der Tiere an den Halter bereits im Kälberalter hilfreich.

Verhoeven, A., Hauswald, A. (2012): Erfahrungen bei der Haltung behornter Milchkühe im Laufstall, Landwirtschaftskammer NRW, Landwirtschaftszentrum Haus Riswick – Ökobetrieb, PDF – Datei 12.03.2012.

Vergleich unterschiedlich perforierter Böden in der Kälbermast im Hinblick auf die Selbstreinigungsfähigkeit der Böden und auf das Verhalten der Tiere

Prof. Dr. Martin Ziron
Tierproduktion
Fachbereich Agrarwirtschaft
Fachhochschule Südwestfalen
Lübecker Ring 2
59494 Soest

& Bundesverband der Kälbermäster
Landwirtschaftskammer NRW

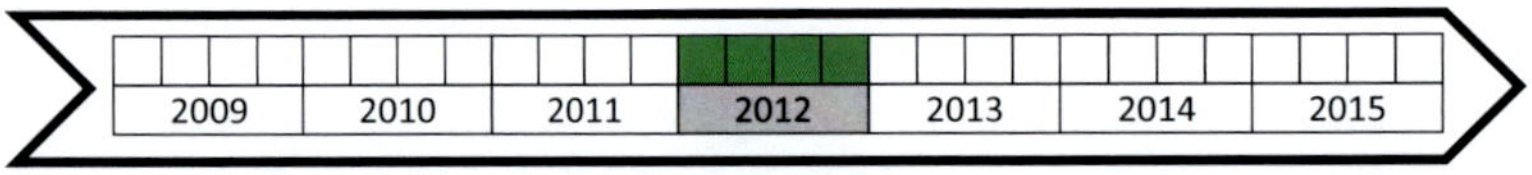

Handlungsfelder:

- Verbesserung des Wohlbefindens des Tieres, des Gesundheits- und Hygienestatus von Betrieben

Die Kälbermast findet fütterungsbedingt fast ausschließlich auf perforierten Boden statt. Aktuell sind perforierte „harte" Böden mit Spaltenmaßen von 2,5 cm und elastisch ummantelten Balken oder bei Balken mit elastischen Auflagen mit höchstens 3 cm Spaltenbreite bei Auftrittsbreiten von 8 cm zugelassen. Die Veterinärbehörden bevorzugen Bodenvarianten mit elastischer Oberfläche. Ziel der Untersuchungen war es herauszufinden, welchen Einfluss die Bodengestaltung auf die Sauberkeit des Bodens und der Kälber sowie das Liege- und Aktivitätsverhalten der Tiere hat.

Im Rahmen dieses gemeinschaftlichen Projektes konnten auf einem Praxisbetrieb in NRW vier unterschiedliche Bodenvarianten zeitgleich über ein halbes Jahr verglichen werden. Es handelte sich dabei um Bongossi Holzspalten, elastisch ummantelte Spalten (ICE), Kunststoffrostböden (MIK) und eine Gummiauflage (Kraiburg) auf Spalten. Eingestallt wurden die Tiere mit 14 Tagen und bis zur 9. Lebenswoche in Einzelboxen gehalten, danach erfolgte eine Gruppenhaltung mit jeweils sechs Tieren in einer Bucht bis zum Mastende (26 Wochen). Es fand sowohl bei der Einzel- als auch Gruppenhaltung eine tägliche Bonitur der Buchten und Tiere statt. Unterteilt wurde in drei Kategorien (sauber, leicht und stark verschmutzt). Zusätzlich wurden acht IR-Kameras im Stall montiert und regelmäßig Aufzeichnungen über jeweils 24 Stunden erstellt.

Die Untersuchungen zeigen, dass alle vier verglichenen Varianten die Bedingungen für eine tiergerechte Haltung bei einem guten Betriebsmanagement grundsätzlich erfüllen können. Die Bodenvarianten MIK und Bongossi erwiesen sich als besonders sauber. ICE und Gummi hingegen weisen im Durchschnitt höhere Verschmutzungsgrade auf. Auch bei dem Gummiboden waren die Kälber ähnlich oft sauber, obwohl dieser mit deutlich seltener (55 %) als sauber eingestuft wurde. Der ICE Boden hatte mit knapp 20 % leicht verschmutzter Kälber den höchsten Verschmutzungsgrad. Bei der ICE und Bongossi Variante lagen zu über 70 % der beobachteten Zeit mehr als drei Tiere. Die anderen Böden wiesen eine Liegedauer knapp unter 70 % auf, wobei Kälber auf dem Kunststoffrostboden (MIK) mit 61 % am wenigsten lagen. Bei dieser Bodenvariante war auffällig, dass dort zu 26 % der Beobachtungszeit kein Tier lag.

Bei den verschmutzen Bodensystemen: Bongossi, MIK und ICE sind kaum spielerische Aktivitäten zu beobachten. Trotz der sehr geringen Anzahl spielerischer Aktivitäten zeigen die Verhaltensbeobachtungen eine stark gestiegene Anzahl von Ausrutschern auf den verschmutzen Boxenböden. Lediglich der Gummiboden scheint den Kälbern - auch bei verschmutztem Untergrund - noch ausreichend „grip" zu bieten, da sich die Anzahl an spielerischen Aktivitäten sogar noch gesteigert hat. Durch die kontinuierliche Steigerung der Flüssigkomponente bis zum Mastende verlangt es vom Mäster viel Fingerspitzengefühl die Tiere optimal zu mästen. Wenn die Tiere fütterungsbedingten dünneren Kot aufweisen sind alle Bodensysteme stark verschmutzt und kommen an die Grenzen der Selbstreinigung.

Die Untersuchungen haben gezeigt, dass es durchaus noch einen hohen Forschungsbedarf im Hinblick auf die Bodengestaltung in der Kälbermast gibt. Letztendlich müssen den Landwirten Bodenvarianten zur Verfügung stehen, mit denen Sie tiergerecht und erfolgreich qualitativ hochwertige Lebensmittel für den Verbraucher produzieren können.

Ziron, M., Pech, S. (2013): Vergleich unterschiedlich perforierter Böden in der Kälbermast im Hinblick auf die Selbstreinigungsfähigkeit der Böden und auf das Verhalten der Tiere, 11. Tagung Bau, Technik und Umwelt in der landwirtschaftlichen Nutztierhaltung, 24. – 26. September in Vechta, Kuratorium für Technik und Bauwesen in der Landwirtschaft e.V., S. 112-117.

Ziron, M. (2012): Vier Kälberböden im Praxistest. topagrar 8/2012, S. R28-R31.

Art der Förderung

KONTROLLGEMEINSCHAFT DEUTSCHES KALBFLEISCH

Landwirtschaftskammer Nordrhein-Westfalen

Steigerung der landwirtschaftlichen Wertschöpfung durch Produkte aus Weidehaltungssystemen

Prof. Dr. Marcus Mergenthaler,
Prof. Dr. Wolf Lorleberg
Fachbereich Agrarwirtschaft
Fachhochschule Südwestfalen
Lübecker Ring 2
59494 Soest

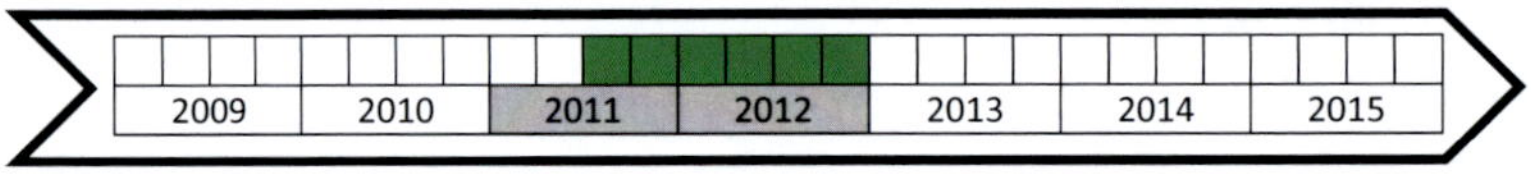

Handlungsfelder:

- Konzeptvorschläge zur Erfassung von Tierwohl – Indikatoren und Zuchtmerkmalen

Weidehaltungssysteme stehen, neben den Beiträgen zur Offenhaltung von Landschaften und damit zum Erhalt wichtiger Landschaftsbilder, für die nachhaltige Sicherung wichtiger ökologischer Landschaftsfunktionen und für die agrarpolitisch gewünschte Fortführung einer flächendeckenden Landbewirtschaftung. Produkte aus Weidehaltungssystemen repräsentieren Erzeugnisse aus besonders tier-, umwelt- und landschaftsgerechter Landbewirtschaftung. Aus diesem Grund wurde in dem Projekt von der These ausgegangen, dass Produkte aus Weidehaltungssystemen auf eine hohe Akzeptanz bei Verbraucherinnen und Verbraucher stoßen.

Ziel war es, sowohl im Verbund als auch in Ergänzung zu anderen Forschungsvorhaben zu Weidehaltungssystemen den bisher noch nicht berücksichtigten Aspekt der Vermarktung von Produkten aus Weidehaltungssystemen mit besonderem Fokus auf Milch aufzugreifen.

Um Handlungsempfehlungen für die praktische Landwirtschaft, Molkereiunternehmen und Politik abzuleiten, sollten Erkenntnisse zur Verbraucherakzeptanz, zur preislichen Positionierung von Weidemilch sowie zur wirtschaftlichen und technischen Umsetzbarkeit weidebasierter Milchproduktionssysteme gewonnen werden. Methodisch stützte sich das Projekt auf statistische Auswertungen, Expertengespräche, Fokusgruppen – Diskussionen mit unterschiedlichen Zielgruppen von VerbraucherInnen sowie auf Modellrechnungen zum wirtschaftlichen Vergleich unterschiedlicher Milchviehhaltungssystemen.

Die formulierten Handlungsempfehlungen sind für die Praxis und die Milchverarbeitung standort- und unternehmensspezifisch zu interpretieren. Bei Betriebsentwicklungsschritten oder Neuausrichtungen sollten nüchtern und ergebnisoffen Möglichkeiten zur technischen Umsetzbarkeit geprüft und ökonomische Folgen kalkuliert werden. Chancen einer entweder separaten Positionierung einer nachhaltigen Weidemilch oder der kommunikativen Nutzung eines breiter angelegten Nachhaltigkeitskonzeptes sollten für die ganze Wertschöpfungskette geprüft werden. Außerdem sollte das Erfassungs- bzw. Angebotspotenzial oder die Möglichkeiten zur regionalen Bündelung der Erfassung für Weidemilch regionsspezifisch abgeschätzt werden. Um Verbrauchertäuschungen zu vermeiden, ist die Erarbeitung einer privatwirtschaftlichen Branchenlösung für eine transparente und überprüfbare Definition von Weide- und Auslaufhaltung von Nutztieren zu empfehlen. Die Politik kann Weidehaltungsverfahren, neben Weide- und Geldprämien, auch über eine Unterstützung der Beratung und der angewandten Forschung zur Grünlandbewirtschaftung maßgeblich unterstützen.

Schleyer, A., Lorleberg, W., Mergenthaler, M. (2013): Steigerung der landwirtschaftlichen Wertschöpfung durch Produkte aus Weidehaltungssystemen, Forschungsberichte des Fachbereichs Agrarwirtschaft Soest, Nr. 30.

Art der Förderung

Ministerium für Klimaschutz, Umwelt, Landwirtschaft, Natur- und Verbraucherschutz des Landes Nordrhein-Westfalen

Schlachtung gravider Rinder: Umfang und Hintergründe

Prof. Dr. Mechthild Freitag
Professur für Tierproduktion
Fachbereich Agrarwirtschaft
Fachhochschule Südwestfalen
Lübecker Ring 2
59494 Soest

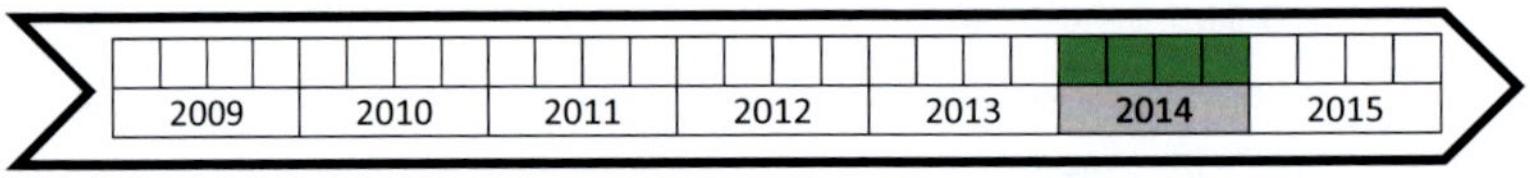

Handlungsfelder:

- ❖ Vermeidung der Tötung von Feten, Jungtieren und gesunden Tieren außer zur Schlachtung

In Deutschland sollen nach einer Schätzung der Bundestierärztekammer jährlich rund 180.000 gravide Rinder geschlachtet werden. Auch wenn diese Zahl zu hoch gegriffen sein sollte, stellt die Schlachtung trächtiger Tiere keinen Ausnahmefall dar und die Frage nach ethischen Aspekten des Tierschutzes tritt in den Vordergrund.

Bisher existieren nur wenig gesicherte Daten über den Umfang, in welchem gravide Rinder der Schlachtung zugeführt werden. Um einen besseren Überblick zu erhalten wurden mittels einer Literaturrecherche die bekannten Daten zusammengefasst und mögliche Ursachen analysiert.

Di Nicolo (2006) erhob Daten aus Deutschland, Belgien, Luxemburg und Italien zur Anzahl geschlachteter Rinder insgesamt, weiblicher Rinder insgesamt und tragender Tiere. Alle Schlachthöfe zusammen betrachtend waren 4,71 % der weiblichen Tiere tragend, einzeln betrachtend lag der Durchschnitt in Luxemburg bei 2,92 % und in Deutschland bei 4,94 % tragender Rinder. Im Jahr 2011 wurde von Rhien et al. eine weitere Studie an 53 deutschen Schlachtbetrieben durchgeführt. Vier der befragten Betriebe machten keine Angaben, in 43 % der Betriebe wurden keine trächtigen Tiere geschlachtet, in 49 % vereinzelt und in 8 % häufig tragende Tiere zur Schlachtung angeliefert. Im Durchschnitt wurden 9,6 % der Rinder tragend geschlachtet.

In der Schweiz wurde 2012 an einem Schlachthof alle weiblichen Rinder auf Trächtigkeit untersucht und anhand der Steiß – Scheitel- Länge das Trächtigkeitsstadium ermittelt. 5,67 % der untersuchten Tiere befanden sich mindestens im 5. Trächtigkeitsmonat, davon 27,33 % sogar im letzten Drittel. Auch Di Nicolo fiel auf, dass sich ein erheblicher Anteil der graviden Rinder (Luxemburg 25 %, Italien 15 %, Deutschland 46 %) im fortgeschrittenem Trächtigkeitsstadium befanden, am häufigsten jedoch im 5. Trächtigkeitsmonat. Gründe dafür werden vermutet in seuchenhygienischen Hintergründen, die zu einer Bestandssanierung mit Merzung führen, in ökonomischen Gründen, in bewusster Besamung zur Wachstumsförderung, in Managementfehlern oder in Krankheitsproblemen. Besonders eine unerkannte Trächtigkeit im 5. Trächtigkeitsmonat führt oft zur Schlachtung gravider Rinder. Ursachen dafür können neben Haltung gemischt geschlechtlicher Herden auch das Absenken der Frucht im 5./6. Trächtigkeitsmonat und die darauffolgende Fehldiagnose „nicht tragend" sein. Desweiteren zeigen tragende Rinder zu diesem Zeitpunkt häufiger Anzeichen eines Östrus, die ohne fundierte Trächtigkeitsuntersuchung ebenfalls zu einer Fehldiagnose führen.

Die bisher durchgeführten Untersuchungen zum Umfang gravider Schlachtrinder widerlegen die Annahme, dass es sich dabei um ein Einzelphänomen handelt. Die genannte Anzahl von jährlich 180.000 Tieren ist jedoch zu hoch gegriffen. Der Anteil liegt bei 4 – 6 % mit einer sehr großen Variation zwischen einzelnen Schlachthöfen. Ca. 1 % der Tiere befindet sich im letzten Trächtigkeitsdrittel. Ob die Föten durch den Schlachtprozess Schmerzen und Leiden ausgesetzt sind scheint fraglich (Mellor et al. 2007). Für das Muttertier stellen Transport und Schlachtung in diesem Zustand jedoch eine unzumutbare Belastung dar. Neben einem Umdenken bei Tierhaltern, sollte auch vom Gesetzgeber der Transport und Schlachtung von Tieren im letzten Trächtigkeitsdrittel untersagt werden, wenn nicht zwingende Gründe dafür sprechen.

Freitag M., Ickler A.L., Pieper J. (2014): Schlachtung gravider Rinder – Umfang und Hintergründe. Forschungsberichte des Fachbereichs Agrarwirtschaft Soest Nr. 34, SS. 45.

Freitag, M. (2015): Schlachtung gravider Kühe – ein Problem in Deutschland? Nutztierpraxis Aktuell, Tierärztliche Bestandsbetreuung im Rinder- und Schweinebetrieb, S. 96-99, 15. Haupttagung der Agrar- und Veterinär – Akademie (AVA) 2015.

Freitag M. (2015): Schlachtung gravider Rinder – Umfang und Hintergründe eines tierschutzrelevanten Problems. Tierärztliche Umschau 8, S. 338 – 339.

Art der Förderung

Ministerium für Klimaschutz, Umwelt, Landwirtschaft, Natur- und Verbraucherschutz des Landes Nordrhein-Westfalen

Maßnahmen zur Verminderung hornbedingter Verletzungen bei der Aufstallung von Jungrindern nach der Weideperiode

Versuchs- und Bildungszentrum
Landwirtschaft Haus Riswick, Ökobetrieb
Elsenpaß 5
47533 Kleve

& Hochschule für nachhaltige
Entwicklung Eberswalde

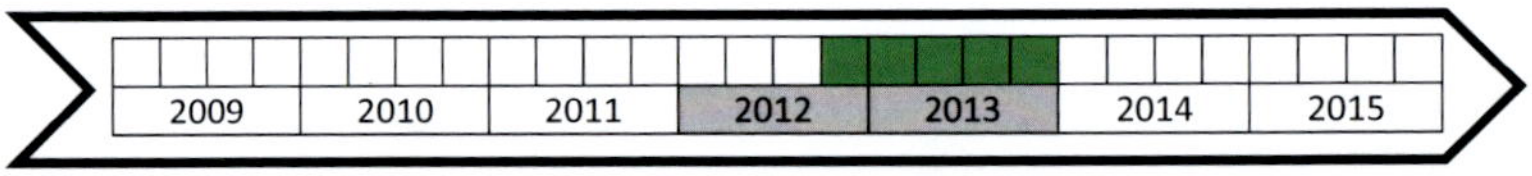

Handlungsfelder:

- Verbesserung des Wohlbefindens des Tieres, des Gesundheits- und Hygienestatus von Betrieben
- Verzicht auf mit Schmerzen verbundene Eingriffe am Tier

Erfahrungsgemäß ist die Verletzungshäufigkeit, trotz optimaler Haltungsbedingungen und Managementmaßnahmen, nach der Weidesaison im Herbst bei der Aufstallung durch gegenseitige Verletzungen, bedingt durch die Hörner, am größten. Besonders Rangkämpfe provozieren diese Art der Verletzungen. Die Intensität der Hornstöße ist jedoch nicht alleine situationsabhängig, sondern wird maßgeblich durch das individuelle Temperament der einzelnen Tiere beeinflusst. Um das von den Hörnern ausgehende Gefahrenpotenzial zu mindern, werden Kälbern in der Regel die Hornanlagen entfernt. Das Enthornen ökologisch gehaltener Tiere ist jedoch nur mit Ausnahmegenehmigung der Kontrollstellen möglich, der Demeter – Verband verbietet seinen Mitgliedern sogar ausdrücklich die Haltung hornloser Tiere. Somit bleibt das Thema zur Vermeidung von Verletzungen bei horntragenden Rindern aktuell und Lösungsansätze weiterhin notwendig.

Dem Versuch zur Verfügung standen drei Gruppen mit jeweils acht Tieren. Zunächst wurden allen 24 Tieren die Hornspitzen um ein bis zwei Zentimeter gekürzt. Den Tieren der ersten Gruppe wurden im Anschluss Silikonzitzengummis auf die Hörner geklebt, den Tieren der zweiten Gruppe Holzkugeln. Die dritte Gruppe diente als Kontrollgruppe ohne Hornschutz.

Untersucht wurden beide Materialien und Verfahren auf Haltbarkeit am Horn und Anbringungsdauer/ Anschaffungskosten.

In den beiden Versuchsgruppen traten, trotz ausgeübter Hornstöße, keine Verletzungen auf. Bei der Kontrollgruppe ohne Hornschutz konnten im Versuchszeitraum mehrere blutige Wunden, sowie Hämatome durch Hornstöße, festgestellt werden.

Die Haltbarkeitsdauer der Zitzengummis (Kleber: Demotec – Futura Pad – Spezialkleber) variierte zwischen einem und zehn Tagen, bedingt durch die unterschiedlichen Hornformen. Der Zeitaufwand zur Anbringung, einschließlich Aufhalftern, betrug im Durchschnitt 3,22 Minuten pro Tier. Die Kosten für die Anbringung der Gummis lagen bei etwa 2,20 € pro Tier. Daraus resultiert eine Summe von 0,40 € pro Tier und Tag.

Die Holzkugeln (Kleber: GEWA – Fit) hatten eine Haltbarkeitsdauer von 13 – 270 Tagen, wobei Unebenheiten oder Luftlücken durch den Kleber ausgeglichen werden konnten. Die Anbringungszeit, einschließlich Aufhalftern, betrug im Durchschnitt 9,20 Minuten. Die deutlich höheren Kosten für die Holzkugeln liegen bei 17,64 € pro Tier. Umgerechnet ergab sich eine Summe von 0,12 € pro Tier und Tag.

Sowohl die Zitzengummis als auch die Holzkugeln erfüllen ihren Zweck bei der Verminderung / Vermeidung von hornbedingten Verletzungen. Hinsichtlich der deutlich kürzeren Haltbarkeit sind Zitzengummis eher für kurzfristige Stresssituationen (Brunst oder aggressive Einzeltiere) anzuwenden. Für die Winteraufstallung nach längeren Weideperioden werden die Holzkugeln favorisiert, da sie wesentlich länger am Horn halten. Auch der Rinderhalter selber kann sich durch Hornschutz vor hornbedingten Verletzungen schützen.

Rettke, C., Hörning, B., Kempkens, K., Hünting, K., Hauswald, A., Verhoeven, A. (2013): Stoßdämpfer für die Hörner, Zitzengummis und Holzkugeln auf Hörnern reduzieren Verletzungen, Ökolandbauportal für NRW, Fachbeitrag 16.09.2013

Einsatz mobiler Automatischer Melksysteme und angepasster Strategien der Milchviehbeweidung unter den Aspekten Tiergesundheit, Hygiene, Milchqualität und Ressourcenoptimierung

Prof. Dr. Margit Wittmann,
Prof. Dr. Harald Laser
Fachbereich Agrarwirtschaft
Fachhochschule Südwestfalen
Lübecker Ring 2
59494 Soest

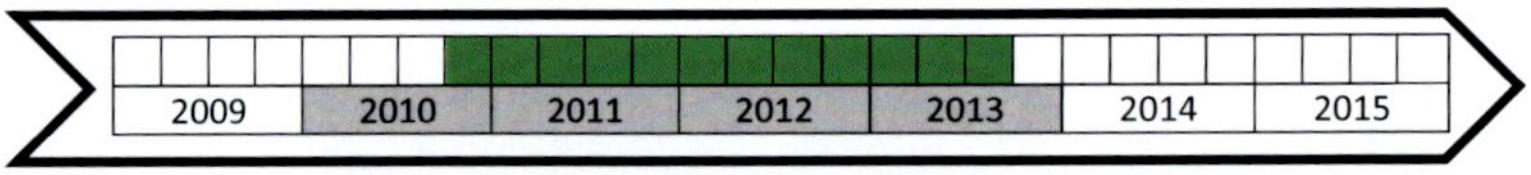

Handlungsfelder:

- Verbesserung des Wohlbefindens des Tieres, des Gesundheits- und Hygienestatus von Betrieben

Der Verbleib der Milchviehhaltung in Grünlandregionen durch eine rentable Milchproduktion (maximale Milcherzeugung aus der Weide) wird angestrebt. Um die körperliche Belastung bei der Melkbarkeit zu reduzieren und größere Flexibilität zur erlangen, wird die Kurzrasenweide mit dem Melkroboter kombiniert. In dem Projekt richtet sich das Hauptaugenmerk auf die Tiergesundheit, Hygiene, Milchqualität und Ressourcenoptimierung in Abhängigkeit von den Umweltbedingungen wie z. B. Weideaufwuchs oder Witterung. Um eine beispielhafte Alternative in der Milchviehhaltung aufzuzeigen, wurde der Einfluss von Managementmaßnahmen anhand der Auswirkungen auf die Tiergesundheit, Milchqualität und Weidebeschaffenheit dokumentiert.

Aufgenommen wurden Daten zur Klauengesundheit, die Molkereigüteergebnisse, die Roboteraufzeichnungen sowie die Ergebnisse der Milchleistungskontrolle wurden mit einbezogen und Weidekörbe aufgestellt, um den Ertrag und die Inhaltsstoffe auf der Kurzrasenweide abschätzen zu können. Bei dem Versuchsbetrieb handelt es sich um einen Öko – Milchviehbetrieb mit etwa 115 Kühen, gehalten in zwei getrennten Herden, und rund 50 ha Weiden. Die beiden Melkroboter mit den Milchtanks befinden sich jeweils in einem Container und können auf einen Anhänger verladen und zu Beginn der Weideperiode auf einen fixen Platz an der Weide gebracht werden.

Während der Weideperiode bleiben die Tiere 24 Stunden am Tag draußen (168 bzw. 183 Weidetage) und ernähren sich, bis auf die Kraftfutterversorgung am Melkroboter und einer 14 – tägigen Zufütterungsphase Anfang Juni 2011, nur durch die Weide.

Im Durchschnitt wurden in der Weidesaison 56 bzw. 50 Kühe pro Melkroboter gemolken. 2011 wurden rund 832.000 kg Milch an die Molkerei abgeliefert, dabei entfielen 49 % der abgelieferten Milch auf die Weideperiode. Vor allem gegen Ende der Weideperiode wurden höhere Eiweißgehalte erzielt, was sich auch in stark erhöhten Harnstoffgehalten bemerkbar machte. Alles wies auf eine Proteinüberversorgung, welche negative Auswirkungen auf die Klauengesundheit hatte, und in Abhängigkeit vom Laktationsdrittel auch auf einen Energiemangel im Herbst hin. Bezüglich des Tierverhaltens fand erwartungsgemäß eine Abnahme der Melkungen pro Kuh und Tag statt, ebenso nahm die Besuchshäufigkeit ohne Melkanrecht auf der Weide ab. Mit Blick auf Weide-, Tritt- und Mahdverträglichkeit stellt die Weidelgras – Weißkleeweide auf dem Betrieb eine gute Basis dar. Es gab jedoch große Unterschiede im Klee- und Kräuteranteil von Teilflächen. Um den Spaltenbereich des Roboters hatte sich durch starke Schrittschäden eine vegetationslose Zone gebildet.

Es kann festgehalten werden, dass eine Steuerung des Abkalbezeitpunktes entscheidend ist. So sollten so viele Kühe wie möglich kurz vor Beginn der Weidesaison abgekalbt haben, um das Futterangebot der Weide optimal nutzen zu können. Eine strikte Blockabkalbung kann aus wirtschaftlicher Sicht jedoch nicht empfohlen werden, aufgrund der Auslastung des Roboters. Kälteeinbrüche, lange Regen- und Trockenperioden müssen durch ausreichend vorhandene Weidefläche kompensiert werden können. Bestimmend für die Weideleistung bleiben in erster Linie, neben dem Witterungsverlauf und der Vegetationszusammensetzung der Managementeinfluss durch die Faktoren Abkalbezeitpunkt, Kraftfuttereinsatz und Besatzdichte.

Plesch, G., Wittmann, M., Laser, H. (2013): Einsatz mobiler Automatischer Melksysteme und angepasster Strategien der Milchviehbeweidung unter den Aspekten Tiergesundheit, Hygiene, Milchqualität und Ressourcenoptimierung, Abschlussbericht (PDF – Datei).

Art der Förderung

rentenbank

Hygienische Aspekte der Liegeboxeneinstreu bei Milchrindern in NRW

Prof. Dr. Marc Boelhauve,
Prof. Dr. Jürgen Braun
Fachbereich Agrarwirtschaft
Fachhochschule Südwestfalen
Lübecker Ring 2
59494 Soest

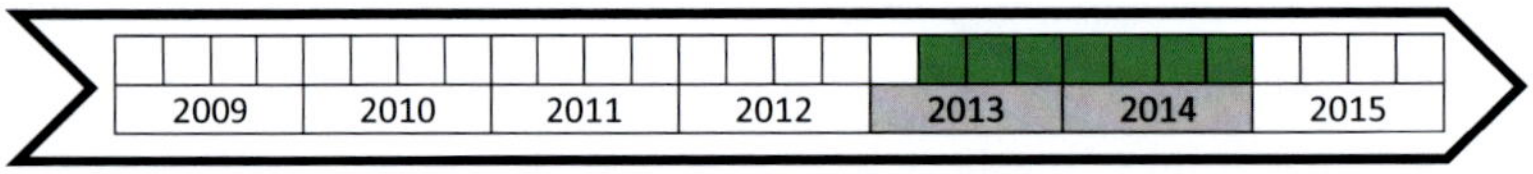

Handlungsfelder:

- Verbesserung der Beratung in der Bestandsbetreuung
- Verbesserung des Wohlbefindens des Tieres, des Gesundheits- und Hygienestatus von Betrieben

Eine Mastitis ist nicht nur ein schmerzhafter Prozess für die Kuh, sondern hat auch für den Milchviehhalter weitreichende wirtschaftliche Konsequenzen. Aus einer Euterentzündung ergeben sich zudem eine länger andauernde Leistungsbeeinträchtigung des Tieres und eine zeitgleich durchzuführende Behandlung u. U. mittels Antibiotika. Die Minimierung der mastitisfördernden Faktoren ist von hoher Priorität für die Landwirtschaft.

Die hygienische Beschaffenheit des Einstreumaterials übt einen nicht zu unterschätzenden Einfluss auf die Eutergesundheit des Milchrindes aus. Somit sollte in diesem Forschungsprojekt der praxisübliche Umgang mit der jeweiligen Einstreu und die keimreduzierenden Maßnahmen näher erfasst und deren Auswirkungen auf die Eutergesundheit und die Wirtschaftlichkeit in Beziehung gesetzt werden.

Zur Zielerreichung sollten folgende Arbeitspakete dienen:

- Mikrobiologische Untersuchung (Gesamtkeime, coliforme Keime, pH – Wert, Feuchtegehalt, Temperatur der Materialien) von Einstreumaterialien auf Praxisbetrieben in regelmäßigen Abständen
- Untersuchung der Herdengesundheit durch Untersuchung der zellzahlauffälligsten Tiere
- Untersuchung des Melkvorganges
- Die Veränderungen der Zellgehalte, der Verschmutzungsgrad der Tiere und die Einstreuqualität einzelner Hygienemaßnahmen sollen nach Änderung erfasst werden, um Empfehlungen für die Praxis ableiten zu können

Die Therapie einer Mastitis ist schwieriger geworden, da sich das Erregerspektrum als ein zentraler Faktor verändert hat. Früher waren es sogenannte kuhassoziierte Mastitiserreger, mittlerweile stammen diese Erreger aus der Umwelt der Tiere, wie z.B. der Einstreu. Die empfohlenen Keimhöchstmengen in der Einstreu wurden in fast allen beteiligten Praxisbetrieben überschritten, auch bei Anwendung der empfohlenen Pflegeintervalle der Liegeboxen. Eine Ursache liegt in der recht hohen Keimverschleppung aus den Laufwegen in den Liegebereich. Eine massive Reduktion des Keimdruckes in den Liegeboxen und nachfolgend eine Reduktion der Zellzahlhöhen in der gesamten Herde zeigte die Erhöhung der Reinigungsintensität und –qualität verbunden mit einer qualitativ guten Einstreu. Eine Reduktion der Keimgehalte in den Boxen durch die Anwendung von kohlensaurem Kalk erfolgte nicht.

Auch im Bereich der Melkhygiene besteht in einigen Betrieben ein Defizit. Werden die arbeitswirtschaftlichen und monetären Gesichtspunkten betrachtet, zeigte sich, dass die Einstreuverfahren auf Basis von gehäckseltem Stroh die günstigste Variante darstellt. Eine intensivere Beratung und Anpassung der Ausbildung hinsichtlich Verständnisses für Infektionsketten in Praxisbetrieben erscheint zielführend für die Verbesserung der auf Milchkühe einwirkende Keimdruck.

Thönnissen, A.; Berglar, J.; Rose, S.; Braun, J. und Boelhauve, M. (2015): Hygienische Aspekte der Liegeboxeneinstreu bei Milchrindern in NRW. Forschungsberichte des Fachbereichs Agrarwirtschaft Soest, Nr. 37.

Art der Förderung

Ministerium für Klimaschutz, Umwelt, Landwirtschaft, Natur- und Verbraucherschutz des Landes Nordrhein-Westfalen

Tierhygiene in der NRW – Rinderhaltung: Status – quo der Hygienesituation und des Hygienebewusstseins, Anreizsysteme zur Hygieneverbesserung schaffen

Prof. Dr. Marc Boelhauve,
Prof. Dr. Marcus Mergenthaler
Fachbereich Agrarwirtschaft
Fachhochschule Südwestfalen
Lübecker Ring 2
59494 Soest

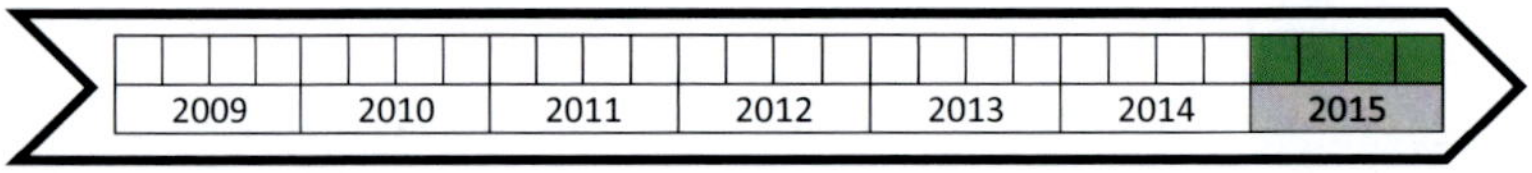

Handlungsfelder:

- Verbesserung des Wohlbefindens des Tieres, des Gesundheits- und Hygienestatus von Betrieben
- Verbesserung der Beratung in der Bestandsbetreuung

In NRW wird aktuell an einem Hygieneleitfaden für die Rinderhaltung gearbeitet, da das Bundeslandwirtschaftsministerium im Jahr 2014 im Bundesanzeiger Hygieneempfehlungen veröffentlicht hat. Diese werden in den landwirtschaftlichen Verbänden intensiv diskutiert und auch kritisiert, denn es ist davon auszugehen, dass Rinderhalter zuerst freiwillig und nachfolgend eventuell verpflichtet werden sollen, definierte Hygienemaßnahmen in ihrem Betrieb umzusetzen.

In diesem Projekt sollen die Grundprobleme der Umsetzung von Hygienemaßnahmen in der landwirtschaftlichen Rinderhaltung untersucht werden. Es sollen Ursachen ermittelt werden, die die Umsetzung hygienischer Maßnahmen erschweren oder verhindern. Ferner soll das Hygienebewusstsein für einzelne Maßnahmen in ausgewählten Projektbetrieben eruiert und nachfolgend gestärkt werden.

Um das übergeordnete Ziel der Tierseuchenprävention zu erreichen, ist es wichtig, die Akzeptanz für tierseuchenrechtliche Maßnahmen und die Früherkennung zu verbessern.

Grundsätzlich sollen Hygieneeinstellungen bzw. –umsetzungen in der landwirtschaftlichen Praxis ermittelt werden. Methodisch unterteilt sich das Projekt in fünf Arbeitspakete. Es kommen Befragungen, Beobachtungen und laborgestützte Analysen des Status-Quo der Hygiene in Praxisbetrieben zum Einsatz. Außerdem werden die Anreizsysteme zur Umsetzung von einzelnen Hygienemaßnahmen bei Landwirten, Beratern, Tierärzten und Molkereien erhoben. In einzelnen Praxisbetrieben sollen Hygienemaßnahmen auf ihre Wirkung hinsichtlich der Veränderung der Tiergesundheit und der Keimverschleppung untersucht werden. Zusätzlich werden Landwirte über Workshops in das Projekt mit einbezogen, so dass der zügige Transfer in die Praxis gegeben ist.

Art der Förderung

Landwirtschaftskammer
Nordrhein-Westfalen

Untersuchungen zur Expression von Adipokinen beim Wiederkäuer in vitro unter besonderer Berücksichtigung der Propionatbindenen, G-Protein gekoppelten Rezeptoren GPR41 und GPR43

Prof. Dr. Dr. Helga Sauerwein
Rheinische Friedrich-Wilhelms-Universität Bonn
Institut für Tierwissenschaften
Abteilung Physiologie und Hygiene
Katzenburgweg 7-9
53115 Bonn

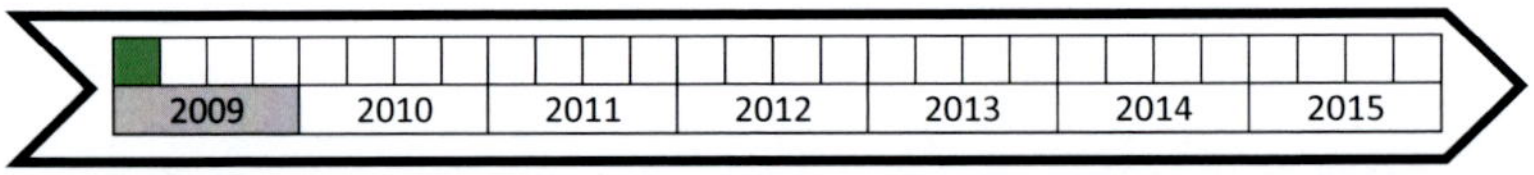

Handlungsfelder:

- Verbesserung des Wohlbefindens des Tieres, des Gesundheits- und Hygienestatus von Betrieben

Ziel der Untersuchung war es, die Kenntnis um die Rolle des Fettgewebes bei der Regulation des Metabolismus des Wiederkäuers mit Hilfe von in vitro Untersuchungen zu erweitern.

Lemor A, Hosseini A, Sauerwein H, Mielenz M (2009): Transition period-related changes in the abundance of the mRNAs of adiponectin and its receptors, of visfatin, and of fatty acid binding receptors in adipose tissue of high-yielding dairy cows. Domestic Animal Endocrinology 37:37-44.

Art der Förderung

H. WILHELM SCHAUMANN STIFTUNG

5.4 Projekte mit Bezug Wirtschafts-geflügel

Beleuchtung von Bruteiern während der Inkubation

Dr. Inga Tiemann
Wissenschaftlicher Geflügelhof des BDRG
Am Landwirtschaftsmuseum 10
41569 Rommerskirchen

& Universität Bonn

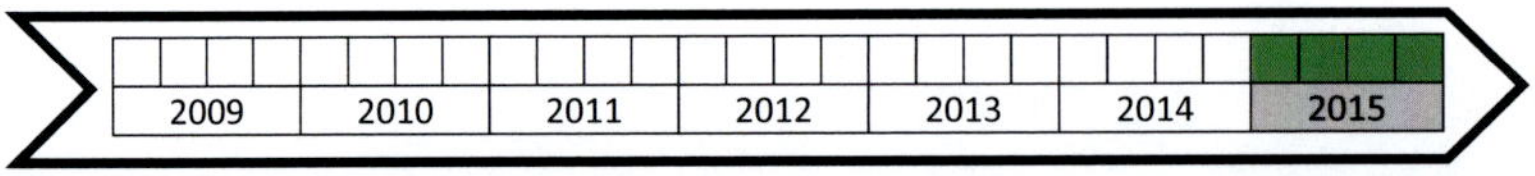

Handlungsfelder:

- Konzeptvorschläge zur Erfassung von Tierwohl-Indikatoren und Zuchtmerkmalen
- Verbesserung des Wohlbefindens des Tieres, des Gesundheits- und Hygienestatus von Betrieben

Bruteier der Rasse Deutsches Lachshuhn wurden während der Inkubation mit farbigem Licht (blaues und grünes) in der Brutmaschine beleuchtet. Nach dem Schlüpfen wurde jeweils zwei Teilgruppen eine weitere Woche in der Aufzuchtbox beleuchtet, während die Kontrollgruppe zu keiner Zeit farbige Beleuchtung erhielt. Die Tiere wurden dann auf ihre Präferenz für die Beleuchtungsfarben in einem Wahlversuch beobachtet. In insgesamt acht Wiederholungen wurden die Aufenthaltszeiten in den Lichtfarben quantifiziert. Überprüft wurden der Einfluss der Beleuchtung bei der Brut, sowie der Einfluss der Beleuchtung bei Brut und Aufzucht auf die Präferenz der Tiere. Ebenso wurde untersucht, ob eine Prägung stattgefunden hat und wie sich die Wahl der Tiere über Zeit entwickelt. Zwischen den unterschiedlichen Prägungsverfahren (Brut oder Brut und Aufzucht) konnte kein Unterschied zwischen den Gruppen festgestellt werden. Es besteht möglicherweise eine natürliche Präferenz für blaues Licht, die bei sieben Tage alten Tieren am stärksten ist. Möglicherweise kann durch die Beleuchtung mit grünem Licht diese Präferenz herabgesetzt werden.

Art der Förderung

Ministerium für Klimaschutz, Umwelt, Landwirtschaft, Natur- und Verbraucherschutz des Landes Nordrhein-Westfalen

Terrestrische Fortbewegung der Vögel: Evolution, Dynamiken und Computervision

Prof. Dr. Martin Fischer
Friedrich-Schiller-Universität Jena
Institut für Spezielle Zoologie und Evolutionsbiologie
Ebertstr. 1
07743 Jena

& Wissenschaftlicher Geflügelhof des BDRG

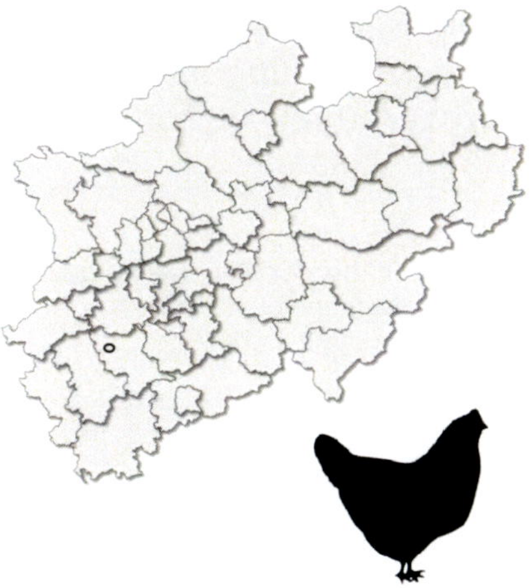

2009	**2010**	2011	2012	2013	2014	2015

Handlungsfelder:

- Konzeptvorschläge zur Erfassung von Tierwohl-Indikatoren und Zuchtmerkmalen
- Verbesserung des Wohlbefindens des Tieres, des Gesundheits- und Hygienestatus von Betrieben

Die laufende Fortbewegung auf zwei Beinen ist von entscheidender Bedeutung für das Überleben der meisten Vogelarten. Somit stellen Vögel ein geeignetes Model dar, das für Theorien über die Anpassung und Spezialisierung des Bewegungsapparats von Bedeutung ist. Nur in einigen wenigen exemplarischen Studien wurden die Bewegungsabläufe mit aufwendigen Einstellungen und mühsamen Datenverarbeitungen analysiert. Durch Nutzung der Kombination von verfügbaren digitalen Hochgeschwindigkeitsröntgentechnologien können vergleichende Studien in der Morphologie und Bewegung. Dabei können allgemeine Prinzipien der Anpassung des Bewegungsapparates bei der zweibeinigen Fortbewegung untersucht werden. Es wurde beabsichtigt, die Variabilität der Fortbewegungsmechanismen zu untersuchen, so z.B. die Änderungen während des Gehens und Laufens. Fokustiere waren dabei verschiedene Hühnerrassen, wie die schweren Cochins und die Zwerghuhnrasse Chabo. Ziel ist es, dass das Verständnis über die Stabilität des Beins und Rumpfes bei Vögeln als Beispiel für zweibeinige Tiere erweitert und dadurch neue Einblicke in die Evolution der Vögel generiert werden können.

Haase, D. und Denzler, J. (2013): 2D and 3D analysis of animal locomotion from biplanar X-ray videos using augmented active appearance models. EURASIP Journal on Image and Video Processing, 2013:45.

Art der Förderung

DFG Deutsche Forschungsgemeinscha

Der Einfluss von Einzel- oder Gruppenhaltung auf das Lernverhalten verschiedener Hühnerrassen

Dr. Mareike Fellmin
Wissenschaftlicher Geflügelhof des BDRG
Am Landwirtschaftsmuseum 10
41569 Rommerskirchen

& Universität Düsseldorf

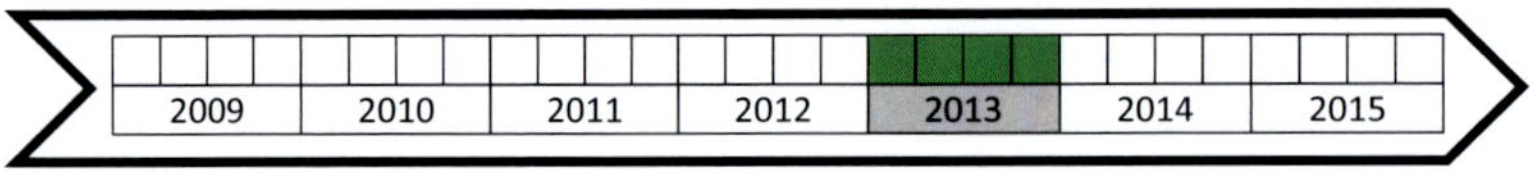

Handlungsfelder:

- Konzeptvorschläge zur Erfassung von Tierwohl-Indikatoren und Zuchtmerkmalen
- Verbesserung des Wohlbefindens des Tieres, des Gesundheits- und Hygienestatus von Betrieben

Hühner leben in einem engen Sozialverband, der meist aus einem Hahn und mehreren Hennen besteht. Die Hennen bilden untereinander eine Gruppenstruktur mit fester Hackordnung aus, was eine Individualerkennung der einzelnen Gruppenmitglieder voraussetzt. Nicht nur die sozialen Begebenheiten spielen eine Rolle für das physische und psychische Wohlergehen der Hühner, sondern auch eine artgerechte Haltung. In der vorliegenden Studie wurde der Einfluss zweier unterschiedlicher Haltungskonzepte, Einzelhaltung und Gruppenhaltung, auf das Lernverhalten zweier Haushuhnrassen untersucht. Dies geschah im Rahmen eines Lernexperiments in einer Skinnerbox. Während des zehntägigen Trainings wurden ihnen ein positiv und ein negativ verstärkter Stimulus präsentiert. Als Stimuli wurden lateral aufgenommene Fotos von Köpfen ihrer Gruppenmitglieder verwendet. Ein Vergleich zwischen Hühnern in Einzelhaltung mit Hühnern in Gruppenhaltung zeigte, dass die Hühner in Einzelhaltung signifikant häufiger sowohl auf den positiven ($p = ,002$) als auch auf den negativen Stimulus ($p = ,002$) pickten, als die Hühner aus der Gruppenhaltung.

Die Ergebnisse legen nahe, dass verschiedene Haltungskonzepte einen Einfluss auf das Verhalten von Hühnern haben. Ältere Untersuchungen belegen, dass eine Unterdrückung der Auslebung arttypischer Verhaltensweisen, eine erhöhte Ausprägung dieser Verhaltensmuster zur Folge hat, wenn wieder die Möglichkeit dazu gegeben wird. In der vorliegenden Studie zeigt sich dies in einer erhöhten Anzahl an Pickschlägen der Hühner in der Einzelhaltung auf den Touchscreen-Monitor, da während der Unterbringung in einer Einzelbox das Ausleben von Verhaltensweisen, wie z.B. das Pickverhalten im Rahmen der Futtersuche minimiert wurde. Eine weitere Erklärung wird durch die Art der präsentierten Stimuli gegeben, da es sich hierbei um Fotos von Köpfen der Gruppenmitglieder handelt, und diese ein erhöhtes agonistisches Verhalten der Hühner in Einzelhaltung hervorruft.

Zahmel, M. (2013): Der Einfluss von Einzel- oder Gruppenhaltung auf das Lernverhalten verschiedener Hühnerrassen. Unveröffentlichte Bachelorarbeit. Heinrich-Heine Universität Düsseldorf.

Fellmin, M., Pütz, C., Zahmel, M., Tiemann, I. (2015): The impact of housing conditions on the behaviour of laboratory animals. Abstract presented at the congress of International Ethological Conference (IEC), Cairns, AUS.

Art der Förderung

JUWIRA
Verein zur Förderung junger Wissenschaftler/-innen in der Rassegeflügel-Forschung e.V.

Einfluss des Haltungsmanagement auf das Verhalten von Tiermodellen am Beispiel verschiedener Geflügelarten

Dr. Inga Tiemann
Wissenschaftlicher Geflügelhof des BDRG
Am Landwirtschaftsmuseum 10
41569 Rommerskirchen

& Universität zu Köln

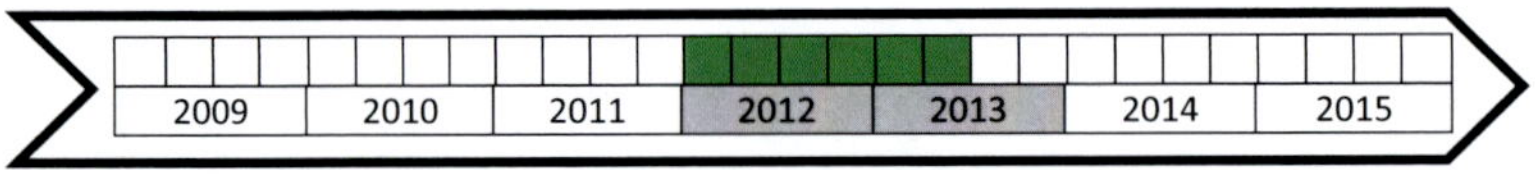

Handlungsfelder:

- Konzeptvorschläge zur Erfassung von Tierwohl-Indikatoren und Zuchtmerkmalen
- Verbesserung des Wohlbefindens des Tieres, des Gesundheits- und Hygienestatus von Betrieben
- Reduktion des Arzneimitteleinsatzes und Verbesserung der Fütterung

Tierschutz und artgerechte Haltung gewinnen zunehmend an Bedeutung. Die Nahrungsaufnahme ist ein essentielles Bedürfnis und Veränderungen im Futtermanagement, wie beispielsweise die Einschränkung von Nahrung in Verbindung mit einer erzwungenen Gewichtsabnahme, könnte eine stressvolle aber vermeidbare Vorgehensweise für Tiere sein. Der Einfluss des Futtermanagement auf das Verhalten von domestizierten Hühnern, Chabo und Breda, und Tauben, Altorientalisches Mövchen und Rheinischer Ringschläger, wurde in der vorliegenden Arbeit untersucht. Das Verhalten der Tiere wurde unter verschiedenen Futterkonditionen (uneingeschränkter und einstündiger Zugang zu Futter pro Tag, sowie Futterrestriktion) in drei standardisierten Testverfahren (open field, plus-maze, y-maze) hinsichtlich Exploration, Lernen und Wahlverhalten analysiert. Im open field zeigten Hühner keine Änderungen im Verhalten aufgrund der Futterkondition, wohingegen Tauben eine längere Strecke zurücklegten, wenn sie unter einer Futterrestriktion standen. Die Arten unterschieden sich auch im plus-maze hinsichtlich des Lernverhaltens.

Alle Hühner erreichten das Lernkriterium unabhängig von der Futterkondition, wohingegen Tauben die Aufgabe nur erfolgreich beenden konnten, wenn sie unter Futterrestriktion standen. Ähnliche Ergebnisse konnten auch für das y-maze beobachtet werden, in welchem Tauben mehr Zeit brauchten um eine Entscheidung zu treffen als Hühner. Tauben wählen einen Artgenossen und Futter häufiger als einen Menschen als Stimulus. Das Verhalten der Hühner entsprach diesem, änderte sich jedoch bei unterschiedlichen Futterkonditionen bezüglich der Wahlhäufigkeit für Futter als Stimulus. Zwischenartliche Unterschiede wurden besonders in der Lernfähigkeit und im Wahlverhalten beobachtet. Diese Unterschiede können durch Faktoren wie Motivation oder Angst beeinflusst gewesen sein. Unterschiede zwischen den Rassen einer Art wurden nur in geringem Umfang beobachtet. Im Allgemeinen zeigen diese Ergebnisse, dass das Futtermanagement einen Einfluss auf das Verhalten von Tieren in standardisierten Testverfahren hat. Die Intensität dieses Einflusses war artspezifisch und in Tauben deutlicher ausgeprägt als in Hühnern.

Pütz, C. (2013): Impact of management on the behaviour of animal models using different poultry species. Unveröffentlichte Masterarbeit, Universität zu Köln.

Tiemann, I., Pütz, C., Fellmin, M. (2013): Feeding management has a basic impact on the behavior of traditional poultry breeds. PSA Annual Meeting, San Diego, USA.

Fellmin, M., Pütz, C., Zahmel, M., Tiemann, I. (2015): The impact of housing conditions on the behaviour of laboratory animals. Abstract presented at the congress of International Ethological Conference (IEC), Cairns, AUS.

Art der Förderung

JUWIRA
Verein zur Förderung junger Wissenschaftler/-innen in der Rassegeflügel-Forschung e.V.

Einfluss von verschiedenen Lichtbedingungen auf das Normalverhalten von Hühnern und Tauben

Dr. Mareike Fellmin
Wissenschaftlicher Geflügelhof des BDRG
Am Landwirtschaftsmuseum 10
41569 Rommerskirchen

& Universität Düsseldorf

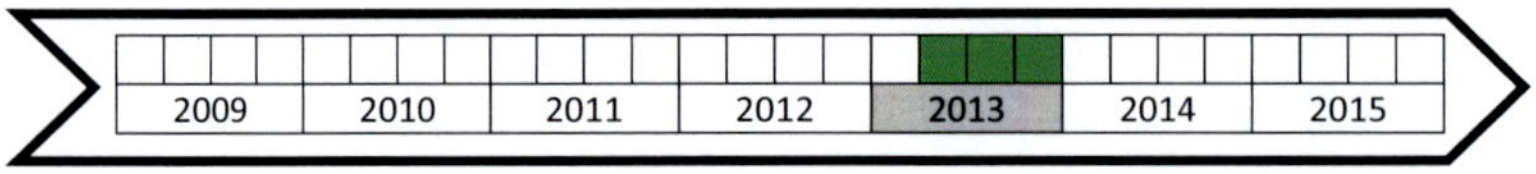

Handlungsfelder:

- Verbesserung des Wohlbefindens des Tieres, des Gesundheits- und Hygienestatus von Betrieben

Hühner und Tauben sind wie die meisten Vögel und auch der Mensch hochentwickelte Augentiere. Vögel weisen jedoch eine erweiterte spektrale Wahrnehmung auf und können somit auch im UV-Bereich sehen, solange die Lichtquelle UV-Strahlen abgibt. Zudem haben Vögel ein höheres zeitliches Auflösungsvermögen, d.h. niedrigfrequentes Licht mit einer Flackerfrequenz unter 100 Hz, wie aus handelsüblichen Leuchtstoffröhren, wird als Lichtblitze und nicht als Dauerlicht wahrgenommen. Um der artspezifischen Physiologie des Geflügels zu entsprechen, werden im Wirtschaftsbereich ausschließlich hochfrequente, flackerfreie Lichtquellen eingesetzt. Vor diesem Hintergrund wurden zwei verschiedene Verhaltensweisen, die Futteraufnahme von Hühnern und Tauben und die Partnererkennung bei Tauben, unter vier verschiedenen Lichtbedingungen untersucht. Folgende Lichtbedingungen wurden untersucht: 1. Hochfrequentes Licht ohne UV-Anteil; 2. Niedrigfrequentes Licht mit UV-Anteil; 3. Niedrigfrequentes Licht ohne UV-Anteil; 4. Hochfrequentes Licht mit UV-Anteil.

Bei niedrigfrequentem Licht ohne UV-Anteil zeigte sich im Gegensatz zu allen anderen Lichtbedingungen eine Abnahme der Pickgenauigkeit, was sich durch eine Erhöhung der Anzahl der benötigten Pickschläge innerhalb der Futteraufnahme äußerte. Bei der Partnererkennung nimmt die Lichtbedingung keinen Einfluss auf das Wiedererkennen des eigenen Partners. Frühere Untersuchungen konnten belegen, dass sowohl die Futteraufnahme als auch die Partnererkennung bei Tauben höchst visuell gesteuerte Prozesse sind. Bei der Futteraufnahme wirkt sich UV-Licht begünstigend aus, da der Kontrast des Futters zum Hintergrund erhöht wird, was ein Erkennen des Futters erleichtert. Unter der Bedingung mit Flackerlicht wurde erwartet, dass die gezielte Aufnahme von Körnern erschwert wird. Eine Beeinträchtigung der Pickleistung konnte hier nur unter der Lichtbedingung mit Flackerlicht und fehlenden UV-Anteil gefunden werden. Für ein arttypisches Verhalten ist demnach entweder eine hohe Flackerfrequenz oder das Vorhandensein von UV-Anteilen in der Lichtquelle essentiell. Gezeigt wurde jedoch auch, dass ein individuelles Wiedererkennen unabhängig von dem Lichtbedingungen möglich ist. In diesem Zusammenhang muss diskutiert werden, inwiefern neben visuellen Reizen auch akustische und olfaktorische eine Rolle spielen.

Liersch, T. (2013): Der Einfluss von verschiedenen Lichtbedingungen auf das Normalverhalten von Hühnern und Tauben. Unveröffentlichte Bachelorarbeit. Heinrich-Heine Universität Düsseldorf.

Art der Förderung

JUWIRA
Verein zur Förderung junger Wissenschaftler/-innen in der Rassegeflügel-Forschung e.V.

Farbpräferenzen bei Geflügel

Dr. Mareike Fellmin
Wissenschaftlicher Geflügelhof des BDRG
Am Landwirtschaftsmuseum 10
41569 Rommerskirchen

& Universität Düsseldorf

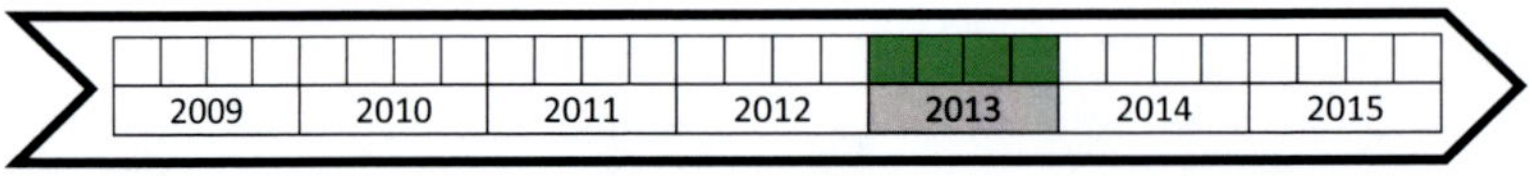

Handlungsfelder:

- Verbesserung des Wohlbefindens des Tieres, des Gesundheits- und Hygienestatus von Betrieben

Vögel sind geeignete Modellorganismen zur Untersuchung von Farbpräferenzen. Ältere Studien an Hühnern und Tauben konnten zeigen, dass es angeborene und erlernte Farbpräferenzen gibt. Jedoch fehlt der bisherigen Literatur ein übergreifender Untersuchungsansatz der Art, Rasse, Alter und Geschlecht mit einschließt. Adulte Tiere und Jungtiere der Hühnerrasse Ostfriesische Möwe und der Taubenrassen Genter Kröpfer und Brieftaube wurden auf ihre Präferenzen gegenüber den Farben Rot, Weiß, Blau und Grün in einem open-field, einem standardisierten Testverfahren, untersucht. Es konnte ein Einfluss der Art und des Alters auf die Farbpräferenzen der Tiere gezeigt werden. Die Jungtiere der Ostfriesischen Möwen präferierten die Farben Rot und Weiß. Wohingegen die adulten Ostfriesischen Möwen keine Präferenzen für die untersuchten Farben zeigten. Die Jungtiere beider Taubenrassen hatten Präferenzen für die Farbe Blau, im Gegensatz dazu präferierten die adulten Brieftauben die Farbe Grün. Alle gezeigten Präferenzen waren unabhängig von der Lichtbedingung, mit oder ohne UV-Anteil, unter der die Tiere getestet wurden.

Die Präferenzen der Jungtiere der Ostfriesischen Möwen für Rot und Weiß lassen sich durch die Literatur erklären, in der gezeigt wurde, dass bei Hühnerküken die Präferenz für Rot angeboren ist, wohingegen die Präferenz für Weiß auf Gewöhnungseffekten beruhen kann, z.B. die Unterbringung in einem weißen Stall. Erfahrungen und Extensivhaltung der adulten Ostfriesischen Möwen können dazu geführt haben, dass angeborene Präferenzen überlagert wurden. Die Präferenzen für die Farben Grün und Blau bei den Tauben decken sich mit früheren Untersuchungen an Stadttauben. Bei den Genter Kröpfern zeigen sich geschlechtsspezifische Unterschiede in den Farbpräferenzen, dabei präferieren die männlichen Genter Kröpfer wie die adulten Brieftauben die Farbe Grün, wohingegen die weiblichen Tiere Rot präferierten. Unterschiedliche Farbpräferenzen innerhalb der Geschlechter konnten bereits bei anderen Vogelarten, wie zum Beispiel den Zebrafinken, festgestellt werden, wobei weibliche Zebrafinken ebenfalls die Farbe Rot gegenüber Grün präferieren. Das unterschiedliche Verhalten in Bezug auf Farbpräferenzen bei Tauben und Hühnern kann durch die unterschiedliche Lebensweise erklärt werden.

Engel C. E. (2013). Farbpräferenzen beim Geflügel. Unveröffentlichte Bachelorarbeit. Heinrich-Heine-Universität Düsseldorf.

Art der Förderung

JUWIRA
Verein zur Förderung junger Wissenschaftler/-innen in der Rassegeflügel-Forschung e.V.

Räumliche Orientierung bei verschiedenen Geflügelarten

University Saskatchan, Canada

& Universität Düsseldorf
Wissenschaftlicher Geflügelhof des BDRG

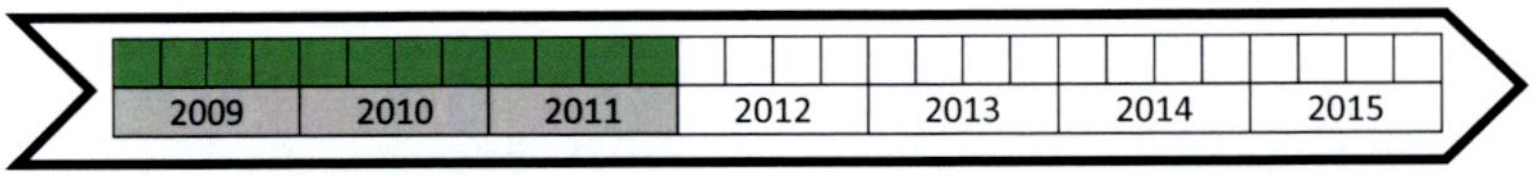

Handlungsfelder:

- Verbesserung des Wohlbefinden des Tieres, des Gesundheits- und Hygienestatus von Betrieben

Wie orientieren sich verschiedene Geflügelarten in einem Raum? Welche Umweltinformationen werden dabei genutzt und wo im Gehirn verarbeitet? Welche Einflüsse können dabei das Alter oder Krankheiten nehmen? Die Haustaube und das Haushuhn eignen sich aufgrund ihrer großen Rassevielfalt, der einfachen Haltung und hohen Reproduktionsrate als Modellorganismen für wissenschaftliche Untersuchungen. Eine Untersuchung zur räumlichen Wahrnehmung wurde in einem Rechteck, als ein standardisiertes Testverfahren, an verschiedenen Taubenrassen dreier verschiedener Altersstufen, junge (35 Tage), mittelalte (3-5 Jährige) und alte (mind. 9 Jahre), und an einer Hühnerlinie welche an Epilepsie erkrankt war, sowie deren Vollgeschwistern die lediglich Träger des Epilepsiegens waren, durchgeführt. Um ein erlerntes Ziel aufzufinden, standen den Tieren zur Orientierung sowohl Landmarken in Form von verschiedenen Symbolen als auch die Geometrie des Raumes zur Verfügung. Um die Verarbeitung der visuellen Informationen in der jeweiligen Hirnhemisphäre untersuchen zu können wurde mit Augenkappen gearbeitet, damit wahlweise das linke oder rechte Auge verschlossen werden konnte. Vor dem Hintergrund der anatomischen Besonderheit des visuellen Systems bei Vögeln lässt sich durch das Aufsetzen einer Augenkappe die gegenüberliegende Hirnhemisphäre optisch sozusagen "ausschalten". So konnte die Orientierungsleistung nur mit der einen oder anderen, sowie beiden Hirnhemisphären bewertet werden.

Tauben orientieren sich sowohl anhand von Landmarken als auch an der Geometrie des Raumes. Die Entschlüsselung der Landmarken erfolgt in beiden Hirnhemisphären und ist der Geometrie übergeordnet. Eine Nutzung der geometrischen Informationen gelingt ausschließlich unter Einbeziehung der linken Hirnhemisphäre. Dieses Verhalten ist unabhängig von dem Alter des Tieres.

Bei den Hühnern zeigten sich deutliche Unterschiede in Bezug auf die an Epilepsie Erkrankten, im Gegensatz zu den Trägertieren. Die erkrankten Tiere konnten erst im Erwachsenenalter die Geometrie des Raumes zur Orientierung nutzen, die Trägertiere hingegen von Kükenalter an. Außerdem zeigten die erkrankten Tiere Schwierigkeiten weiter entfernte Symbole zum Auffinden ihres Zielortes zu nutzen.

Die Ergebnisse machen deutlich, dass bei beiden Tierarten, Tauben und Hühnern, die visuellen Reize in Form von Symbolen zur Orientierung im Raum besonders wichtig sind. Bei Tauben war dieses Verhalten altersunabhängig. Bei Hühnern führte das Vorhandensein der Erkrankung Epilepsie zu einer Verschlechterung der Orientierungsleistung.

Fellmin, M. (2013): Untersuchungen zur sozialen und räumlichen Wahrnehmung bei der Haustaube (Columba livia f. dom.). Unveröffentlichte Doktorarbeit, Heinrich-Heine-Universität Düsseldorf.

Tiemann, I. & Kelly, D.M. (2011): Influence of epilepsy on orientation in the domestic chicken. 18th Annual International Conference on Comparative Cognition. Melbourne Beach, USA

Fellmin, M., Tiemann, I., Kelly, D.M. (2010): How robust is the geometric module? Impact of age and sex on the orientation behaviour of domestic pigeons. 17th Annual International Conference on Comparative Cognition. Melbourne Beach, USA.

Tiemann, I. & Kelly, D.M. (2010): Do chickens and pigeons encode distant information? V. European Conference in Behavioural Biology, Ferrara, Italy.

Fellmin, M., Tiemann, I., Kelly, D.M. (2010): Effect of geometric information on orientation behavior in the domestic homing pigeon. V. European Conference in Behavioural Biology, Ferrara, Italy.

Tiemann, I. & Kelly, D.M. (2009): The use of features for orientation changes during ontogeny – experiments with mature hens (Gallus gallus f.d.). 31st International Ethological Conference, Rennes, France.

Tiemann, I., Kelly, D.M. (2009): Development influences chickens' (Gallus gallus) use of cues for orientation. 16th Annual International Conference on Comparative Cognition. Melbourne Beach, USA.

Art der Förderung

SHRF
SASKATCHEWAN HEALTH RESEARCH FOUNDATION

Weiterführende Untersuchungen zur Kurzbeinigkeit bei verschiedenen Hühnerrassen

Dr. Mareike Fellmin
Wissenschaftlicher Geflügelhof des BDRG
Am Landwirtschaftsmuseum 10
41569 Rommerskirchen

& Universität Bonn

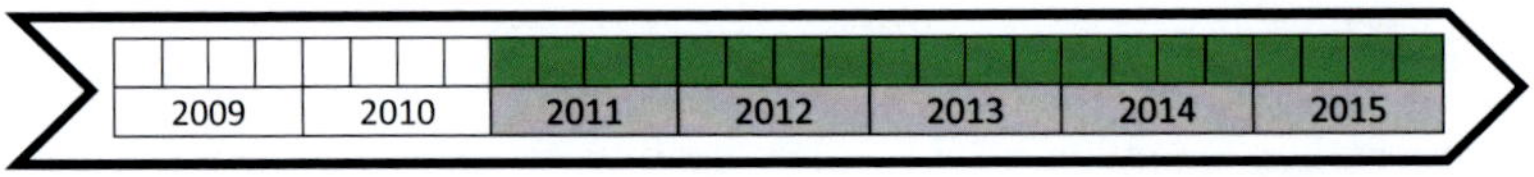

Handlungsfelder:

- Verbesserung des Wohlbefindens des Tieres, des Gesundheits- und Hygienestatus von Betrieben
- Vermeidung der Tötung von Feten, Jungtieren und gesunden Tieren außer zur Schlachtung

Haustiere werden nach morphologischen Besonderheiten, z. B. in Bezug auf die Körpergröße, Farbe oder Gestalt, gezüchtet. Bei Haushühnern kennzeichnen sich einige Rassen durch eine Verkürzung der Läufe, welche als Kurzbeinigkeit bezeichnet wird. Es wird vermutet, dass ein sogenanntes Krüpergen oder auch Krüper-Faktor (Cp), benannt nach der kurzbeinigen Hühnerrasse Krüper, für die Kurzbeinigkeit (in den Grundzügen vergleichbar mit der Chondrodystrophie bei anderen Tierarten und Menschen) verantwortlich ist. Dabei wird davon ausgegangen, dass es sich bei dem Krüpergen um ein dominantes Gen handelt, welches insofern problematisch ist, als dass es in homozygoter (reinerbiger) Form einen Letalfaktor darstellt. Dieser Letalfaktor soll bewirken, dass homozygot kurzbeinige Tiere versterben und zwar während der Inkubation im Ei noch vor dem Schlupf.

Laut dieser Hypothese und basierend auf älteren Untersuchungen soll es keine lebenden Individuen geben, die in Bezug auf das Krüpergen homozygot sind. Demnach wären alle kurzbeinigen Tiere heterozygot (spalterbig). Ein großer Anteil homozygoter Tiere soll während einer sogenannten Letalkrise gegen Ende des 3. und Anfang des 4. Bebrütungstages absterben.

Eine zweite Letalkrise erfolgt zwischen dem 18. und 21. Bebrütungstag und ist insofern als kritisch anzusehen, da Hühnerembryonen ab der Hälfte der Bebrütungsdauer (ca. 10,5 Bebrütungstage) als Nachzucht bezeichnet werden und ab diesem Zeitpunkt unter das Tierschutzgesetz fallen.

Ein zentraler Punkt des Gutachtens zur Auslegung von § 11b des Tierschutzgesetzes (Verbot von Qualzuchten) ist, dass bei der Nachzucht potentielle Schmerzen, Leiden oder Schäden für das Tier zu vermeiden sind. Die entsprechende Empfehlung nennt ein „Verbot der Verpaarung von Hühnern, die in beiden Geschlechtern den „Krüper-Faktor“ besitzen.“ Dies betrifft vor allem die Rassen Krüper, Zwerg-Krüper, Chabo und in ähnlicher Form die Indischen Kämpfer und Indischen Zwergkämpfer. Neben der reinen Genetik legen weiterführende Untersuchungen die Vermutung nahe, dass die Expressivität des Krüpergens von verschiedenen Faktoren beeinflusst werden kann, wie zum Beispiel dem Alter des Muttertiers, dem Legezeitpunkt des Eies, ob früh oder spät im Jahr und somit der Legeperiode, als auch von dem genetischen Hintergrund von verschiedenen Rassen.

Ziel der vorliegenden Studie ist es, durch gezielte Testkreuzungen die Vererbung sowie Expressivität des Krüpergens durch morphologische Untersuchungen systematisch aufzuarbeiten. Mit Hilfe der gewonnenen Erkenntnisse soll ein adäquates Zuchtmanagement für die endsprechenden Rassen erarbeitet und den Züchtern an die Hand gegeben werden. Im Rahmen der Untersuchungen sollen folgende Fragestellungen bearbeitet werden:

1. Stimmen die Ergebnisse der in dieser Untersuchung angestrebten Testkreuzungen mit der Literatur überein?
2. Welche Unterschiede ergeben sich zwischen den verschiedenen untersuchten Rassen?
3. Nimmt das Alter des Muttertiers oder der Legezeitpunkt des Eies einen Einfluss auf die Expressivität des Krüpergens?
4. Welche morphologischen Besonderheiten weisen die nicht geschlüpften Embryonen bzw. Küken auf?

Steinhoff, A.C. (2014). Untersuchungen zur Kurzbeinigkeit bei verschiedenen Hühnerrassen (Gallus gallus domesticus). Unveröffentlichte Bachelorarbeit, Universität Düsseldorf.

Art der Förderung

JUWIRA
Verein zur Förderung junger Wissenschaftler/-innen in der Rassegeflügel-Forschung e.V.

Geschlechtsspezifische Kommunikation beim Haushuhn

Dr. Inga Tiemann
Wissenschaftlicher Geflügelhof des BDRG
Am Landwirtschaftsmuseum 10
41569 Rommerskirchen

& Universität Düsseldorf

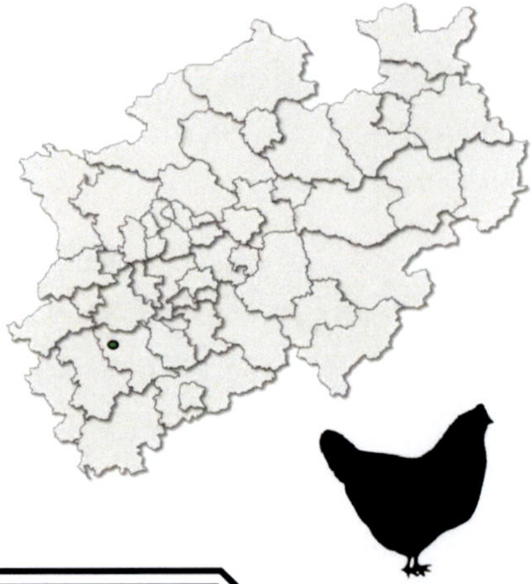

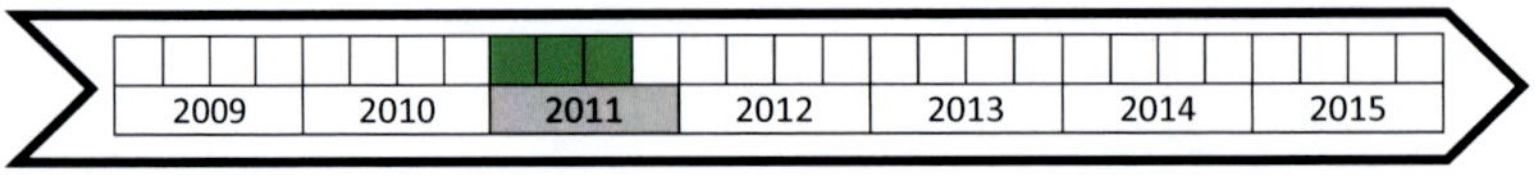

Handlungsfelder:

- Verbesserung des Wohlbefindens des Tieres, des Gesundheits- und Hygienestatus von Betrieben

Die Krährufe im Tagesverlauf verschiedener Rassehähne des Haushuhnes (Gallus gallus f.d.) wurden in der vorliegenden Arbeit untersucht. Des Weiteren erfolgte ein Vergleich über die Anzahl der Krährufe eines Tages der verschiedenen Rassen. Darüber hinaus wurde untersucht, wie sich die Kommunikation zwischen den Hähnen gestaltet. Die Hähne der verschieden Rassen zeigten alle ein morgendliches Maximum der Krährufe. Die Krährufe begannen bei den verschiedenen Rassen zu unterschiedlichen Zeiten, jedoch immer vor Sonnenaufgang. Im weiteren Tagesverlauf gab es einige wenige Krährufe, in rassespezifischen Maxima. Nach Sonnenuntergang krähten die Tiere nicht mehr. Die Beobachtungen zum Vergleich der Anzahl der Krährufe im Tagesverlauf haben ergeben, dass es rassespezifische Unterschiede im Krähverhalten gibt.

Es zeigte sich, dass der Breda-Hahn die höchste Anzahl und der Bergische Kräher-Hahn die geringste Anzahl an Krährufen hatte. Die Auswertung der Kommunikation zwischen den Hähnen konnte zeigen, dass auf das Krähen eines Hahnes, der nächst gelegene Nachbarshahn die höchste Antwortwahrscheinlichkeit zeigt. Jedoch antworteten auch Hähne auf den Krähruf eines Hahnes, welcher nicht in nächster Nachbarschaft war und auch nicht gesehen werden konnte.

Junkers, S. (2011): Geschlechtsspezifische Kommunikation beim Haushuhn Gallus gallus f.d.. Unveröffentlichte Bachelorarbeit. Heinrich-Heine Universität Düsseldorf.

Art der Förderung

JUWIRA
Verein zur Förderung junger Wissenschaftler/-innen in der Rassegeflügel-Forschung e.V.

Machbarkeitsstudie zum Einsatz von Raubmilben Hypoaspis spec. in der Bekämpfung der roten Vogelmilbe Dermanyssus gallinae

Dr. Inga Tiemann
Wissenschaftlicher Geflügelhof des BDRG
Am Landwirtschaftsmuseum 10
41569 Rommerskirchen

& Avian Vaccine Xperts GmbH & Co. KG

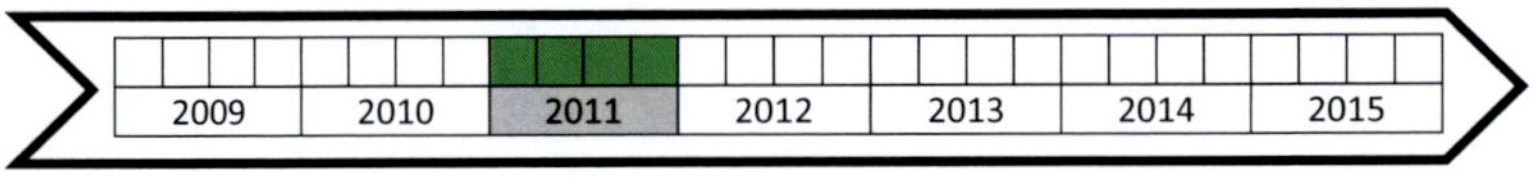

Handlungsfelder:

- Verbesserung des Wohlbefindens des Tieres, des Gesundheits- und Hygienestatus von Betrieben

Einsatz der Raubmilben in betroffenen Beständen. Rote Vogelmilben sind eine der am weitesten verbreiteten Ektoparasiten der Haushühner. Es soll der Einsatz von Raubmilben in für Rassegeflügel typischen Haltungsformen, insbesondere in Holzhäusern, erprobt werden. Insbesondere für die Anzahl eingesetzter Raubmilben pro m³, bzw. pro Tier sollen Erfahrungen generiert werden. Im Abstand von längstens vier Wochen werden die Fallen eingesammelt, ausgewertet und nach Bedarf neue Milben ausgebracht. Die Auswertung ergab keine erfolgsversprechenden Aussichten.

Art der Förderung

JUWIRA
Verein zur Förderung junger Wissenschaftler/-innen in der Rassegeflügel-Forschung e.V.

CAS (Controlled Anaesthesia System) für Hühner

Prof. Dr. Peter Farber
Institut für Modellbildung und Hochleistungsrechenen
Fachbereich Maschinenbau
Reinarzstraße 50
47805 Krefeld

& Marel Storck Poultry Processing, Niederlande

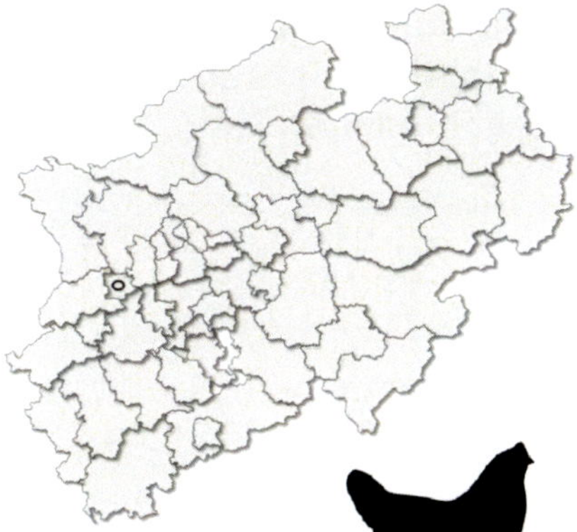

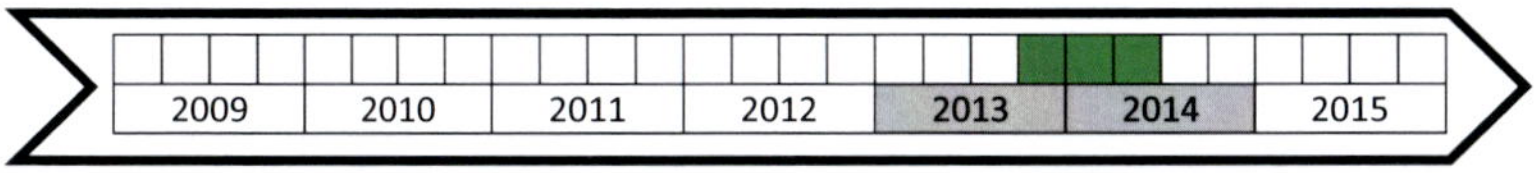

Handlungsfelder:

- Vermeidung der Tötung von Feten, Jungtieren und gesunden Tieren außer zur Schlachtung und Verbesserung der Betäubung und des Schlachtprozesses

Durch schnellere und gleichmäßige Verteilung von Gasen soll eine schnelle Tötungszeit erreicht werden. Die Verteilung der Gase wurde mittels Strömungssimulationen berechnet und für die gegebene Geometrie des Raumes optimiert.

Untersuchungen zur Tonic-Immobility (Schreckstarre) bei verschiedenen Hühnerrassen

Dr. Inga Tiemann
Wissenschaftlicher Geflügelhof des BDRG
Am Landwirtschaftsmuseum 10
41569 Rommerskirchen

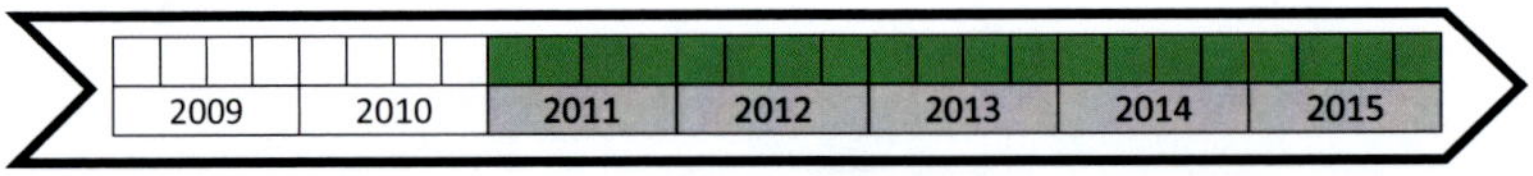

Handlungsfelder:

- Konzeptvorschläge zur Erfassung von Tierwohl-Indikatoren und Zuchtmerkmalen

Die tonische Immobilitäts-Reaktion, tonic immobility genannt, ist von vielen verschiedenen Tierarten bekannt, beim Haushuhn jedoch am besten untersucht worden. Die auch als Schreckstarre bezeichnete Reaktion wird in Zusammenhang mit generellen Angstverhalten gesetzt, da furchtauslösende Variablen die Dauer der Immobilität verlängern. Tonische Immobilität wird auch als Indikator für z.B. den Einfluss von Hormonen auf das Federpicken genutzt. Wir untersuchen, ob dieser Test eine zuverlässige Aussage über das Angstverhalten erlaubt, und ob dieses Verhalten rasse-spezifisch ist, d.h. ob es Unterschiede zwischen den Hühnerrassen gibt. Einzeln und manuell wurde jede Henne auf den Rücken gedreht und für 15s fixiert, maximal drei Mal in Folge/Tag. Die tonic immobility galt als ausgelöst, wenn das Tier mind. 10s nach der Auflösung der Fixation bewegungslos liegen blieb. Anschließend wurde die Zeit bis zur 1. Kopf-, 1. Beinbewegung und bis zur Umdrehreaktion gemessen. Zu diesen Verhaltensdaten wurden rassetypische Eigenschaften notiert, wie Gewicht, Flügellänge und Alter des Tieres.

Die Dauer der tonischen Immobilität, also die Dauer, die das Huhn auf dem Rücken liegen blieb, ist von der Rassenzugehörigkeit abhängig. Der Rassenunterschied lässt sich auch in den Messungen zur ersten Beinbewegung und zur ersten Kopfbewegung wiederfinden. Zusätzlich zum Einfluss der Rassezugehörigkeit kommen allerdings statistisch nachweisbare Effekte der Flügellänge und des Gewichtes des Tieres dazu. Im Gegensatz dazu hat weder die Anzahl der Wiederholungen noch das Alter einen Einfluss auf den Datensatz. Unsere Studie zeigt, dass verschiedene Variablen einen Einfluss auf die tonische Immobilitätsreaktion bei Haushühnern haben. Entgegen früherer Studien haben wir erstmalig körperliche Merkmale in die statistische Analyse der Daten mit einbezogen. Der Einfluss von Gewicht auf Flügellänge begrenzt in einem gewissen Umfang die bisherige Aussagekraft dieses Tests. So ist es nicht die Schreckstarre als ängstliche Reaktion alleine, die die Dauer der tonischen Immobilität ausmacht. Trotzdem möchten wir mit diesem einfachen und ebenso anerkannten Test zeigen, dass sich Hühnerrassen einmal mehr grundlegend voneinander unterscheiden.

Tiemann, I. (2011). Tonic immobility als Angstindikator: ein Rassevergleich bei Hühnern. Frühjahrstagung der Deutschen Vereinigung für Geflügelwissenschaft, Universität Hohenheim.

Tiemann, I. (2011). Tonic immobility in the domestic chicken: a within-species comparison. Behaviour, Blommington IN, USA.

Vergleich von Zweinutzungsrassen aus dem Rassegeflügelbereich und der wirtschaftlichen Geflügelbranche

Dr. Inga Tiemann
Wissenschaftlicher Geflügelhof des BDRG
Am Landwirtschaftsmuseum 10
41569 Rommerskirchen

& Lohmann Tierzucht
Fachhochschule Soest

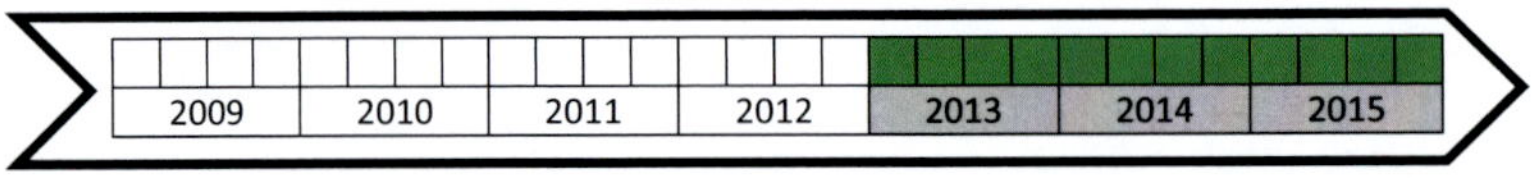

Handlungsfelder:

- Konzeptvorschläge zur Erfassung von Tierwohl-Indikatoren und Zuchtmerkmalen
- Verbesserung des Wohlbefindens des Tieres, des Gesundheits- und Hygienestatus von Betrieben
- Vermeidung der Tötung von Feten, Jungtieren und gesunden Tieren außer zur Schlachtung

Das Ziel dieses Projektes ist es, die Leistungsfähigkeit neuer und alter Zwei-Nutzungsrassen zu formulieren.

Seit langem gibt es im Tierschutz die Debatte um das Töten von männlichen Eintagsküken in industriellen Legelinien. Eine potentielle Lösung für dieses Problem wäre die Wiedereinführung von Zweinutzungsrassen, bei denen die Hähne genug Fleisch ansetzen und die Hennen genug Eier für die kommerzielle Produktion legen. In den letzten fünf Jahren arbeitete Lohmann Tierzucht an einer Zweinutzungszuchtlinie. In diesem Projekt sollte die Leistung der Zuchtlinie im Bezug auf Fleischproduktion und Legeleistung untersucht werden. Weiterhin wurden Untersuchungen zum Verhalten mit Hilfe von zwei etablierten Tests unternommen. Lohmann Tierzucht stellte dem Wissenschaftlichen Geflügelhof Eintagsküken zur Verfügung. Diese wurden nach den Management-Richtlinien gefüttert und gehalten. Ab der 3. Woche erhielten die Tiere zusätzlich Zugang zum Auslauf.

Obwohl bis zur 6. Lebenswoche zusätzlich Wärmequellen angeboten wurde, war die primäre Lichtquelle das natürliche Tageslicht. Alle Tiere wurden bis zur zehnten Lebenswochen einmal wöchentlich gewogen. Zusätzlich wurden weitere traditionelle Rassen aus dem Hobbybereich (Marans, Deutsche Reichshühner etc.) unter gleichen Bedingungen herangezogen, untersucht und mit Lohmann Dual verglichen. Lohmann Dual kann mit seiner Leistung nicht gegen die Hochleistungszucht der Broiler oder Legelinien ankommen und ist somit ökonomisch für die Industrie nur eingeschränkt interessant. Die Lege- und Mastleistung der Lohmann Dual wiederum können die traditionellen Rassen kaum erreichen.

Tieman, I., Fellmin, M., Ichen, W., Preisinger, R. (2014): Chicken idol which breed wins the dual purpose challenge? 14. European Poultry Conference 2014; Stavanger, Norwegen.

Art der Förderung

JUWIRA
Verein zur Förderung junger Wissenschaftler/-innen in der Rassegeflügel-Forschung e.V.

LOHMANN TIERZUCHT

Durchführung von Untersuchungen zur Entwicklung und Validierung von Maßnahmen, die den Verzicht des routinemäßigen „vorbeugenden“ Oberschnabelkürzens bei Puten unter den gegebenen strukturellen Bedingungen der konventionellen Putenhaltung in NRW ermöglichen

Prof. Dr. Dr. Helga Sauerwein
Rheinische Friedrich-Wilhelms-Universität Bonn
Institut für Tierwissenschaften
Abteilung Physiologie und Hygiene
Katzenburgweg 7-9
53115 Bonn

& Universität Bonn
Landwirtschaftskammer NRW

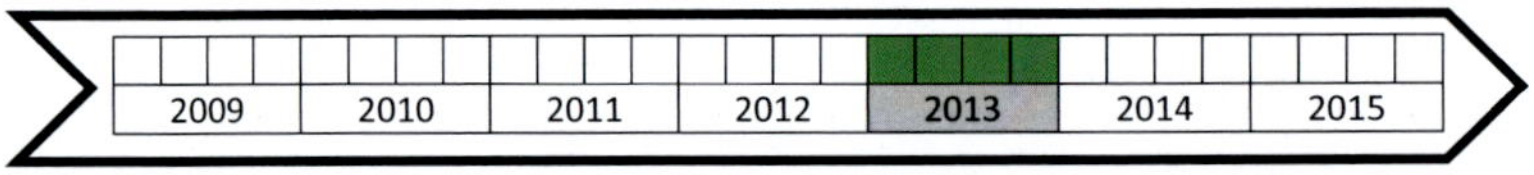

Handlungsfelder:

- Verbesserung des Wohlbefindens des Tieres, des Gesundheits- und Hygienestatus von Betrieben
- Verzicht auf mit Schmerzen verbundene Eingriffe am Tier

Durchführung von Untersuchungen zu Entwicklung und Validierung von praxistauglichen Maßnahmen, die den Verzicht des routinemäßigen, 'vorbeugenden' Oberschnabelkürzens bei Puten unter den gegebenen strukturellen Bedingungen der konventionellen Putenhaltung in Nordrhein-Westfalen ermöglichen.

Zur Durchführung und Koordinierung des Projektes wurden zunächst die Betriebsprofile mittels eines weitgehend standardisierten Fragebogens und eines freien deskriptiven Textes unter besonderer Berücksichtigung der mehr oder weniger bekannten Determinanten des Federpickens und des Kannibalismus pro Betrieb erfasst. Des Weiteren wurden Bewertungsscores für die Klassifizierung von Verletzungen durch Kannibalismus erarbeitet. Daraufhin kamen verschiedene Maßnahmen zur Anwendung, mit denen das Risiko des Federpickens und des Kannibalismus berücksichtigt werden soll. Dies waren das Einbringen von Strohpressballen, eine strikte Geschlechtertrennung, die Anbringen von Sichtschutzbrettern und das Anbringen von Grünfutterraufen zur Ablenkung. Letztendlich wurden innerbetriebliche Vergleichsbeobachtungen von schnabelbehandelten und nicht-schnabelbehandelten Tieren mittels Kameraüberwachung, Fotodokumentation, Blut- und Fäzesproben zur Beurteilung der 'Erfolgs'-Indikatoren durchgeführt.

Art der Förderung

Ministerium für Klimaschutz, Umwelt, Landwirtschaft, Natur- und Verbraucherschutz des Landes Nordrhein-Westfalen

Auswirkungen phytogener Futterzusatzstoffe auf Leistungs- und Gesundheitsmerkmale beim Geflügel (Fußballengesundheit Geflügel)

Prof. Dr. Karl-Heinz Südekum
Rheinische Friedrich-Wilhelms-Universität Bonn
Institut für Tierwissenschaften
Universität Bonn
Endenicher Allee 15
53115 Bonn

& Universität Bonn
Dr. Eckel GmbH

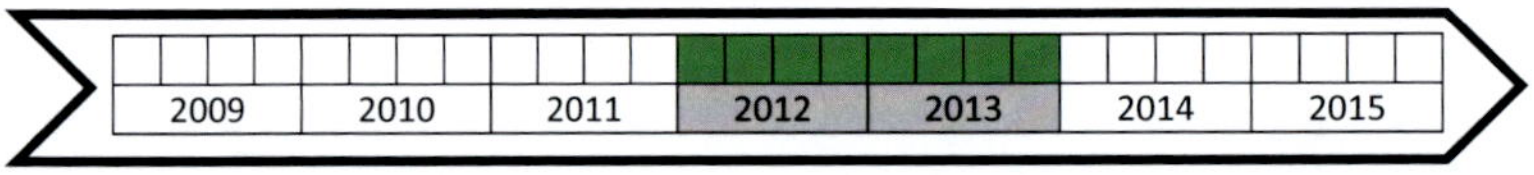

Handlungsfelder:

- Verbesserung des Wohlbefindens des Tieres, des Gesundheits- und Hygienestatus von Betrieben
- Reduktion des Arzneimitteleinsatzes und Verbesserung der Fütterung

Phytogene Zusatzstoffe, das können Gewürze, Kräuter, Samen, Früchte, Wurzeln oder Extrakte dieser Pflanzen bzw. Pflanzenteile sein, haben sich bereits seit Jahren in der Futtermittelindustrie etabliert. Phytogene Zusatzstoffe besitzen eine Vielzahl von Wirkungen, unter anderem wirken sie sich auf die Leistung von Tieren aus und fördern die Gesundheit durch antioxidative und antimikrobielle Effekte. Auch lässt sich die Qualität tierischer Produkte durch bestimmte Phytobiotika beeinflussen. Das gesamte Wirkspektrum und die genauen metabolischen Vorgänge im Tierkörper sind allerdings noch nicht hinreichend für die einzelnen Tierspezies erforscht worden. Auch fehlt momentan noch eine Standardisierung, um die Wirksamkeit von Produkten vergleichen zu können, da viele Einflussgrößen wie z. B. Klima, Erntezeitpunkt, geographische Herkunft und Trocknungstechnologie die Wirkstoffe und ihre Zusammensetzung maßgeblich beeinflussen können. Um die Wirksamkeit eines kommerziellen phytogenen Zusatzstoffs zu prüfen, wurde eine Jungtieraufzucht von 176 Wachteln (Coturnix coturnix) auf dem Versuchsgut Frankenforst durchgeführt.

Die Effekte einer Supplementierung von Anta®Phyt BLT mit einer Dosierung von 200 (Gruppe 1) und 400 (Gruppe 2) mg pro kg Futter und einer Supplementierung von 120 mg Anta®Phyt Histo1 pro kg Futter (Gruppe 3) wurden im Vergleich zu einer Kontrollgruppe geprüft. In den ersten beiden Versuchswochen konnten sowohl Hähne als auch Hennen der Gruppe 1 signifikant höhere Gewichtszunahmen im Vergleich zur Kontrolle (11,5 und 11,2 %) verzeichnen. In den darauffolgenden beiden Wochen konnte sich kein signifikanter Effekt zeigen. Neben dem Gewicht, wurde auch die Trockenmasse in den Exkrementen ermittelt. Alle Versuchsgruppe (Gruppe 1, 2 und 3) hatten höhere Trockenmassegehalte als die Kontrollgruppe über die gesamte Versuchsdauer von acht Wochen. Gruppe 1 erzielte in Woche 6, 7 und 8 einen um ca. 25% geringeren Feuchtegehalt in den Exkrementen als die Kontrollgruppe.

Korzekwa, M., Südekum, K.-H. (2015). Hähnchen mit gesunden Fußballen – kennen Sie die Stellschrauben? DGS Heft 1/2015, 29-32.

Art der Förderung

DR. ECKEL
creative solutions

Einfluss einer Proteinabsenkung bei gleichzeitig variierter Versorgung mit essentiellen Aminosäuren auf Leistung und Gesundheitsstatus von Legehennen

Prof. Dr. Karl-Heinz Südekum
Rheinische Friedrich-Wilhelms-Universität Bonn
Institut für Tierwissenschaften
Endenicher Allee 15
53115 Bonn

& Universität Bonn

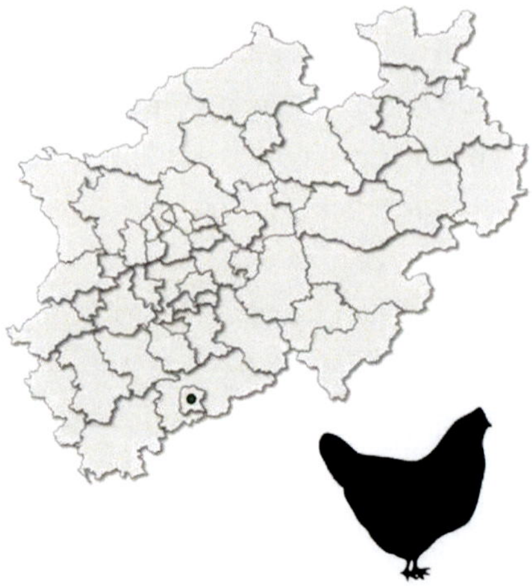

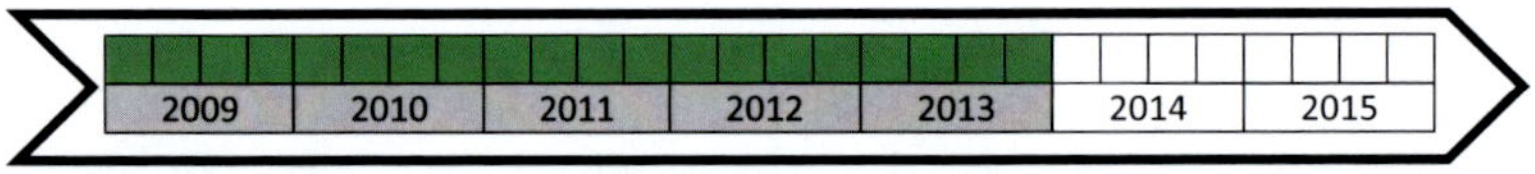

Handlungsfelder:

- Verbesserung des Wohlbefindens des Tieres, des Gesundheits- und Hygienestatus von Betrieben
- Reduktion des Arzneimitteleinsatzes und Verbesserung der Fütterung

In der Studie wurde der Einfluss einer Rohproteinabsenkung im Alleinfutter für Legehennen bis auf 13,6 % unter Zugabe von freien essenziellen (Methionin, Lysin) und nicht-essenziellen Aminosäuren (Glutaminsäure) auf Leistungsmerkmale und den Gesundheitsstatus untersucht. Zu diesem Zweck wurden 864 Tiere der Linien LSL und LB auf sechs verschiedene Versuchsfutter gleich verteilt. Eine Fütterung der Legehennen mit einer Rohproteinkonzentration von 13.6% bei Ergänzung mit Glutaminsäure war in der Lage, eine hohe Leistung und Eiqualität sowie eine adäquate Immunreaktion auf ein Antigen hervorzurufen.

Weitere Untersuchungen mit der genannten Rohproteinabsenkung und der Supplementierung mit einer stoffwechselaktiven Aminosäure wie Glutaminsäure sollten angestrebt werden, um den Bedarf an essenziellen Aminosäuren der Legehennen für Leistung und Gesundheitsstatus besser quantifizieren zu können. Durch eine Verringerung des Rohproteingehalts im Legehennenfutter bei gleichzeitiger adäquater Versorgung mit essenziellen und besonders stoffwechselaktiven nicht-essenziellen Aminosäuren könnte nicht nur Ammoniakemissionen aus der Legehennenhaltung vermindert werden, sondern auch ein Beitrag zur Tiergesundheit geleistet werden.

Pianka, J. (2014). Einfluss einer Proteinabsenkung bei gleichzeitig variierter Versorgung mit essentiellen Aminosäuren auf Leistung und Gesundheitsstatus von Legehennen. VVB Laufersweiler Verlag, Gießen. Zugl. Dissertation Universität Bonn.

Analyse der Möglichkeiten zur Auslobung von Hühnereiern mit dem Siegel „ohne Gentechnik“ unter Berücksichtigung des Produktionsweges der Futtermittel Soja, Mais und Raps vom Feld bis zum Stall

Prof. Dr. Marcus Mergenthaler,
Prof. Dr. Margit Wittmann
Fachbereich Agrarwirtschaft
Fachhochschule Südwestfalen
Lübecker Ring 2
59494 Soest

& Zentralverband Eier e.V. (ZVE)

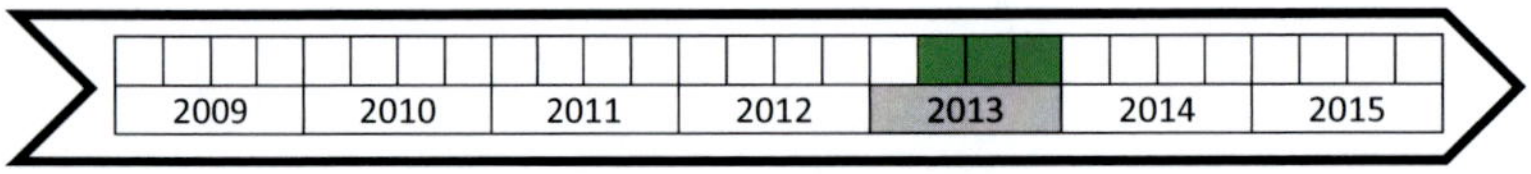

Handlungsfelder:

- Reduktion des Arzneimitteleinsatzes und Verbesserung der Fütterung

Aufgrund einer zunehmenden Nachfrage nach neuen Hochleistungs- bzw. Hochertragssorten nutzt die Pflanzenzüchtung zunehmend aus dem Instrumentarium der Biotechnologie die Möglichkeiten der Gentechnik. Die gezielte Einbringung von gewünschten Erbeigenschaften (Gene) erfolgt durch direkte Übertragung der Eigenschaften auf technischem Weg, dabei entstehen gentechnisch veränderte Organsimen (GVO). In der Bevölkerung regt sich zunehmend Widerstand gegen diese Technik und somit wird eine Auslobung mit dem Siegel „Ohne Gentechnik“ von Verbrauchern und Interessenverbänden gefordert. Die Verlässlichkeit eines solchen Siegels wird oft angezweifelt, daher sind Untersuchungen zur Verfügbarkeit von GVO – freien Rohstoffen, verlässliche Transportketten und sicherer Futtermittelherstellung entscheidend für die Wertigkeit dieses Siegels.

Durch eine Analyse der Produktionskette der typischen Futtermittel Soja, Mais und Raps sollen Erkenntnisse über die Art und den Umfang der möglichen Verunreinigungen mit bzw. Verschleppung von GVO-Material im Futtermittel erarbeitet werden.

Auf dieser Basis soll eine Aussage über die Machbarkeit einer rechtssicheren Auslobung von Hühnereiern mit dem Siegel „Ohne Gentechnik“ getroffen werden. Im Wesentlichen basiert die Untersuchung methodisch auf der inhaltsanalytischen Auswertung von Experteninterviews mit Branchenkennern und Vertretern der einzelnen Produktionsstufen Rohstoffherstellung, Transport und Logistik, Futtermittelherstellung, Zertifizierung und Handel. Eine Fokussierung erfolgte auf den Futtermittelrohstoff Soja, da dieser mit Abstand den wichtigsten Futtermittel – Rohstoff in der Tierhaltung darstellt.

Die Möglichkeit zur Auslobung von Hühnereiern mit dem Siegel „Ohne Gentechnik“ lässt sich grundsätzlich positiv beantworten, wenn folgende Aspekte berücksichtigt werden:

- Sicherung der Verfügbarkeit von Soja – Saatgut
- Verlässliche Trennung von gv- und gv – freiem Soja in der Transportkette
- Verlässliche Trennung von gv- und gv – freiem Soja in der Verarbeitung
- Nachweisbar getrennte Lagerung von gv- und GVO – freien Futterkomponenten bei Mischfutterwerken, Landhandel und Landwirten (Rückverfolgbarkeit)
- Konsequente, ausschließliche und nachprüfbare Fütterung der Legehennen mit zertifiziert GVO – freiem Futter

Werden alle diese Aspekte berücksichtigt, so erscheint im Lichte der in dem vorliegenden Projekt erfolgten Auswertungen, eine Deutschland weite, zuverlässige und rechtsichere Legehennen – Fütterung mit GVO –freiem Futter möglich. Insgesamt bedarf es höherer Aufwendungen, welche im optimalen Falle zur Einrichtung getrennter Produktionslinien für gv-haltige und GVO-freie Futterrohstoffe führen. Empfehlenswert wäre auch, dass alle Beteiligten der Wertschöpfungskette sich gemeinsam für das Ziel „GVO freie Produktion“ einsetzen. Gemeinsam sollten Einkauf, Logistik und Verarbeitung abgestimmt, koordiniert und kontrolliert werden. Eine rechtsichere Auslobung kann nur auf verlässlichen Partnern basieren.

Kronenberg, S., Dapprich, P., Wittmann, M., Mergenthaler, M. (2014): Analyse der Möglichkeiten zur Auslobung von Hühnereiern mit dem Siegel „ohne Gentechnik“ unter Berücksichtigung des Produktionsweges der Futtermittel Soja, Mais und Raps vom Feld bis zum Stall, Forschungsberichte des Fachbereichs Agrarwirtschaft Soest Nr. 31.

Art der Förderung

ZVE

Durchführung von Untersuchungen zur Entwicklung und Validierung von praxistauglichen Maßnahmen, die den Verzicht des routinemäßigen „vorbeugenden“ Oberschnabelkürzens bei Puten unter den gegebenen strukturellen Bedingungen der konventionellen Putenhaltung in Nordrhein-Westfalen ermöglichen

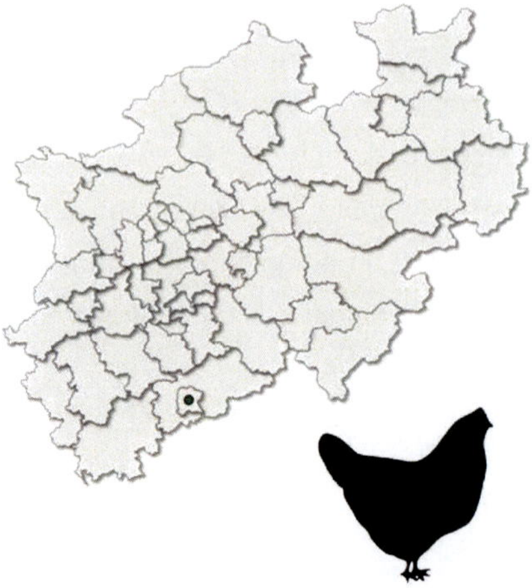

Prof. Dr. Dr. Helga Sauerwein
Rheinische Friedrich-Wilhelms-Universität Bonn
Institut für Tierwissenschaften
Abteilung Physiologie und Hygiene
Katzenburgweg 7-9
53115 Bonn

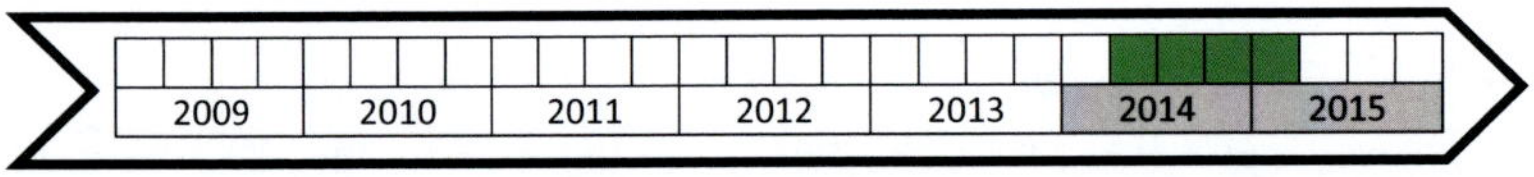

Handlungsfelder:

- Verbesserung des Wohlbefindens des Tieres, des Gesundheits- und Hygienestatus von Betrieben
- Verzicht auf mit Schmerzen verbundene Eingriffe am Tier

Als Indikator für das Wohlbefinden der weiblichen Mastpute (Big-6) soll Corticosteron als Stressparameter in Proben gemessen werden. Die Fußballengesundheit der Puten soll bewertet werden, um Rückschlüsse auf das Haltungssystem zu ziehen.

Art der Förderung

Landesamt für Natur,
Umwelt und Verbraucherschutz
Nordrhein-Westfalen

6 Zusammenfassung

Tierwohl und Tiergesundheit sind in den letzten Jahren zu Qualitätszielen und dringenden Handlungsfeldern in der Agrar- und Ernährungswirtschaft geworden. Damit wuchs insbesondere in Nordrhein-Westfalen auch der Bedarf an Informationen darüber, wo im Land hierzu geforscht wird und welche Experten an Hochschulen, in landwirtschaftlichen Organisationen und Unternehmen der Agrar- und Ernährungswirtschaft spezielle Erfahrungen bei der Umsetzung unterschiedlicher Verbesserungsmaßnahmen haben.

Beides war Anlass für das Gemeinschaftsprojekt zwischen Arbeitsgruppen der Universität Bonn und der Fachhochschule Südwestfalen, Experteninterviews unter den Mitgliedern des Kompetenznetzwerks Nutztierforschung NRW (KONN) und ihren Forschungspartnern durchzuführen.

An der Erhebung haben sich 48 Personen aus dem Hochschulbereich, Öffentlichen Einrichtungen, Forschungsvereinen, Verbänden und Unternehmen beteiligt. Insgesamt sind jeweils 31 Kenndaten zu 105 Projekte aus den Jahren von 2009 bis 2015 aufgenommen, statistisch ausgewertet und die beteiligten Projektpartner in eine Karte von NRW eingetragen worden. Die von der Struktur, der Anzahl von Partnern, Laufzeit sowie der Art der Förderung und Forschungsschwerpunkte sehr unterschiedlichen Projekte, wurden ihren Ergebnissen und Inhalten nach sechs Handlungsfeldern zugeordnet:

1. Verbesserung der Beratung und Bestandsbetreuung
2. Konzeptvorschläge zur Erfassung von Tierwohl-Indikatoren und Zuchtmerkmale
3. Reduktion des Arzneimitteleinsatzes und Verbesserung der Fütterung
4. Verbesserung des Wohlbefindens des Tieres sowie des Gesundheits- und Hygienestatus von Betrieben
5. Vermeidung der Tötung von Feten, Jungtieren und gesunden Tieren außer zur Schlachtung sowie Verbesserung der Betäubung und des Schlachtprozesses
6. Verzicht auf mit Schmerzen verbundene Eingriffe am Tier.

Die Mehrzahl der Projekte bezog sich auf die Schweineproduktion (44), gefolgt von der Rinderproduktion (30) und der Geflügelwirtschaft (18). In die 13 Tierart übergreifenden Projekte floss der überwiegende Teil der vor allem aus EU- Programmen stammenden Fördermittel. Sechs interdisziplinäre Verbundprojekte wurden von GIQS e.V. koordiniert. Hierfür standen Mittel aus dem Innovationsprogramm des BMEL, dem EU Forschungsrahmenprogramm sowie dem Interreg Programm zur Verfügung. Es engagierten sich bundesweit Partner aus Wirtschaft, Wissenschaft und Verwaltung und schufen eine wichtige Grundlage für die 2015 gegründete Initiative Tierwohl.

7 Indices

7. 1 Index Handlungsfelder

7.2 Index Partnerstruktur

7.3 Index Experten (Koordination) aus NRW